工程建设标准宣贯培训系列丛书

工程网络计划技术应用教程

——依据 JGJ/T 121-2015 编写

董年才 陆惠民 主编

中国建筑工业出版社

图书在版编目（CIP）数据

工程网络计划技术应用教程——依据 JGJ/T 121－2015 编写/董年才，陆惠民主编．—北京：中国建筑工业出版社，2016.7

（工程建设标准宣贯培训系列丛书）

ISBN 978-7-112-19063-8

Ⅰ.①工… Ⅱ.①董… ②陆… Ⅲ.①网络计划技术-应用-建筑工程-工程施工-教材 Ⅳ.①TU74

中国版本图书馆 CIP 数据核字（2016）第 028567 号

本书为最新行业标准《工程网络计划技术规程》JGJ/T 121-2015（以下简称《规程》）的配套应用教材。本书围绕《规程》的主要内容展开，从工程网络计划技术应用程序、双代号网络计划、单代号网络计划、网络计划优化、网络计划实施与控制、工程施工网络计划、工程网络计划的计算机应用等方面进行了系统全面的论述和讲解；同时，本书还结合工程实际要求，重点讲述了网络计划技术在工程施工中的应用知识和实例。

本书既是工程网络计划技术宣贯、培训和继续教育的教材，又是大专院校土木工程、工程管理及相关专业的教学用书；可供施工企业的工程技术管理人员，一、二级建造师考生和大专院校相关专业师生参考使用。

* * *

责任编辑：何玮珂
责任设计：李志立
责任校对：陈晶晶 李美娜

工程建设标准宣贯培训系列丛书
工程网络计划技术应用教程
——依据 JGJ/T 121－2015 编写
董年才 陆惠民 主编
*
中国建筑工业出版社出版、发行（北京西郊百万庄）
各地新华书店、建筑书店经销
北京红光制版公司制版
北京建筑工业印刷厂印刷
*
开本：787×1092 毫米 1/16 印张：16 字数：346 千字
2016 年 6 月第一版 2016 年 6 月第一次印刷
定价：**38.00** 元
ISBN 978-7-112-19063-8
（28403）

本 书 编 委 会

主编单位：《工程网络计划技术规程》JGJ/T 121-2015 编制组
江苏中南建筑产业集团有限责任公司
东南大学

参编单位： 中国建筑科学研究院
重庆大学
湖南大学
上海宝冶集团有限公司
北京建筑大学
北京工程管理科学学会

主　　编： 董年才　陆惠民

参编人员： 张　军　陈耀钢　陆建忠　丛培经
郭春雨　惠跃荣　曹小琳　潘晓丽
陈大川　胡英明　赵世强　崔平涛
晏金洲　袁秦标　张　雷　顾春明
钱益锋　徐鹤松

序

本书是对《工程网络计划技术规程》JGJ/T 121—2015 的诠释，我热烈祝贺它的编写成功并出版发行，它也激活了我对网络计划技术及其标准化发展历程的记忆。

半个多世纪前的 1965 年，数学大师华罗庚教授引进并创新了“统筹法”，在中央领导的支持下，主导推广应用于工程建设及国民经济的其他许多领域，取得了辉煌的成就，成为“百万人的数学”，震动了全世界。

网络计划技术是“统筹法”的核心技术，我国在其应用中取得了丰富的经验，得到了国家和业界的高度重视。为了促进其发展，规范其技术和应用，做到网络计划技术标准化，原国家建设部组织原中国建筑学会建筑统筹管理研究会等单位于 1991 编写并发布了行业标准《工程网络计划技术规程》JGJ/T 121—91，并于 1999 年进行了第一次修订；原国家技术监督局于 1992 年组织原中国建筑学会建筑统筹管理研究会及原辽宁省标准情报研究所等单位编写并发布了三个网络计划技术国家标准，并于 2009～2011 年进行了修订，形成了现行的三个网络计划技术国家标准：《网络计划技术　第 1 部分：常用术语》GB/T 13400.1—2012、《网络计划技术　第 2 部分：网络图画法的一般规定》GB/T 13400.2—2009 和《网络计划技术　第 3 部分：在项目管理中应用的一般程序》GB/T 13400.3—2009。这些标准化文件的成功实施，在网络计划技术的研究、教育、应用、发展、对外交流和国家经济建设中发挥了非常重要的作用。

每项标准都有时效性，《工程网络计划技术规程》也不例外。进入 21 世纪以来，网络计划技术成为项目管理科学的重要组成部分和核心技术，得到了持续发展和提高，受到企业和广大科技人员的更多关注，提出了更新、更高的要求，且由于现行的三个网络计划技术国家标准的发布实施，使 1999 版的规程显露出了一些不适应发展要求的问题，尤其是在工程项目管理及应用计算机信息技术等方面有很大的缺口，故需要进行重新修订。新规程《工程网络计划技术规程》JGJ/T 121—2015 由江苏中南建筑产业集团有限责任公司和东南大学担任主编单位，中国建筑科学研究院、重庆大学、湖南大学、上海宝冶集团有限公司、北京建筑大学、北京工程管理科学学会参与了编写工作。

新规程与现行的三个网络计划技术国家标准有下列共同特点：

第一，统一了网络计划的术语解释。网络计划术语是网络计划技术理论的重要组成部分，是普及应用、学术与经验交流、国际沟通、专业教学等的基础条件和流通语言，文件的这一部分是我国对网络计划技术理论的重要贡献，它把网络计划技术的应用水平提上了新的高度。

第二，标准化的对象是肯定型网络计划，是华罗庚教授提倡使用的，比较浅显，适用性好，容易掌握，利于推广应用，能满足各行业生产，尤其是工程建设的需要。

由于非肯定型网络计划的技术和数学含量较高，影响因素多且应用条件复杂，大众性的学习和应用比较困难，所以未曾纳入标准。

第三，坚持应用华罗庚教授倡导的网络图画法和网络计划时间参数计算方法。网络图的画法在世界上有许多种，但是华罗庚教授提倡的画法有单代号与双代号两类，其基本符号只有节点和箭线两个；在众多的计算方法中，坚持应用图上计算法和分析计算法。这些画法和算法的特点是：简单、清晰、明了、易懂、易学、好用，受到广大应用者的欢迎，符合大多数人的应用习惯。所以，我国的标准只认华罗庚教授的倡导。

第四，突出关键线路的应用。关键线路即是“统筹法”中所说的主要矛盾线，它是“统筹法”的思想精华，是应用价值和频率最高的概念，是抓住生产与建设项目中关键环节的法宝，是贯彻“关键的少数”管理原理的形象化工具，故在标准中详细规定了关键工作及关键线路的概念、计算、认定、应用和调整方法。

第五，时差的利用被高度重视。华罗庚教授有句名言：“向关键线路要时间，向非关键线路挖潜力”，非关键线路上的时差可应用于优化、调整和控制网络计划，达到节约时间和资源的目的，因此规程对其概念、计算和应用均有规定，做到了概念明确、计算精准、利用灵活而充分、有利于挖掘时间和资源的“潜力”，提高了网络计划的应用效率和效益。

除了上述5个特点之外，新规程还具有以下两个亮点：

第一，全面贯彻了国家标准中的《网络计划技术　第3部分：在项目管理中应用的一般程序》GB/T 13400.3—2009，把全过程划分为6个阶段和20个步骤。这方面的规定把工程网络计划技术与工程项目管理紧密地结合了起来，使工程网络计划技术既是工程项目管理的核心技术和独立子系统，又与工程项目管理其他各子系统密切关联，发挥核心辐射作用。

第二，第一次写入了“工程网络计划的计算机应用”一章。由于网络计划技术具有绘图难度大、计算量大、优化工作复杂、实施与控制过程长等特点，如果不解决计算机的全过程应用问题，将极大地限制其发展，真正的普及应用也没有可能。华罗庚教授在推广“统筹法”初期就提出了网络计划使用计算机的愿望并亲自领导试验；经过我国专家学者近30年的研究和创新，现在已经实现网络计划技术的计算机化，并在规程中对计算机软件的基本要求作出了具体规定，这是我国网络计划技术水平的一大飞跃，必将对其应用产生极大推动作用。

我相信，本书的出版与学习，有利于理解、掌握和宣贯新规程，并通过宣贯新规程，使工程网络计划技术在工程项目管理中发挥更大作用，更好地为我国经济建设服务，并在应用中把工程网络计划技术的学术水平和应用水平推向新高度。

丛培经

2016年3月

前　言

工程网络计划技术在20世纪50年代末期产生以来，由于它在理论上的正确性、技术上的先进性和对工程建设等领域管理的适应性，迅速传遍全世界，并不断得到创新和发展，产生了巨大的经济效益。

为了规范网络计划技术在我国的应用，促进网络计划技术的发展，在20世纪90年代初，中国建筑学会建筑统筹管理分会配合辽宁省标准情报研究所，在国家技术监督局的领导下编制了国家网络计划技术标准；中国建筑学会建筑统筹管理分会在国家原建设部的领导下编制了行业标准《工程网络计划技术规程》JGJ/T 1001-91)。这四项标准文件填补了我国网络计划技术的空白。1997年，中国建筑学会建筑统筹管理分会按照原建设部“建标［1997］71号”文件的要求，组成规程修订小组，编制了《工程网络计划技术规程》JGJ/T 121-99，于2000年2月1日起开始施行。

每项规程的应用都有时效性，《工程网络计划技术规程》也不例外。经过十几年的应用检验，证明它是成功的，但由于生产力的快速发展，管理技术水平的大幅提高，对网络计划技术的应用提出了更新、更高的要求，尤其是计算机应用的快速发展，规程应该适应新的需要。现在新的《工程网络计划技术规程》JGJ/T 121-2015，于2015年11月1日起开始施行。

为了配合宣贯《工程网络计划技术规程》JGJ/T 121-2015，我们根据新规程的内容，组织编写了《工程网络计划技术应用教程——依据JGJ/T 121-2015编写》一书。本书符合学习《工程网络计划技术规程》JGJ/T 121-2015的要求，是宣贯时必备的专用教材。我们期待本书有助于《工程网络计划技术规程》JGJ/T 121-2015的宣贯，更期望通过宣贯新规程，使工程网络计划技术在工程项目管理和工程进度控制中发挥更大的作用，并将工程网络计划技术的应用水平推向新的高度。

参加本书各章内容编写的有：董年才、陆惠民、张军、陈耀钢、陆建忠、丛培经、郭春雨、惠跃荣、曹小琳、潘晓丽、陈大川、胡英明、赵世强、崔平涛、晏金洲、袁秦标、张雷、顾春明、钱益锋、徐鹤松等。本书由董年才、陆惠民主编。

欢迎读者对本书的不足或错误提出宝贵意见。

2015年12月于南京

目　　录

第1章　网络计划技术概述

1.1　网络计划技术的产生与发展

1.1.1　网络计划技术的产生

在计划工作中，曾广泛地应用横道图计划。横道图计划是将各项生产或工作任务按照完成任务的顺序和时间，画在一张具有时间坐标的表格上，并用一条粗线表示完成各项任务的起始时间、结束时间和延续时间。这种横道计划清楚地表明了各项任务的进度安排，对提高管理工作水平和促进生产的发展，起到了重要的作用。一直到今天，即使是在经营管理水平较高的企业和部门，仍然沿用着这种方法编制计划。但是，随着生产技术的迅速发展，工程规模越来越大，各个生产环节之间、各项工作之间的关系错综复杂，影响生产技术过程和各项工作的因素日益增多，在这种情况下，横道图计划越来越难以反映这些复杂关系，更难以统筹安排众多的工作人员与成千上万的工作环节。所有这些，都要求有一种新的、更好的编制计划的方法和计划的表达形式。

网络计划技术是20世纪50年代末在美国产生和发展起来的一种关于生产组织和管理的现代化方法，是现代管理科学总结出的一种比较有效的管理手段。它通过网络图来表示预定计划任务的进度安排及其各个环节之间的相互关系，并在此基础上进行系统分析、计算时间参数、找出关键线路和关键工作，然后利用机动时间进一步改善实施方案，以求得工期、资源、成本等的优化，从而对计划进行统筹规划。网络计划技术应用较早和最有代表性的是关键线路法（Critical Path Method，CPM）和计划评审技术（Program Evaluation and Review Technique，PERT）。

20世纪50年代以来，很多学者都在探索如何制定一项新的生产组织和管理的科学方法。1956年，美国杜邦·奈莫斯公司的摩根·沃克与赖明顿·兰德公司的詹姆斯·E·凯利合作，为管理公司内不同业务部门的工作，提出了一种设想，即将每一活动（工作）规定起讫时间并按工作顺序绘制成网络状图形。他们还设计了电子计算机程序，用于将活动的顺序和作业时间输入计算机而编出计划。这就是关键线路法(Critical Path Method，简称CPM)。1958年初，他们把这种方法实际应用于价值10000万美元的建厂工作的计划安排，接着又用此法编制了一个200万美元的施工计划。从这两个计划的编制与执行中已初步看出了这种方法的潜力，以后再把此方法应用于设备检修工程又取得了巨大的成就，使设备因维修而停产的时间由过去的 125h 缩短到 74h。杜邦公司采用此法安排施工和维修等计划仅一年时间就节约了约 100 万美元，5 倍于公司用于发展研究 CPM 所花的经费。从此，关键线路法得以广泛应用。

计划评审技术（Program Evaluation and Review Technique，简称 PERT）的出现较 CPM 稍迟，它于 1958 年由美国海军特种计划局首先提出。这种方法开始是为了研制北极星导弹潜艇而创造出来的。北极星计划规模庞大，组织管理复杂，整个工程由 8 家总承包公司、250 家分包公司、3000 多家三包公司、9000 多家厂商承担，采用计划评审技术，使原定 6 年的研制时间提前 2 年完成，并且节约了大量资金。因此，1962 年美国国防部规定此后承包有关工程的单位都需采用这种方法来安排计划。阿波罗登月计划的制定也是运用此法取得成功的著名实例。该计划运用了一个 7000 人的中心实验室，把 120 所大学、2 万多个企业、42 万人组织在一起，耗资 400 亿美元，于 1969 年，人类的足迹第一次踏上了月球，使 PERT 声誉大振。

随后，网络计划技术风靡全球，为适应各种计划管理需要，以 CPM 方法为基础，将网络技术与随机过程、排队论、决策论、仿真模拟技术、可靠性理论等结合起来，又研制出了其他一些网络计划法。如搭接网络技术、决策网络技术、图示评审技术（GERT）、风险评审技术（VERT）、仿真网络计划法和流水网络计划法等，大大开拓了网络技术的应用领域，被广泛应用于工业、农业、建筑业、国防和科学研究的各个方面。它们的特征都是用网络图的形式来反映和表达计划的安排，所以常据此把它们统称为网络计划技术。随着计算机的应用和普及，还开发了许多网络计划技术的计算和优化软件。网络计划技术的发展历程如图 1.1.1 所示。

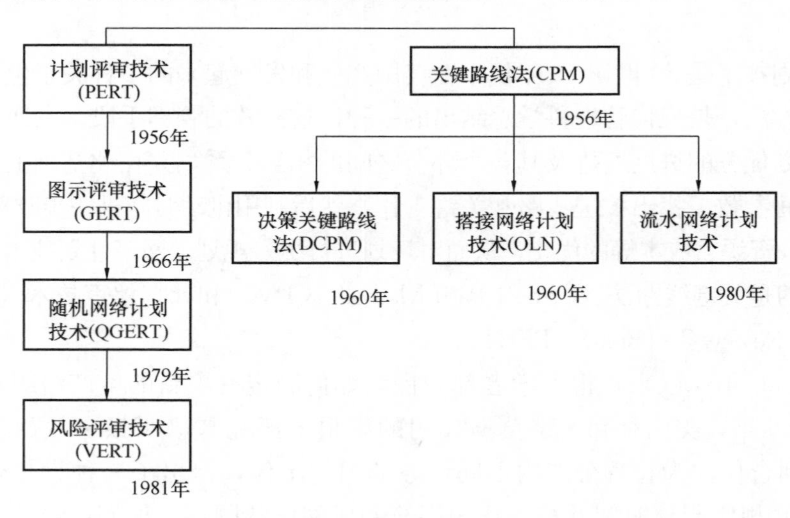

图 1.1.1　网络计划技术发展历程

1.1.2　网络计划技术在我国的发展

我国是从 20 世纪 60 年代开始运用网络计划技术的。著名数学家华罗庚教授结合我国实际，在吸收国外网络计划技术理论的基础上，将 CPM、PERT 等方法统一定名为统筹法。

20 世纪 80 年代，先后成立了“北京统筹法研究会”、“中国优选法、统筹法与经济数学研究会”和“中国建筑学会建筑统筹管理研究会”，是专门研究和推广统筹法的学术组织。在华罗庚教授的支持下，在三个研究会的组织和带领下，统筹法进一步普及应用。网络计划技术在加强科学管理方面取得了成效，尤其是建造业，应用的效果非常显著。原建设部规定，工程承发包过程中的投标文件中必须使用网络计划方法编制工程进度计划；施工组织设计的进度管理也要使用网络计划方法；网络计划技术进入了大学教科书。

20 世纪 90 年代以来，网络计划技术的使用与项目管理方法的推广和应用紧密结合起来，成为工程项目进度管理的核心方法，大大拓宽了网络计划技术的应用范围。

1991 年，由中国建筑学会建筑统筹管理研究会主编的行业标准《工程网络计划技术规程》JGJ/T 121—91 实施，1999 年实施了修改版，2015 年 11 月 1 日起将实施第 3 版；1992 年，网络计划技术的三个国家标准《网络计划技术》GB/T 13400.1～13400.3—1992 实施；2009 年，其中的两个标准《网络计划技术　第 2 部分：网络图画法的一般规定》GB/T 13400.2—2009 和《网络计划技术　第 3 部分：在项目管理中应用的一般程序》GB/T 13400.3—2009 进行修改后发布实施；2011 年，《网络计划技术　第 1 部分：术语》GB/T 13400.1—2011 发布实施。

进入 21 世纪，网络计划技术成为项目管理科学发展的重要组成部分得到了持续发展和提高，成为项目管理中不可或缺的最重要工具。随着改革开放和经济建设的迅速发展，网络计划技术作为一门现代管理技术已逐渐被各企业和广大科技人员所重视，现在网络计划技术在我国已广泛应用于国民经济各个领域的计划管理中。

国内外应用网络计划技术的实践表明，网络方法具有一系列优点，其中特别是能够使计划工作做到统筹兼顾、全面安排和抓住编制与执行计划的关键。所以这种方法一经问世，就被迅速而广泛地应用到各个部门。特别是对于生产技术复杂、各项工作联系紧密和一些跨部门、跨企业的大型工程的计划，网络方法的优点就显得更为突出。例如，大型研制工程、发展新产品、生产技术准备、科学研究、建筑施工以及设备大修等项工作的组织安排，应用网络计划技术的效果更为明显。

1.2　网络计划技术的性质和特点

1.2.1　网络计划技术的性质

网络计划技术既是一种科学的计划方法，又是一种有效的生产管理方法。

网络计划技术作为一种计划的编制和表达方法同一般常用的横道图计划法在性质上是一样的。对一项工程的施工安排，只要施工方法在技术和组织方面作出了决定，采用其中的哪一种方法都可以把有关的计划安排表达出来，除了需要掌握表达方法本身之外，并不要求其他任何特殊的条件。但是，由于表达形式不同，它们所发挥的作用也就各不相同。

横道图计划法是一种最简单、运用最广泛的传统的进度计划方法，尽管有许多新的计划技术，横道图计划在建设领域中的应用仍然非常普遍。通常横道图的表头为工作及其简要说明，在时间坐标上用横道线来表示各项工作的起讫时间和延续时间，从而表达出一项任务的全面计划安排。这种计划表达的形式和方法，其特点是简单、明晰、形象、易懂，容易学习，使用方便。这也正是为什么至今还在世界各国广泛流行的原因。但它也有一定的缺点，最重要的就是它不能全面地反映出整个施工活动中各工作之间的联系和相互依赖与制约的关系，更不能明确地反映出施工过程中应特别注意掌握的关键工作和可以灵活机动使用的时间之所在，使人们抓不住工作的重点，看不到计划的潜力，不知道怎样正确地缩短工期，如何降低成本。

网络计划技术是使计划安排条理化的科学手段，它克服了横道图计划的上述缺点。网络计划技术把施工过程中的各有关工作组成了一个有机的整体，它以网络图模型反映整个工程任务的分解和合成；通过网络计划时间参数的计算，确定各工作的作业时间、开工与完工时间、工作之间的衔接时间、完成任务的机动时间及工程范围和总工期等；通过网络计划时间参数的计算，找出计划的关键线路和关键工作。在计划执行过程中，关键工作是管理的重点；通过网络计划中有关工作的时差，可以更好地运用和调配人力与设备，不断改善网络计划的初始方案，在满足一定的约束条件下，寻求管理目标达到最优的计划方案；在计划执行过程中，通过信息反馈进行监督和控制，以保证达到预定的计划目标。此外，网络计划技术还可以利用现代计算机，对复杂的计划进行绘图、计算、检查、调整与优化。其缺点是从图上很难清晰地看出流水作业的情况，也难以根据一般网络计划计算出人力及资源需要量的变化情况。

网络计划技术的最大优点在于它能够提供工程管理所需的多种信息，有利于加强工程管理。所以，网络计划技术已不仅仅是一种编制计划的方法，而且还是一种科学的工程管理方法。它有助于管理人员合理地组织生产，使他们做到心中有数，知道管理的重点应放在何处，怎样缩短工期，在哪里挖掘潜力，如何降低成本。在工程管理中提高应用网络计划技术的水平，必能进一步提高工程管理的水平。

1.2.2　网络计划技术的特点

网络计划技术的出现，受到了世界各国的高度重视，这固然是由于效果显著的强烈吸引力，更重要的是它本身所具有的优点受到人们的欢迎。网络计划技术的主要优点如下：

（1）网络计划技术能够清楚地表达各工作之间的相互依存和相互制约关系，可以用来对复杂项目及难度较大的项目的建造与管理做出有序而可行的安排，从而产生良好的管理效果和经济效益。也许它对于一般的项目并无显著的价值，但对于像航天项目、大型土木工程、巨额投资的开发项目等，由于需要的时间长、耗费资源多、投资量大、协作关系多且交叉进行、技术要求高且工艺复杂，都非用此种方法处理计划问题并进行管理不可。美国的阿波罗登月计划就是应用此法取得成功的著名实例。

（2）利用网络计划图，通过计算，可以找出网络计划的关键线路。关键线路上的工作（关键工作），花费时间长，消耗资源多，在全部工作中所占比例较小，大型的网络计划只占工作总量的5%～10%。它便于人们认清重点，集中精力抓住重点，确保计划实施，避免平均使用力量、盲目抢工而造成浪费。

（3）与可以找出关键线路相对应，利用网络计划可计算出除关键工作外其他工作（非关键工作）的机动时间。对于每项工作的机动时间做到心中有数，有利于工作中利用这些机动时间，合理分配资源，支持关键工作，调整工作进程，降低成本，提高管理水平。正如华罗庚教授曾说的，“向关键线路要时间，向非关键线路挖潜力”。

（4）网络计划能够提供项目管理的许多信息，有利于加强管理。例如，除总工期外，它还可提供每项工作的最早开始时间和最迟开始时间、最早完成时间和最迟完成时间、总时差和自由时差等。通过网络计划的优化可以提供可靠的和良好的资源和成本信息，还可以通过统计工作，提供管理效果信息等。例如，在计划的执行过程中，某一工作由于某种原因推迟或提前完成时，可以预见到它对整个计划的影响程度，而且能根据变化的情况迅速进行调整，保证自始至终对计划进行有效的监督与控制。总之，足够的信息是管理工作得以进行的依据和支柱，网络计划的这一特点，使它成为项目管理最典型、最有用的方法，并通过网络计划的应用，极大地提高了项目管理的科学化水平。

（5）网络计划是利用计算机进行全过程管理的理想模型。绘图、计算、优化、调整、控制、统计与分析等管理过程都可用计算机完成。由于网络计划实际计算工作量大，调整优化过程复杂，如果不利用计算机处理这些工作，实际工作中很难发挥该技术的优点。所以在信息化时代，网络计划也必然是理想的管理工具。

因此，网络计划可使掌握计划的管理人员做到胸有全局，知道从哪里下手去缩短工期，怎样更好地使用人力和设备，能够经常处于主动地位，使工程获得好、快、省及安全的效果。由此可见，应用网络计划法绝不是单纯为了抢工求快，中心目的是通过计划反映出来的信息促使人们不断地改进计划，加强组织与管理，根据工期的要求，在现有条件下作出最合理的安排并使成本达到最低。

1.3 《工程网络计划技术规程》概述

1.3.1 制定（修订）《工程网络计划技术规程》的目的

1991年颁布的《工程网络计划技术规程》JGJ/T 1001—91（以下简称1001号规程），在总则中对规程的目的做了说明，即“为了使工程网络计划技术在计划编制与控制管理的实际应用中遵循统一的技术标准，做到概念一致，计算原则和表达方式统一，以保证计划管理的科学性，提高企业管理水平和经济效益”。

1991年制定1001号规程时，我国已经推行网络计划技术20多年了，应该说经验是相当多的，而且在学习国外做法的同时，我们自己也进行了许多创造。但是，由于缺乏规范，分歧也是相当大的，有的把错误的东西也当作正确的加以宣传、推广，这不但容易使网络计划技术的应用走入歧途，而且很影响这项技术的发展和交流。所以，编制工程网络计划技术规程是业内人士共同的迫切要求。同每一项规程一样，它的制定，不但可以总结实践中创造的丰富经验，而且可以树立一个正确的样板，起到标准、规范、统一、引导的作用。这样既有利于技术的发展，又有利于应用和推广，防止错的东西蔓延，更能使管理科学，提高经济效益。事实上，这项规程尽管还不是很完善或很科学的，但已受到广泛的重视，在工程界、在大专院校均应用这项规程，产生了很好的效益。据不完全统计，学习和应用这项规程的人数逾百万人。

《工程网络计划技术规程》JGJ/T 121—99（以下简称原121号规程），是1997年“建标［1997］71号”通知批准立项的。当时，1001号规程已经执行5年多了。在执行中也发现1001号规程存在着一些问题，例如单代号和双代号合在一起，在使用中不够方便；符号的书写很繁琐；有时限的网络计划很少有人使用；还有一些规定不确切，乃至有问题；在印刷上还有错误；尤其是它与国标的规定、与国际上的习惯做法存在矛盾等等。以上情况告诉我们，应当不失时机地对1001号规程进行修订和完善，以更好地满足实际需要。我们的宗旨只是修订、完善，而不是对1001号规程的否定。最后形成的原121号规程较好地实现了我们的初衷，是在原规程水平上的提高，可以满足新的需要。从2001年2月1日开始施行原121号规程，1001号规程同时废止。

《工程网络计划技术规程》JGJ/T 121—2015（以下简称新121号规程），是2009年“建标［2009］88号”通知批准立项的。原121号规程已经执行近十年的时间，这期间，工程网络计划技术又得到了发展，尤其是计算机的应用发展很快，规程应该适应发展后的需要。另外，在2009年～2011年间，网络计划技术的三个国家标准《网络计划技术　第1部分：常用术语》GB/T 13400.1—2012、《网络计划技术　第2部分：网络图画法的一般规定》GB/T 13400.2—2009和《网络计划技术　第3部分：在项目管理中应用的一般程序》GB/T 13400.3—2009先后进行了修改并发布实施。根据上述情况，应当对原121号规程进行进一步的修改和完善，以便更好地满足实际需要。在经广泛调查研究，认真总结经验，参考了有关国家标准和国外先进标准，并在广泛征求意见的基础上，完成了《工程网络计划技术规程》的修订和完善工作。从2015年11月1日开始施行新121号规程，原121号规程同时废止。

1.3.2　《工程网络计划技术规程》JGJ/T 121—2015适用范围和条件

新121号规程“适用于采用肯定型网络计划技术进行进度计划管理的城乡建设工

程。”这就是说，本规程不适用于非肯定型网络计划，只适用于肯定型网络计划。

总则第3条规定：“工程网络计划应在确定技术方案与组织方案、工作分解、明确工作之间逻辑关系及各工作持续时间后进行编制。”这就是网络计划技术应用的4个前提条件，这4条缺一不可。在实际工作中，有的进度管理人员编制网络计划善于就事论事，拿起来就编制网络计划，由于条件不具备，故编制出来的网络计划也就不能应用，只能挂在那里当“纪念”。我们要求工程网络计划在施工组织设计中编制，而且要先编施工方案与组织方案，后编网络计划；而在编制网络计划前还需要做好必要的准备工作，如进行工作结构分解、确定工作间的逻辑关系和计算各工作的持续时间等。

1.3.3 《工程网络计划技术规程》JGJ/T 121—2015与原规程的差异

《工程网络计划技术规程》的修订是在住房城乡建设部的领导下，在住房城乡建设部标准定额归口单位的管理下，由江苏中南建筑产业集团有限责任公司、东南大学及部分原规程参编人员按修订计划进行修订的，修订的规程与原规程相比，有以下几点变化。

1. 新121号规程共8章24节158条；121号规程共8章24节172条。新老对比，少了14条。

2. 新121号规程按住房城乡建设部新颁发的规程编写标准的要求进行编写，增加了英文目录、引用标准名录和条文说明。

3. 新121号规程对术语进行了调整，共有39个术语解释，比原121号规程少了10个，删除的10个是有重复之意或无需定义便一目了然的。术语主要以在规程中出现的先后顺序及概念分类排列，但也进行了简单的分类排队。

4. 新121号规程中增加了“工程网络计划技术应用程序”（共21条）和“工程网络计划的计算机应用”（共11条）。

5. 新121号规程将双代号网络计划和双代号时标网络计划放在同一章内，将单代号网络计划和单代号搭接网络计划放在同一章内，不像原121号规程将这四个内容分别立章。这样有利于进行系统学习，且做到了全部以网络计划分类成章。

6. 新121号规程对原规程中的不确切提法、重复性的内容、不正确的内容和审校印刷中的疏漏进行了修改和更正，特别是对术语的定义逐条逐字进行了研究、讨论和修改。

1.3.4 《工程网络计划技术规程》JGJ/T 121—2015的内容

《工程网络计划技术规程》JGJ/T 121—2015针对手册实践的需要，更加准确、精炼、全面地对工程网络计划进行了规范，内容包括：总则；术语和符号；工程网络计划技术应用程序；双代号网络计划；单代号网络计划；网络计划优化；网络计划实施与控制；工程网络计划的计算机应用。全文共8章，适合于我国的应用习惯，可与国际通用做法接轨，方便应用和在此基础上编制计算机应用软件，是理想的工程技术标准。

第2章　工程网络计划技术应用程序

工程项目管理是以工程项目为对象，依据其特点和规律，对工程项目的运作进行计划、组织、控制和协调管理，以实现工程项目目标的过程。编制“工程网络计划技术应用程序”就是为了更好地进行工程项目管理；网络计划技术是项目管理中最关键的技术方法之一，其应用程序的标准化可以大大提高应用的可操作性以及应用效果。

2.1　应　用　程　序

根据《工程网络计划技术规程》JGJ/T 121—2015 第3章的规定，网络计划技术在建设工程中的应用程序可分为6个阶段，共20个工作步骤（表2.1）。工程网络计划应用程序的阶段划分有利于强化工程项目管理。

工程网络计划技术应用程序　　表2.1

阶段		步骤	
序号	名称	序号	主要工作内容
1	准备	1	确定网络计划目标
		2	调查研究
2	工程项目工作结构分解	3	工作结构分解（WBS）
		4	编制工程实施方案
		5	编制工作明细表
3	编制初步网络计划	6	分析确定逻辑关系
		7	绘制初步网络图
		8	确定工作持续时间
		9	确定资源需求
		10	计算时间参数
		11	确定关键线路和关键工作
		12	形成初步网络计划
4	编制正式网络计划	13	检查与修正
		14	网络计划优化
		15	确定正式网络计划

续表

阶段		步骤	
序号	名称	序号	主要工作内容
5	网络计划实施与控制	16	执行
		17	检查
		18	调整
6	收尾	19	分析
		20	总结

2.2 准　　备

2.2.1 确定网络计划目标

1. 确定网络计划目标的依据

（1）工程项目范围说明书：详细说明工程项目的可交付成果、为提交这些成果而必须开展的工作、工程项目的主要目标。

（2）环境因素：组织文化，组织结构，资源，相关标准、制度等。

2. 网络计划目标

网络计划目标应包括下列内容：

（1）时间目标；

（2）时间-资源目标；

（3）时间-费用目标。

2.2.2 调查研究

调查研究的内容包括：

（1）工程项目有关的工作任务、实施条件、设计数据等资料；

（2）有关的标准、定额、制度等；

（3）资源需求和供应情况；

（4）资金需求和供应情况；

（5）有关的工程建设经验、统计资料及历史资料；

（6）其他有关的工程技术经济资料。

调查研究可采用下列方法：

（1）实际观察、测量与询问；

（2）会议调查；

（3）阅读资料；

（4）计算机检索；

（5）预测与分析等。

2.3　工程项目工作结构分解

2.3.1　工作分解结构（WBS）

1. 工作结构分解的含义

工作分解结构是指按照工程项目发展规律，依据一定的原则和规定，对项目进行系统化、相互关联和协调的层次分解。结构层次越往下层则项目组成部分的定义越详细。

例如，对大型建筑工程项目，在实施阶段的工作内容相当多，其工作分解结构通常可以分解为六级。一级为工程项目，二级为单项工程，三级为单位工程，四级为任务，五级为工作包，六级为工作或活动（工序）。一般情况下，前三级由业主（或其代表）作出规定，更低级别的分解则由承包商完成并用于对承包商的施工进度进行控制。

工作分解结构将项目依次分解成较小的项目单元，直到满足项目控制需要的最低层次，这就形成了一种层次化的“树”状结构。

2. 工作分解结构的作用

工作分解结构的主要作用有：

① 明确和准确说明项目的范围；

② 为各独立单元分派人员，确定这些人员的相应职责；

③ 针对各独立单元，进行时间、费用和资源需要量的估算，提高费用、时间和资源估算的准确性；

④ 为计划、预算、进度安排和费用控制奠定共同基础，确定项目进度测量和控制的基准；

⑤ 将项目工作与项目的费用预算及考核联系起来；

⑥ 便于划分和分派责任，自上而下地将项目目标落实到具体的工作上，并将这些工作交给项目内外的个人或组织去完成；

⑦ 确定工作内容和工作顺序；

⑧ 估计项目整体和全过程的费用。

3. 工作结构分解的要求

工作结构分解应符合下列要求：

① 内容完整，不重复，不遗漏；

② 一个工作单元只能从属于一个上层单元；

③ 每个工作单元应有明确的工作内容和责任者，工作单元之间的界面应清晰；

④ 项目分解应有利于项目实施和管理，便于考核评价。

4. 工作结构分解的方法

工作分解结构的基本思路是：以项目目标体系为主导，以工程技术系统范围和项目的实施过程为依据，按照一定的规则由上而下、由粗到细地进行。

工作分解结构（WBS）的成果可用工作结构分解图表示，如图 2.3.1 所示。

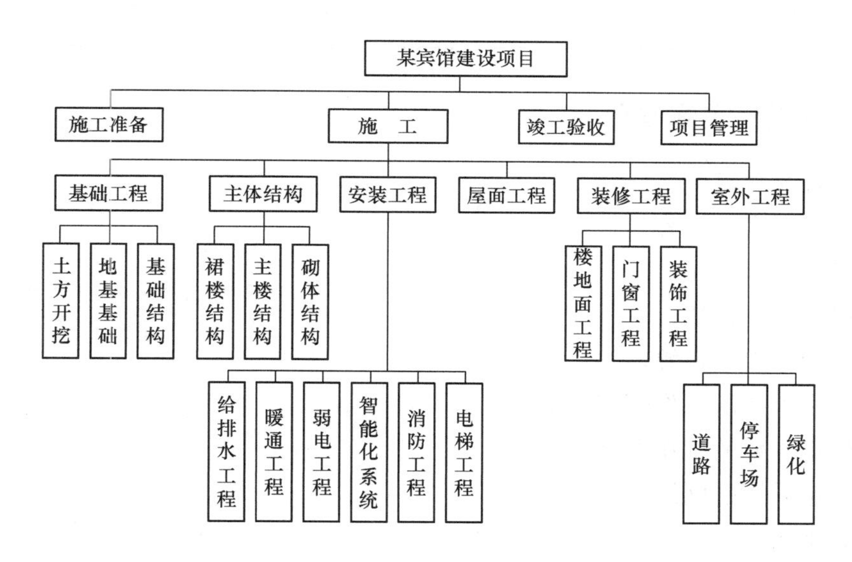

图 2.3.1 某工程项目的工作结构分解图

工作结构分解（WBS）的成果也可以用分解结构表的形式表示，如表 2.3.1 所示。

××项目结构分解表　　表 2.3.1

编码	活动名称	负责人（单位）	预算成本	计划时间	……
10000					
11000 11100 11200					

续表

编码	活动名称	负责人（单位）	预算成本	计划时间	……
12000 12100 12200 12210 12220 12221 12222 12223 12230					
13000					
14000					
……					

2.3.2　编制工程实施方案

1. 工程实施方案

工程实施方案的内容包括：

（1）确定工作顺序；

（2）确定工作方法；

（3）选择需要的资源；

（4）确定重要的工作管理组织；

（5）确定重要的工作保证措施；

（6）确定采用的网络图类型。

2. 基本要求

工程实施方案的基本要求是：寻求最佳顺序；确保质量、安全、节约与环境保护；采用先进的理念、技术和经验；分工合理，职责分明；有利于提高施工效率、缩短工期和增加效益。

2.4　编制初步网络计划

2.4.1　确定逻辑关系

1. 工艺关系和组织关系

工作之间相互制约或相互依赖的关系叫逻辑关系，逻辑关系可分为工艺关系和组织关系两种，在网络图中均表现为工作之间的先后顺序。

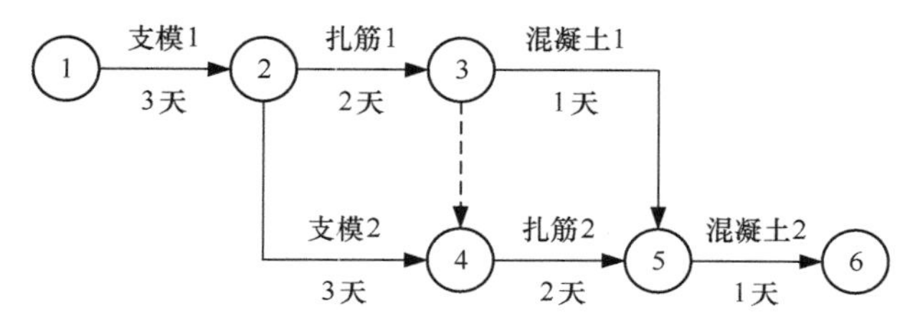

图 2.4.1　某混凝土分部工程施工双代号网络计划

生产性工作之间由工艺过程决定的、非生产性工作之间由工作程序决定的先后顺序关系称为工艺关系。如图 2.4.1 中，支模 1→扎筋 1→混凝土 1 为工艺关系。

工作之间由于组织安排需要或资源（劳动力、原材料、施工机具）调配需要而规定的先后顺序关系称为组织关系。如图 2.4.1 中，支模 1→支模 2、扎筋 1→扎筋 2 等为组织关系。

2. 分析逻辑关系

分析工作之间逻辑关系的依据包括：施工方案，项目已分解的成果；有关资源供应情况；管理人员的经验。

分析各项工作之间的逻辑关系时，既要考虑施工程序或工艺技术过程，又要考虑组织安排或资源调配需要。对施工进度计划而言，分析工作之间的逻辑关系时，应考虑：①施工工艺的要求；②施工方法和施工机械的要求；③施工组织的要求；④施工质量的要求；⑤当地的气候条件；⑥安全技术的要求。

3. 逻辑关系的分析程序

① 确定每项工作的紧前工作（或紧后工作）与搭接关系；

② 完成工作逻辑关系分析表，见表 2.4.1。

工作逻辑关系分析表　　**表 2.4.1**

工作编码	工作名称	逻辑关系			工作持续时间			
		紧前工作或紧后工作	搭接		三时估计法			持续时间D
			相关关系	时距	最短估计时间 a	最长估计时间 b	最可能估计时间 m	
1101	C	A	—	—	5	10	6	6.5

注：1101—工作编码；A，C—工作；5，10，6—工作最短、最长、最可能估计时间；6.5—三时估计法计算得到的工作持续时间

2.4.2　绘制初步网络图

根据已确定的工作逻辑关系，即可按绘图规则绘制网络图。既可以绘制单代号网络图，也可以绘制双代号网络图。还可以根据需要绘制双代号时标网络计划。

绘制的网络图应方便使用，方便工作的组合、分图与并图。

2.4.3　确定工作持续时间

1. 确定工作持续时间的依据

（1）工作的任务量；

（2）资源供应能力；

（3）工作组织方式；

（4）工作能力及生产效率；

（5）选择的计算方法。

2. 确定工作持续时间的方法

（1）参照以往工程实践经验估算；

（2）经过试验推算；

（3）按定额计算，计算公式为：

$$D=\frac{Q}{R\cdot S}$$

式中　D——工作持续时间；

Q——工作任务总量；

R——资源数量；

S——工效定额。

（4）采用“三时估计法”，计算公式为：

$$D=\frac{a+4m+b}{6}$$

式中：D——期望持续时间估计值；

a——最短估计时间；

b——最长估计时间；

m——最可能估计时间。

2.4.4　计算时间参数

网络计划时间参数一般包括：工作的最早开始时间、最早完成时间、最迟开始时间、最迟完成时间、总时差、自由时差；节点最早时间、节点最迟时间；间隔时间；计算工期、要求工期、计划工期。

应根据网络计划的类型及其使用要求，选算上述时间参数。网络计划时间参数的计算方法有：图上计算法、表上计算法、公式法，也可以采用计算机软件进行计算。

2.4.5　确定关键线路和关键工作

在计算网络计划时间参数的基础上，可根据有关时间参数确定网络计划中的关键线路和关键工作。其确定方法详见本书第 3 章和第 4 章中的有关内容。

2.5　编制正式网络计划

2.5.1　检查与修正

1. 检查

对初步网络计划检查的主要内容包括：工期是否符合要求；资源需要量是否满足要求，资源配置是否符合供应条件；费用支出是否符合要求。

2. 修正

1）工期修正

当计算工期不能满足预定的时间目标要求时，可适当压缩关键工作的持续时间。当压缩不能奏效时，可改变工作实施方案或逻辑关系并报批。

2）资源修正

当资源需用量超过供应限制时，可延长非关键工作持续时间，使资源需用量降低；也可在总时差允许范围内和其他条件允许的前提下，灵活安排非关键工作的起止时间，使资源需用量降低。

2.5.2　网络计划优化

初步网络计划一般需要进行优化，然后方可确定正式网络计划。当没有优化要求时，初步网络计划即可作为正式网络计划。

网络计划的优化包括：工期优化；时间固定—资源均衡的优化；资源有限—工期最短的优化；工期—费用优化。

网络计划优化的具体方法见本书第5章的相关内容。

2.5.3　确定正式网络计划

依据网络计划的优化结果确定拟付诸实施的正式网络计划并报请审批。正式网络计划应包括网络计划图和说明书。说明书包括下列内容：编制说明；主要计划指标一览表；执行计划的关键说明；需要解决的问题及主要措施；工作时差的分配范围；其他需要说明的问题。

2.6　网络计划实施与控制

2.6.1　执行

网络计划的执行包括下列工作：

（1）根据批准的网络计划组织实施；

（2）建立相应的组织保证体系；

（3）组织宣贯，进行必要的培训；

（4）落实责任。

2.6.2　检查

1. 检查的主要内容

（1）关键工作进度；

（2）非关键工作进度及时差利用；

（3）工作逻辑关系的变化情况；

（4）资源和费用状况；

（5）存在的其他问题。

2. 检查的要求和做法

（1）建立健全相应的检查制度，执行数据采集报告制度；

（2）建立有关数据库；

（3）定期、不定期或应急地对网络计划中心情况进行检查并收集有关数据；

（4）对检查结果和反馈的有关数据进行分析，抓住关键，确定对策，采取相应的措施。

2.6.3　调整

网络计划执行过程中如发生偏差，需要及时进行纠偏调整。网络计划调整的内容包括：时间、资源、费用、工作及其他。网络计划调整的程序是：选择调整的对象和目标→选择调整的措施→对调整措施进行评价和决策→确定更新的网络计划并付诸实施。

2.7　收　　尾

2.7.1　分析

网络计划任务完成后，应进行分析。分析的内容包括：各项目标的完成情况；计划与控制工作中的问题及其原因；计划与控制中的经验；提高计划与控制工作水平的措施。

2.7.2　总结

计划与控制工作的总结要形成制度，提交总结报告，将总结资料归档。

总结的主要内容包括：网络计划应用中取得的成效、经验和教训，改进网络计划应用及提高管理水平的意见。

第3章　双代号网络计划

3.1　双代号网络图的构成与基本符号

3.1.1　双代号网络图

工程网络计划技术（2.1.2，指《工程网络计划技术规程》JGJ/T 121—2015中条款号，下同）的基本模型是网络图（2.1.9）。网络图是用箭线和节点组成的，用来表示工作流程的有向、有序网状图形。工程网络计划（2.1.1）是用网络图表达工程中的任务构成、工作顺序，并加注时间参数的进度计划。双代号网络图是以箭线（2.1.5）及其两端有编号的节点（2.1.7）表示工作（2.1.3）的网络图，如图3.1.1所示。由于网络图中的每一项工作均需用一条箭线及其箭尾和箭头处两个节点中的编号来表示，故称为双代号网络图。目前，在我国工程项目管理中，表示工程项目进度计划最常用的网络图是双代号网络图。

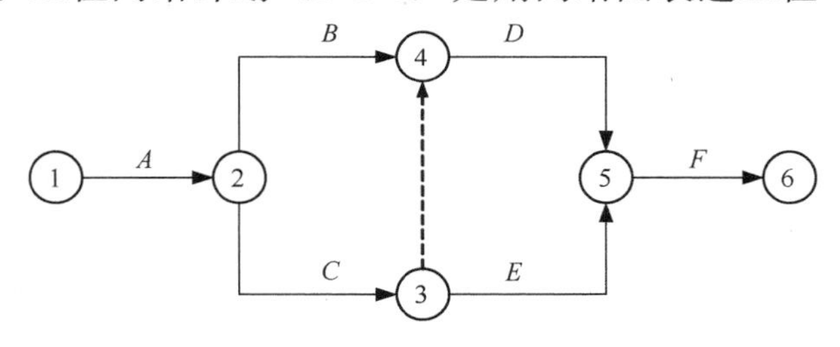

图3.1.1　双代号网络图

3.1.2　双代号网络图的基本符号

分析图3.1.1，可以将双代号网络图的基本符号归纳表述如下。

1. 箭线（2.1.5）

（1）在双代号网络图中，一条箭线与其两端的节点表示一项工作（又称活动、作业、工序）。箭线的箭尾节点表示该工作的开始，箭头节点表示该工作的结束。工作的名称标注在箭线的上方，完成该项工作所需要的持续时间标注在箭线的下方。如图3.1.2-1（*a*）所示。

（2）在双代号网络图中，任意一条实箭线都要占用时间、消耗一定的资源（有时只占用时间，不消耗资源，如混凝土养护）。在建筑工程中，一条箭线表示项目中的一个施工过程，如：支模板、绑扎钢筋、浇混凝土等。一项工作的范围可大可小，视具体情况而定。如一项工作表示的可以是一道工序、一个分项工程、一个分部工程或一个单位工程，其粗细程度、大小范围的划分根据计划任务的需要来确定。

(3) 虚箭线（2.1.6）及其作用

在双代号网络图中，为了正确地表达工作之间的逻辑关系，往往需要应用虚箭线又称虚工作（2.1.4），其表示方法如图 3.1.2-1 (*b*) 所示。虚箭线是实际工作中并不存在的一项虚拟工作，故它既不占用时间，也不消耗资源，仅起着表达相关工作之间逻辑关系的作用，具体作用可以分为三类：联系作用、区分作用和断路作用。

图 3.1.2-1　双代号表示法

联系作用是指应用虚箭线正确表达工作之间相互依存的关系。如某工程中的 *A*、*B*、*C*、*D* 四项工作的相互关系是：*A* 完成后进行 *B*，*A*、*C* 均完成后进行 *D*，则其逻辑关系如图 3.1.2-2 所示，图中必须用虚箭线把 *A* 和 *D* 的相互关系连接起来。

区分作用是指双代号网络图中每一项工作都必须用一条箭线和两个代号表示，若有两项工作同时开始，又同时完成，绘图时应使用虚工作才能区分两项工作的代号，如图 3.1.2-3 所示。

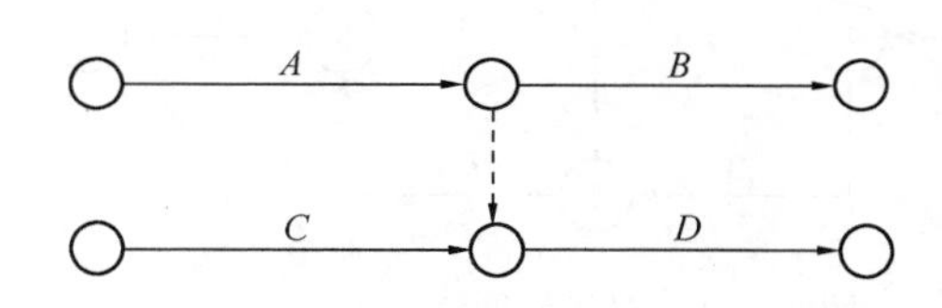

图 3.1.2-2　虚箭线的联系作用

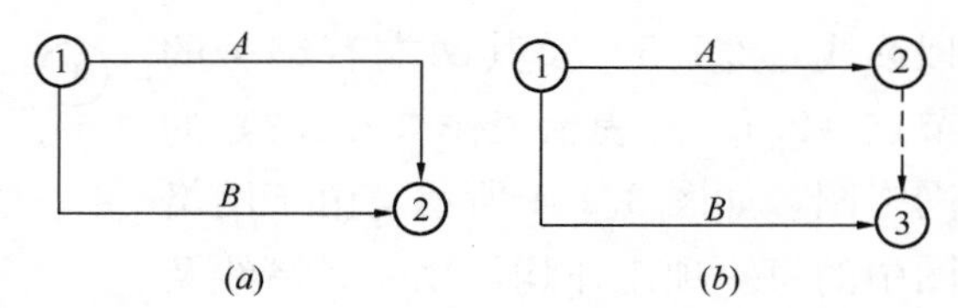

图 3.1.2-3　虚箭线的区分作用

(*a*) 错误画法；(*b*) 正确画法

断路作用是用虚箭线把没有关系的工作隔开，如图 3.1.2-4 中，三层墙面抹灰与一层立门窗口两种工作本来不应有关系，但在这里却拉上了关系，故而产生了错误。在图 3.1.2-5 中，将二层的立门窗口与墙面抹灰两项工作之间加上一条虚箭线，则上述的错误联系就断开了。

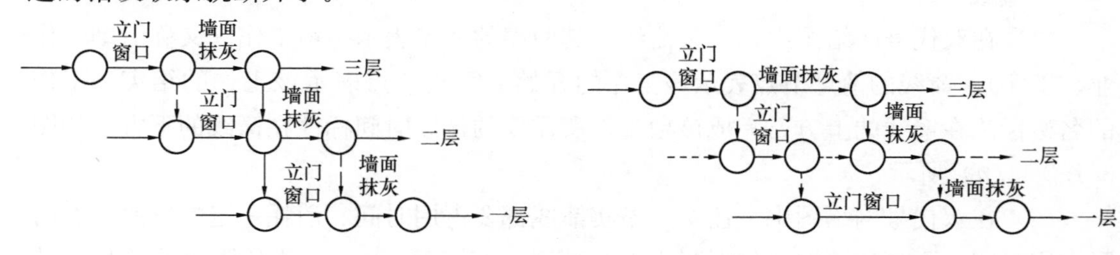

图 3.1.2-4　错误的联系

图 3.1.2-5　采用虚箭线断路

(4) 在无时间坐标限制的网络图中，箭线的长度原则上可以任意画，其占用的时间以下方标注的时间参数为准。箭线可以为直线、折线或斜线，但其行进方向均应从左向右，如图 3.1.2-6 所示。在有时间坐标限制的网络图中，箭线的长度必须根据完成该工作所需持续时间的大小按比例绘制。

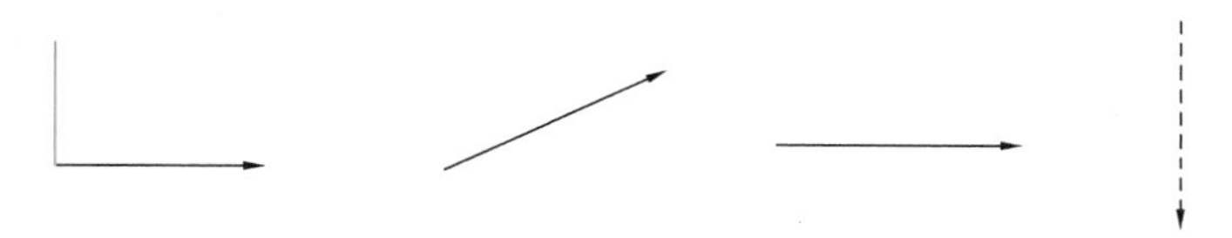

图 3.1.2-6 箭线的表达形式

(5) 在双代号网络图中，各项工作之间的关系如图 3.1.2-7 所示。通常将被研究的对象称为本工作，用 $i-j$ 表示；紧排在本工作之前的工作称为紧前工作 (2.1.15)，用 h—i 表示；紧跟在本工作之后的工作称为紧后工作 (2.1.16)，用 j—k 表示；与之平行进行的工作称为平行工作。

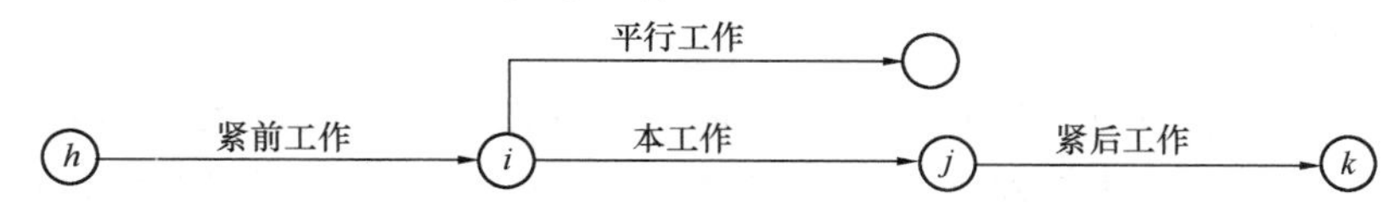

图 3.1.2-7 工作间的关系

2. 节点 (2.1.7)

节点在双代号网络图中表示一项工作的开始或完成时刻，用圆圈表示。节点是网络图中箭线之间的连接点，既不占用时间、也不消耗资源，是个瞬时值，即节点只表示工作的开始或结束的瞬间，起着承上启下的衔接作用。网络图中有三种类型的节点：

(1) 起点节点 (2.1.17)

网络图中的第一个节点叫"起点节点"，它只有外向箭线，一般表示一项任务或一个项目的开始，如图 3.1.2-8 中 (*a*) 所示。

(2) 终点节点 (2.1.18)

网络图中的最后一个节点叫"终点节点"，它只有内向箭线，一般表示一项任务或一个项目的结束，如图 3.1.2-8 中 (*b*) 所示。

(3) 中间节点

网络图中既有内向箭线，又有外向箭线的节点称为中间节点，如图 3.1.2-8 中 (*c*) 所示。

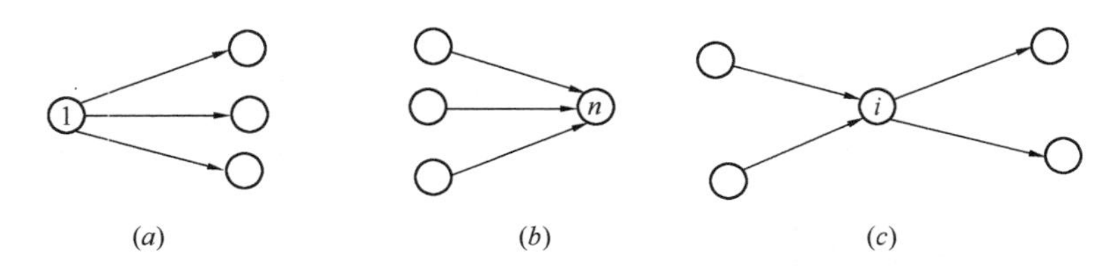

图 3.1.2-8 节点类型示意图

(*a*) 起点节点；(*b*) 终点节点；(*c*) 中间节点；

（4）在双代号网络图中，节点应用圆圈表示，并在圆圈内编号。一项工作应当只有唯一的一条箭线和相应的一对节点，且要求箭尾节点的编号小于其箭头节点的编号。例如图 3.1.2-9 中，应是 $i<j<k$。网络图节点的编号顺序应从小到大，可不连续，但严禁重复编号。

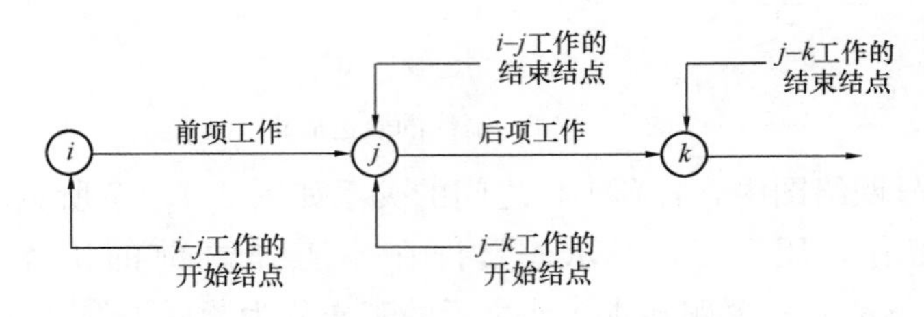

图 3.1.2-9　箭尾节点和箭头节点

3. 线路（2.1.19）

网络图中从起点节点开始，沿箭头方向顺序通过一系列箭线与节点，最后达到终点节点所经过的通路称为线路。线路上各项工作持续时间的总和称为该线路的长度。一般网络图有多条线路，可依次用该线路上的节点代号来记述，例如网络图 3.1.1 中的线路有：①—②—③—⑤—⑥，①—②—③—④—⑤—⑥等，其中最长的一条线路被称为关键线路（2.1.35），位于关键线路上的工作称为关键工作（2.1.34）。

3.2　双代号网络图的绘制方法

3.2.1　双代号网络图的逻辑关系

网络图中工作之间相互制约或相互依赖的关系称为逻辑关系，它包括工艺关系和组织关系，在网络中均应表现为工作之间的先后顺序。

1. 工艺关系

生产性工作之间由工艺过程决定的、非生产性工作之间由工作程序决定的先后顺序叫工艺关系。

2. 组织关系

工作之间由于组织安排需要或资源（人力、材料、机械设备和资金等）调配需要而规定的先后顺序关系叫组织关系。

双代号网络图中相关工作之间的逻辑关系可以用紧前工作、紧后工作、平行工作、先行工作和后续工作来表示。

3.2.2　双代号网络图的绘图规则

双代号网络图的绘制应正确地表达整个工程或任务的工艺流程、各工作开展的先后顺序及它们之间相互依赖、相互制约的逻辑关系，因此，绘图时必须遵循一定的基本规则进行绘制。

1. 双代号网络图应正确表达工作之间已定的逻辑关系。

双代号网络图中常见的逻辑关系的表示方法见图 3.2.2-1 所示。

序号	逻辑关系	双代号表示方法
1	A完成后进行B; B完成后进行C	A B C
2	A完成后同时 进行 B和C	A B C
3	A和B都完成 后进行C	A B C
4	A和B都完成后 同时进行 C和D	A B C D
5	A完成后进行C; A和B都完成后进行D	A C B D

图 3.2.2-1　逻辑关系表示方法

2. 双代号网络图中，不得出现回路（2.1.20）。

双代号网络图中所谓的回路是指从网络图中的某一个节点出发，沿着箭线方向又回到该节点的线路，如图 3.2.2-2 所示。

3. 双代号网络图中，不得出现双向箭头或无箭头的连线。如图 3.2.2-3 所示。

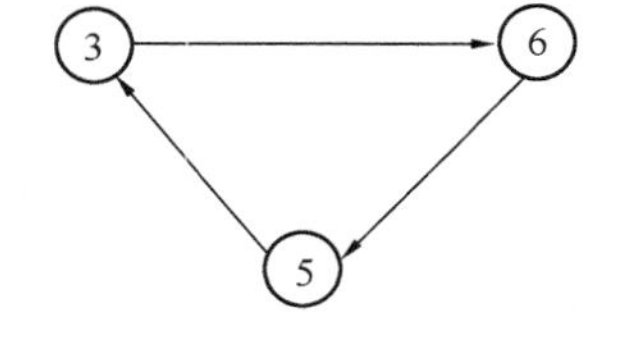

图 3.2.2-2　循环线路示意图

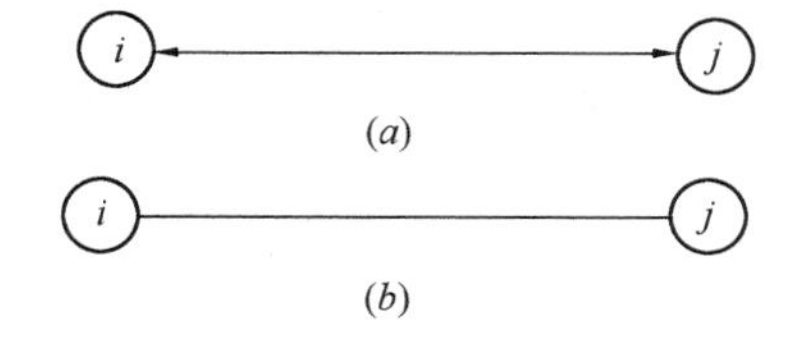

图 3.2.2-3　箭线的错误画法

4. 双代号网络图中，不得出现没有箭头节点或没有箭尾节点的箭线。如图 3.2.2-4 所示。

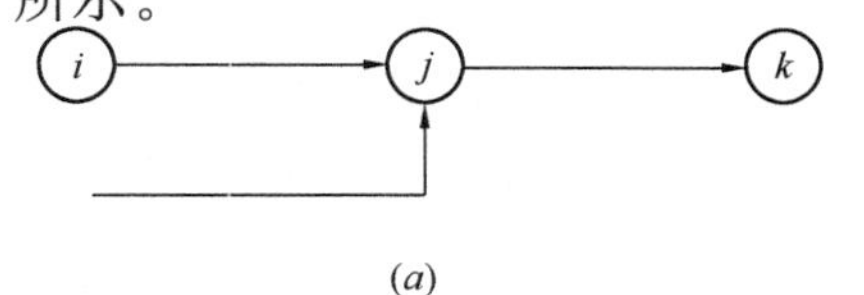

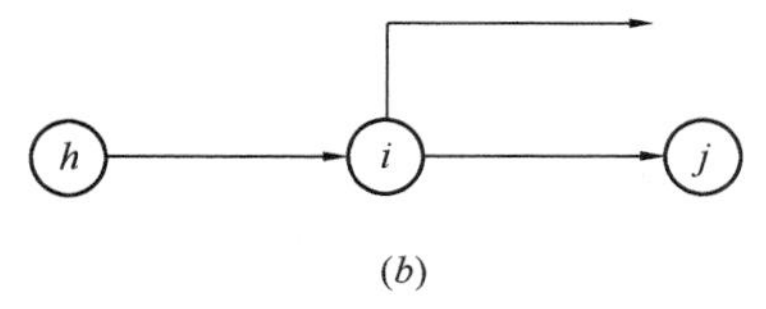

图 3.2.2-4　没有箭头和箭尾节点的箭线

5. 当双代号网络图的起点节点有多条外向箭线或终点节点有多条内向箭线时，对起点节点和终点节点可使用母线法绘制（但应满足一项工作用一条箭线和相应的一对节点表示的要求），如图 3.2.2-5 所示。

6. 绘制网络图时，箭线不宜交叉；当交叉不可避免时，可用过桥法、断线法或指向法表示。如图 3.2.2-6 所示。

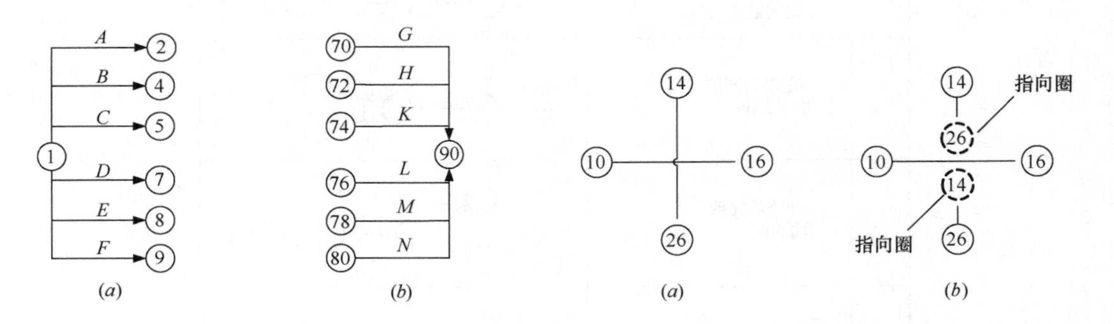

图 3.2.2-5　母线法绘制

图 3.2.2-6　箭线交叉的表示方法

（*a*）过桥法；（*b*）指向法

7. 双代号网络图中应只有一个起点节点；在不分期完成任务的网络图中，应只有一个终点节点；其他所有节点均应是中间节点。如图 3.2.2-7 所示。

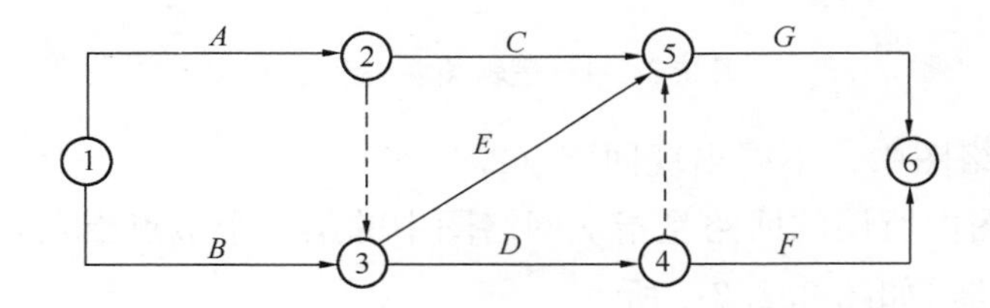

图 3.2.2-7　一个起点节点、一个终点节点的网络图

3.2.3　双代号网络图的绘制方法

绘制双代号网络图必须正确反映工作之间的既定的逻辑关系，及有关系的相关工作一定要把关系表达准确，且不要漏画“关系”；没有关系的工作一定不要扯上“关系”，以保证工作之间的逻辑关系正确。绘制双代号网络图的方法关键有两条：第一，严格按照上述 7 条绘图规则绘图；第二，正确运用虚箭线。网络图应布局合理，条理清楚，尽量横平竖直，避免歪斜零乱。图 3.2.3 为某工程的双代号网络图。

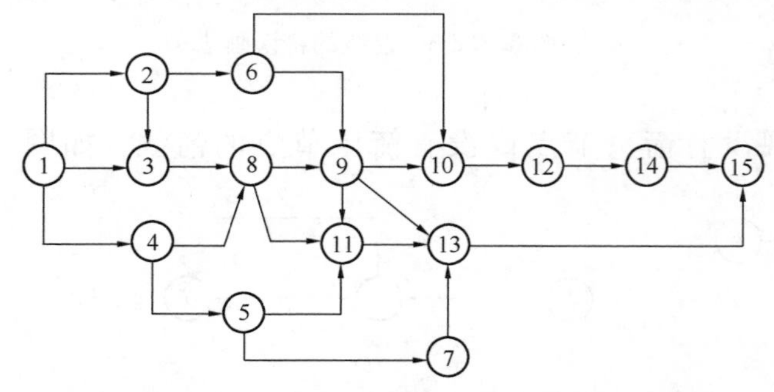

图 3.2.3　某工程双代号网络图

3.3 按工作计算法计算时间参数

计算双代号网络计划时间参数的目的在于，通过计算，可以确定各项工作的开始、完成和机动时间、可以确定网络计划中的关键工作、关键线路和计算工期等，为网络计划的优化、调整和执行提供明确的时间依据。计算双代号网络计划时间参数的方法很多，一般常用的有：按工作计算法和按节点计算法；在计算方式上又有分析计算法、表上计算法、图上计算法、矩阵计算法和电算法等。本章只介绍按工作和节点并根据网络图进行分析计算的方法（图上计算法和分析计算法）。

3.3.1 工作时间参数的概念及其符号

1. 工作持续时间（2.1.21）

工作持续时间是指一项工作从开始到完成的时间。在双代号网络计划中工作 $i—j$ 的持续时间用 D_{i-j} 表示。工作持续时间的计算方法有两种：一是“定额计算法”，二是“三时估算法”。“定额计算法”的计算公式是：

$$D_{i-j}=\frac{Q_{i-j}}{S_{i-j}R_{i-j}} \tag{3.3.1-1}$$

式中：D_{i-j}——工作 $i—j$ 的持续时间；

Q_{i-j}——工作 $i—j$ 的工程量；

S_{i-j}——工作 $i—j$ 的产量定额，即单位时间（工日或机械台班）完成的计划产量；

R_{i-j}——完成工作 $i—j$ 的专业工作队的人数或机械台数。

当工作持续时间不能用定额计算法确定时，便可采用“三时估算法”计算工作的持续时间，其计算公式是：

$$D_{i-j}=\frac{a+4c+b}{6} \tag{3.3.1-2}$$

式中：D_{i-j}——工作 $i—j$ 的持续时间；

a——工作的乐观（最短）持续时间估计值；

b——工作的悲观（最长）持续时间估计值；

c——工作的最可能持续时间估计值。

2. 工期 T

工期泛指完成任务所需要的时间，一般有以下三种：

（1）计算工期（2.1.29）：T_c

根据网络计划时间参数计算所得到的工期，用 T_c 表示。

（2）要求工期（2.1.30）：T_r

任务委托人所提出的指令性工期或合同中规定的工期，用 T_r表示。

（3）计划工期（2.1.31）：T_p

根据要求工期和计算工期所确定的、作为工程项目进度目标的工期，用 T_p表示。网络计划的计划工期 T_p应按下列情况分别确定：

① 当已规定了要求工期 T_r时，取：

$$T_p \leqslant T_r \tag{3.3.1-3}$$

② 当未规定要求工期时，可令计划工期等于计算工期，即：

$$T_p = T_c \tag{3.3.1-4}$$

3. 双代号网络计划中工作的六个时间参数

（1）最早开始时间（2.1.22）：ES_{i-j}

工作最早开始时间是在紧前工作全部完成后，本工作有可能开始的最早时刻。工作 $i-j$ 的最早开始时间用 ES_{i-j}表示。

（2）最早完成时间（2.1.23）：EF_{i-j}

工作最早完成时间是在紧前工作全部完成后，本工作有可能完成的最早时刻。工作 $i-j$ 的最早完成时间用 EF_{i-j}表示。

（3）最迟开始时间（2.1.24）：LS_{i-j}

最迟开始时间是在不影响整个任务按期完成的条件下，工作最迟必须开始的时刻。工作 $i-j$ 的最迟开始时间用 LS_{i-j}表示。

（4）最迟完成时间（2.1.25）：LF_{i-j}

最迟完成时间是在不影响整个任务按期完成的条件下，工作最迟必须完成的时刻。工作 $i-j$ 的最迟完成时间用 LF_{i-j}表示。

（5）总时差（2.1.33）：TF_{i-j}

总时差是在不影响计划工期和有关时限的前提下，一项工作可以利用的机动时间。工作 $i-j$ 的总时差用 TF_{i-j}表示。

（6）自由时差（2.1.32）：FF_{i-j}

自由时差是在不影响其紧后工作最早开始和有关时限的前提下，一项工作可以利用的机动时间。工作 $i-j$ 的自由时差用 FF_{i-j}表示。

按工作计算法计算时间参数应在确定各项工作的持续时间之后进行。虚箭线必须视同工作进行计算，其持续时间为零。各项工作时间参数的计算结果应标注在箭线之上，如图 3.3.1 所示。

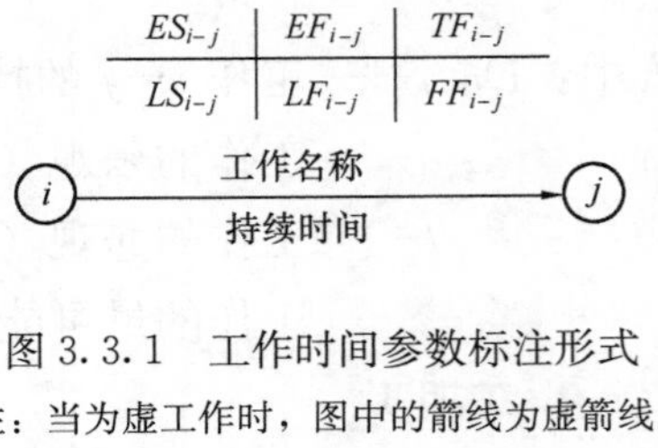

ES_{i-j}	EF_{i-j}	TF_{i-j}
LS_{i-j}	LF_{i-j}	FF_{i-j}

i —— 工作名称 / 持续时间 ——→ j

图 3.3.1　工作时间参数标注形式

注：当为虚工作时，图中的箭线为虚箭线。

3.3.2　时间参数计算

按工作计算法在网络图上计算工作的六个时间参数，必须在清楚计算顺序和计算步骤的基础上，列出必要的公式，以加深对时间参数计算的理解。时间参数的计算步骤为：

1. 工作最早开始时间和最早完成时间的计算

由于工作最早时间参数受到紧前工作的约束，故其计算顺序应从起点节点开始，顺着箭线方向依次逐项计算。

（1）以网络计划的起点节点 i 为箭尾节点的工作 $i-j$，当未规定其最早开始时间 ES_{i-j} 时，其最早开始时间取零。如果网络计划起点节点的编号为 1，则：

$$ES_{i-j} = 0(i = 1) \tag{3.3.2-1}$$

（2）顺着箭线方向依次计算各个工作的最早完成时间和最早开始时间。

① 最早完成时间等于最早开始时间加上其持续时间：

$$EF_{i-j} = ES_{i-j} + D_{i-j} \tag{3.3.2-2}$$

② 最早开始时间等于各紧前工作 $h-j$ 的最早完成时间 EF_{h-i} 的最大值：

$$ES_{i-j} = \max[EF_{h-i}] \tag{3.3.2-3}$$

或

$$ES_{i-j} = \max[ES_{h-i} + D_{h-i}] \tag{3.3.2-4}$$

2. 确定计算工期 T_c

计算工期等于以网络计划的终点节点为箭头节点的各个工作的最早完成时间的最大值。当网络计划终点节点的编号为 n 时，计算工期为：

$$T_c = \max[EF_{i-n}] \tag{3.3.2-5}$$

当无要求工期的限制时，取计划工期等于计算工期，即取：$T_p = T_c$。

3. 工作最迟开始时间和最迟完成时间的计算

由于工作最迟时间参数受到紧后工作的约束，故其计算顺序应从终点节点起，逆着箭线方向依次逐项计算。

（1）以网络计划的终点节点（$j=n$）为箭头节点的工作的最迟完成时间等于计划工期 T_p，即：

$$LF_{i-n} = T_p \tag{3.3.2-6}$$

（2）逆着箭线方向依次计算各项工作的最迟开始时间和最迟完成时间。

① 最迟开始时间等于最迟完成时间减去其持续时间：

$$LS_{i-j} = LF_{i-j} - D_{i-j} \tag{3.3.2-7}$$

② 最迟完成时间等于其紧后工作的最迟开始时间 LS_{j-k} 的最小值，即：

$$LF_{i-j} = \min[LS_{j-k}] \tag{3.3.2-8}$$

或

$$LF_{i-j} = \min[LF_{j-k} - D_{j-k}] \tag{3.3.2-9}$$

4. 计算工作总时差

工作总时差等于其最迟开始时间减去最早开始时间，或等于其最迟完成时间减去最早完成时间：

$$TF_{i-j} = LS_{i-j} - ES_{i-j} \tag{3.3.2-10}$$

$$TF_{i-j} = LF_{i-j} - EF_{i-j} \tag{3.3.2-11}$$

5. 计算工作自由时差

工作 $i-j$ 的自由时差（FF_{i-j}）的计算应符合下列规定：

（1）当工作 $i-j$ 有紧后工作 $j-k$ 时，其自由时差应按下式计算：

$$FF_{i-j} = \min\{ES_{j-k}\} - EF_{i-j} \tag{3.3.2-12}$$

式中：ES_{j-k}——工作 $i-j$ 的紧后工作 $j-k$ 的最早开始时间。

（2）以终点节点（$j=n$）为箭头节点的工作，其自由时差应按下式计算：

$$FF_{i-n} = T_p - EF_{i-n} \tag{3.3.2-13}$$

3.3.3　关键工作和关键线路的确定

通过计算网络计划的时间参数，可确定工程的计划工期并找出关键线路。

1. 关键工作（2.1.34）：网络计划中机动时间最少的工作或总时差最小的工作为关键工作。

2. 关键线路（2.1.35）：双代号网络计划中由关键工作组成的线路或总持续时间最长的线路为关键线路。双代号网络计划中的关键线路可用双线、粗线或彩色线标注。

由于关键路线上的工作均为关键工作，其完成的快慢将直接影响整个计划工期，故在进度计划执行过程中关键工作是管理的重点，在时间和费用方面均需严格控制。

【例 3.1】某工程项目的进度计划如图 3.3.3-1 双代号网络计划所示，试计算各项工作的时间参数，并确定关键线路。

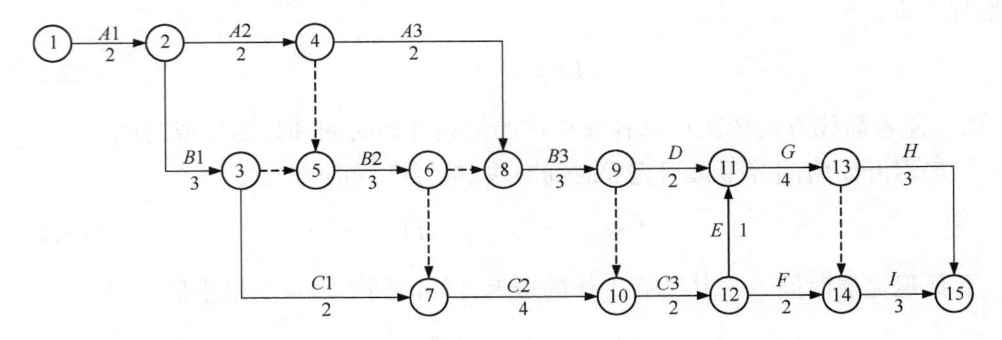

图 3.3.3-1　某工程项目双代号网络计划

1. 计算各项工作的最早开始时间和最早完成时间

（1）从网络计划的起点节点开始，顺着箭线方向依次逐项计算；首先计算工作 1-2 的最早开始时间（ES_{1-2}），因未规定其最早开始时间（ES_{1-2}），故按公式

（3.3.1-5）确定：

$$ES_{1-2}=0$$

（2）其他工作的最早开始时间（ES_{i-j}）按公式（3.3.1-6）进行计算：

$$ES_{2-3}=ES_{1-2}+D_{1-2}=0+2=2$$
$$ES_{2-4}=ES_{1-2}+D_{1-2}=0+2=2$$
$$ES_{3-5}=ES_{2-3}+D_{2-3}=2+3=5$$
$$ES_{4-5}=ES_{2-4}+D_{2-4}=2+2=4$$
$$ES_{5-6}=\max\{ES_{3-5}+D_{3-5},ES_{4-5}+D_{4-5}\}$$
$$=\max\{5+0,4+0\}=\max\{5,4\}=5$$

……

依次类推，算出其他工作的最早开始时间。

（3）工作的最早完成时间就是本工作的最早开始时间（ES_{i-j}）与本工作的持续时间（D_{i-j}）之和。按公式（3.3.1-7）计算：

$$EF_{1-2}=ES_{1-2}+D_{1-2}=0+2=2$$
$$EF_{2-3}=ES_{2-3}+D_{2-3}=2+3=5$$
$$EF_{2-4}=ES_{2-4}+D_{2-4}=2+2=4$$
$$EF_{3-5}=ES_{3-5}+D_{3-5}=5+0=5$$
$$EF_{4-5}=ES_{4-5}+D_{4-5}=4+0=4$$
$$EF_{5-6}=ES_{5-6}+D_{5-6}=5+3=8$$

……

依次类推，算出其他工作的最早完成时间。

2. 确定计算工期（T_c）和计划工期（T_p）

（1）网络计划的计算工期（T_c）取以终节点15为箭头节点的工作13-15和工作14-15的最早完成时间的最大值，按公式（3.3.1-9）计算：

$$T_c=\max\{EF_{13-15},EF_{14-15}\}=\max\{22,22\}=22$$

（2）由于该网络计划未规定要求工期，故按公式（3—4）取计划工期等于计算工期（T_p）：

$$T_p=T_c=22$$

3. 计算各项工作的最迟开始时间和最迟完成时间

（1）从网络计划的终点节点开始，逆着箭线方向依次逐项计算；以网络计划终点节点为结束节点的工作 $i-j$ 的最迟完成时间按公式（3.3.1-10）计算：

$$LF_{13-15}=T_p=22$$
$$LF_{14-15}=T_p=22$$

（2）网络计划其他工作 $i-j$ 的最迟完成时间均按公式（3.3.1-13）计算：

$$LF_{13-14}=\min\{LF_{14-15}-D_{14-15}\}=22-3=19$$

$$LF_{12-13}=\min\{LF_{13-15}-D_{13-15},LF_{13-14}-D_{13-14}\}$$
$$=\min\{22-3,19-0\}=19$$

……

依次类推，算出其他工作的最迟完成时间。

(3) 网络计划所有工作 $i-j$ 的最迟开始时间均按公式（3.3.1-11）计算：

$$LS_{14-15}=LF_{14-15}-D_{14-15}=22-3=19$$
$$LS_{13-15}=LF_{13-15}-D_{13-15}=22-3=19$$

……

依次类推，算出其他工作的最迟开始时间。

4. 计算各项工作的总时差

网络计划中所有工作 $i-j$ 的总时差可按公式（3.3.1-14）或公式（3.3.1-15）计算：

$$TF_{1-2}=LS_{1-2}-ES_{1-2}=0-0=0$$
$$TF_{2-3}=LS_{2-3}-ES_{2-3}=2-2=0$$
$$TF_{2-4}=LS_{2-4}-ES_{2-4}=3-2=1$$
$$TF_{4-8}=LF_{4-8}-EF_{4-8}=9-6=3$$

……

依次类推，算出其他工作的总时差。

5. 计算各项工作的自由时差

(1) 网络计划中工作 $i-j$ 的自由时差可按公式（3.3.1-16）计算：

$$FF_{1-2}=ES_{2-3}-EF_{1-2}=2-2=0$$
$$FF_{2-3}=ES_{3-5}-EF_{2-3}=5-5=0$$
$$FF_{4-8}=ES_{8-9}-EF_{4-8}=8-6=2$$

……

依次类推，算出其他工作的自由时差。

在上述计算中，虚箭线中的自由时差归其紧前工作所有。

(2) 网络计划中以终点节点为结束节点的工作 $i-j$ 的自由时差按公式（3.3.1-16）计算。

$$FF_{13-15}=T_p-EF_{13-15}=22-22=0$$
$$FF_{14-15}=T_p-EF_{14-15}=22-22=0$$

各项工作的计算结果标注在图 3.3.3-2 中的相应位置。

6. 确定关键工作及关键线路

在图 3.3.3-2 中，最小的总时差是 0，所以，凡是总时差为 0 的工作均为关键工作。则可确定该例中的关键线路为：①—②—③—⑤—⑥—⑦—⑩—⑪—⑫—⑬—⑮和①—②—③—⑤—⑥—⑦—⑩—⑪—⑫—⑬—⑭—⑮两条。关键线路用双箭线标注，如图 3.3.3-2 所示。关键线路上的工作均为关键工作。

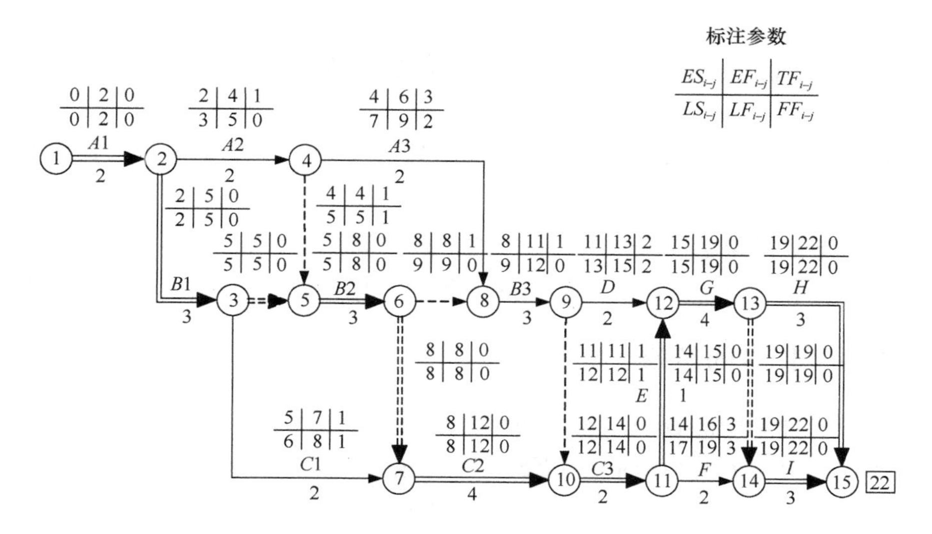

图 3.3.3-2　工作计算法计算结果

3.4　按节点计算法计算时间参数

按节点计算法计算双代号网络计划的时间参数是先计算节点的最早时间（ET_i）和节点的最迟时间（LT_i），再根据节点时间推算工作时间参数。按节点计算法计算时间参数，其计算结果应标注在节点之上。如图 3.4 所示。

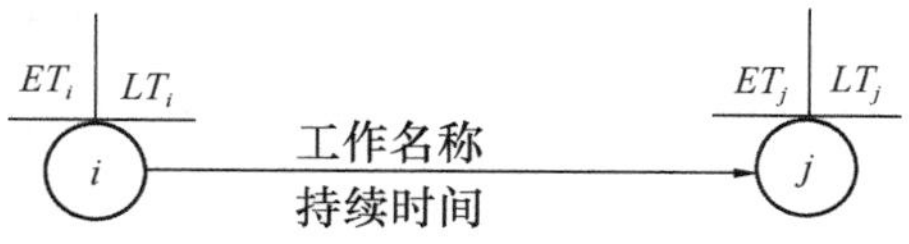

ET_i　LT_i　工作名称　持续时间　ET_j　LT_j

图 3.4　节点时间参数标注方式

3.4.1　计算节点时间

1. 节点最早时间（2.1.26）ET_i的计算

双代号网络计划中，节点的最早时间是以该节点为开始节点的各项工作的最早开始时间。

（1）节点 i 的最早时间（ET_i）应从网络计划的起点节点开始，顺着箭线方向依此逐项计算。

（2）起点节点 i 的最早时间，当未规定最早时间时，应按下式计算：

$$ET_i = 0(i = 1) \tag{3.4.1-1}$$

（3）其他节点 j 的最早时间（ET_j）应按下式计算：

$$ET_j = \max[ET_i + D_{i-j}] \tag{3.4.1-2}$$

2. 网络计划计算工期（T_c）的计算

网络计划的计算工期等于其终点节点 n 的最早时间（ET_n），即：

$$T_c = ET_n \tag{3.4.1-3}$$

3. 节点最迟时间（2.1.27）LT_i的计算

双代号网络计划中，节点最迟时间是以该节点为完成节点的各项工作的最迟完成时间。

(1) 节点 i 的最迟时间（LT_i）应从网络计划的终点节点开始，逆着箭线方向依次逐项计算。

(2) 终点节点 n 的最迟时间（LT_n）应由网络计划的计划工期（T_p）确定，即：

$$LT_n = T_p \tag{3.4.1-4}$$

(3) 其他节点的最迟时间（LT_i）应按下式计算：

$$LT_i = \min[LT_j - D_{i-j}] \tag{3.4.1-5}$$

3.4.2　计算工作时间参数

双代号网络计划中的各项工作时间参数均可以根据节点时间参数进行计算。

① 工作 $i-j$ 的最早开始时间（ES_{i-j}）可按下列公式计算：

$$ES_{i-j} = ET_i \tag{3.4.2-1}$$

② 工作 $i-j$ 的最早完成时间（EF_{i-j}）可按下列公式计算：

$$EF_{i-j} = ET_i + D_{i-j} \tag{3.4.2-2}$$

③ 工作 $i-j$ 的最迟完成时间 LF_{i-j} 可按下列公式计算：

$$LF_{i-j} = LT_j \tag{3.4.2-3}$$

④ 工作 $i-j$ 的最迟开始时间（LS_{i-j}）可按下列公式计算：

$$LS_{i-j} = LT_j - D_{i-j} \tag{3.4.2-4}$$

⑤ 工作 $i-j$ 的总时差（TF_{i-j}）可按下列公式计算：

$$TF_{i-j} = LT_j - ET_i - D_{i-j} \tag{3.4.2-5}$$

⑥ 工作 $i-j$ 的自由时差（FF_{i-j}）可按下列公式计算：

$$FF_{i-j} = ET_j - ET_i - D_{i-j} \tag{3.4.2-6}$$

【例 3-2】某工程项目的进度计划如图 3.4.2 双代号网络计划所示，试计算节点时间参数，并根据节点时间参数计算各项工作时间参数。

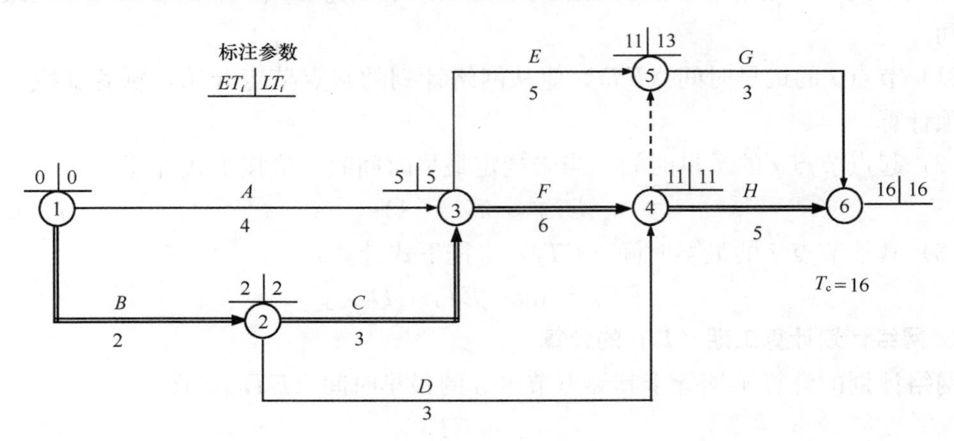

图 3.4.2　节点计算法计算结果

1. 计算节点时间参数

（1）计算各节点最早时间

① 节点最早时间从网络计划的起点节点开始，顺着箭线方向依次逐项计算。节点 1 的最早时间（ET_1）因未规定其最早时间，故按公式（3.4.1-1），其最早开始时间（ET_1）等于零，即：

$$ET_1=0$$

② 其他节点的最早时间（ET_j）按公式（3.4.1-2）计算：

$$ET_2=ET_1+D_{1-2}=0+2=2$$

$$ET_3=\max[ET_1+D_{1-3},ET_2+D_{2-3}]$$
$$=\max[0+4,2+3]=5$$

$$ET_4=ET_3+D_{3-4}=5+6=11$$

$$ET_5=\max[ET_3+D_{3-5},ET_4+D_{4-5}]$$
$$=\max[5+5,11+0]=11$$

$$ET_6=\max[ET_4+D_{4-6},ET_5+D_{5-6}]$$
$$=\max[10+3,11+5]=16$$

（2）确定计算工期（T_c）和计划工期（T_p）

计算工期按公式（3.4.1-3）计算：$T_c=ET_6=16$

由于未规定要求工期时，可取计划工期等于计算工期，即：

$$T_p=T_c=16$$

（3）计算各节点最迟时间

① 节点最迟时间从网络计划的终点节点开始，逆着箭线的方向依次逐项计算。节点 6 为终点节点，其最迟时间（LT_6）按公式（3.4.1-4）计算，即：

$$LT_6=T_p=16$$

② 其他节点的最迟时间（LT_i）按公式（3.4.1-5）计算：

$$LT_5=LT_6-D_{5-6}=16-3=13$$

$$LT_4=\min[LT_6-D_{4-6},LT_5-D_{4-5}]$$
$$=\min[16-5,13-0]=11$$

$$LT_3=\min[LT_5-D_{3-5},LT_4-D_{3-4}]$$
$$=\min[13-5,11-6]=5$$

$$LT_2=\min[LT_4-D_{2-4},LT_3-D_{2-3}]$$
$$=\min[11-3,5-3]=2$$

$$LT_1=\min[LT_3-D_{1-3},LT_2-D_{1-2}]$$
$$=\min[5-4,2-2]=0$$

各节点时间参数的计算结果标注在节点上方相应的位置，如图 3.4.2 所示。

2. 计算工作时间参数

根据节点时间可计算各项工作时间参数。

(1) 工作 $i-j$ 的最早开始时间（ES_{i-j}）可按公式（3.4.2-1）计算：

$$ES_{1-2}=ES_{1-3}=ET_1=0$$
$$ES_{2-3}=ES_{2-4}=ET_2=2$$
$$ES_{3-4}=ES_{3-5}=ET_3=5$$

……

依次类推，算出其他工作的最早开始时间。

(2) 工作 $i-j$ 的最早完成时间（ES_{i-j}）可按公式（3.4.2-2）计算：

$$EF_{1-2}=ES_{1-2}+D_{1-2}=0+2=2$$
$$EF_{1-3}=ES_{1-3}+D_{1-3}=0+4=4$$
$$EF_{2-3}=ES_{2-3}+D_{2-3}=2+3=5$$

……

依次类推，算出其他工作的最早完成时间。

(3) 工作 $i-j$ 的最迟完成时间（LF_{i-j}）可按公式（3.4.2-3）计算：

$$LF_{1-2}=LT_2=2$$
$$LF_{1-3}=LT_3=5$$
$$LF_{2-4}=LT_4=11$$

……

依次类推，算出其他工作的最迟完成时间。

(4) 工作 $i-j$ 的最迟开始时间（LS_{i-j}）（3.4.2-4）计算：

$$LS_{1-2}=LT_2-D_{1-2}=2-2=0$$
$$LS_{1-3}=LT_3-D_{1-3}=5-4=1$$
$$LS_{2-4}=LT_4-D_{2-4}=11-3=8$$

……

依次类推，算出其他工作的最迟开始时间。

(5) 工作 $i-j$ 的总时差（TF_{i-j}）（3.4.2-5）计算：

$$TF_{1-2}=LT_2-ET_1-D_{1-2}=2-0-2=0$$
$$TF_{1-3}=LT_3-ET_1-D_{1-3}=5-0-4=1$$
$$TF_{2-4}=LT_4-ET_2-D_{2-4}=11-2-3=6$$
$$TF_{3-5}=LT_5-ET_3-D_{3-5}=13-5-5=3$$

……

依次类推，算出其他工作的总时差。

(6) 工作 $i-j$ 的自由时差（FF_{i-j}）可按公式（3.4.2-6）计算：

$$FF_{1-2}=ET_2-ET_1-D_{1-2}=2-0-2=0$$
$$FF_{1-3}=ET_3-ET_1-D_{1-3}=5-0-4=1$$
$$FF_{2-4}=ET_4-ET_2-D_{2-4}=11-2-3=6$$
$$FF_{3-5}=ET_5-ET_3-D_{3-5}=11-5-5=1$$

……

依次类推，算出其他工作的自由时差。

（7）关键工作及关键线路的确定同前，见图 3.4.2 中双线所示。

3.5　双代号时标网络计划

3.5.1　双代号时标网络计划的特点

双代号时标网络计划（2.1.14）是以水平时间坐标为尺度编制的双代号网络计划，其主要特点有：

（1）时标网络计划兼有网络计划与横道计划的优点，它能够清楚地表明计划的时间进程，形象直观、使用方便；

（2）双代号时标网络计划能在图上直接显示出各项工作的开始与完成时间，工作的自由时差及关键线路；

（3）在双代号时标网络计划中可以统计每一个单位时间对资源的需要量，以便进行资源优化和调整；

（4）在双代号时标网络计划中由于箭线受到时间坐标的限制，当情况发生变化时，对网络计划的修改较麻烦，往往要重新绘图。但在使用计算机以后，这一问题已较容易解决。

3.5.2　双代号时标网络计划的一般规定

1. 双代号时标网络计划应以水平时间坐标为尺度表示工作时间，时标的时间单位应根据需要在编制网络计划之前确定，可为小时、天、周、旬、月、季或年。

2. 双代号时标网络计划应以实箭线表示工作，以虚箭线表示虚工作，以波形线表示工作的自由时差。

3. 双代号时标网络计划中所有符号在时间坐标上的水平投影位置，都必须与其时间参数相对应。节点中心必须对准相应的时标位置。虚工作必须以垂直方向的虚箭线表示，有自由时差时应用波形线表示。如图 3.5.2-1、图 3.5.2-2 所示。

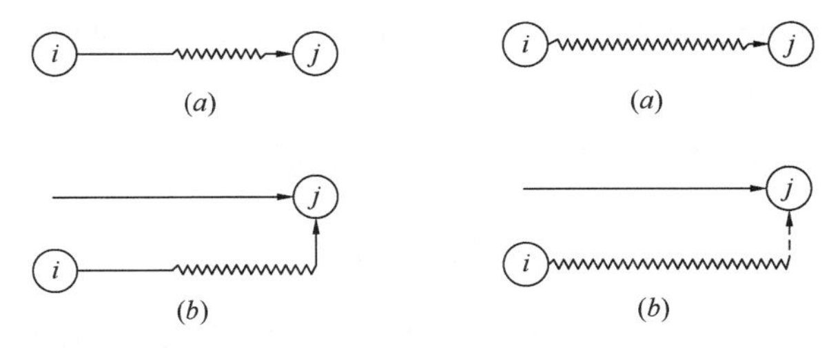

图 3.5.2-1　工作有自由时差时波形线画法

图 3.5.2-2　虚工作有自由时差时波形线画法

3.5.3　时标网络计划的编制

双代号时标网络计划宜按各个工作的最早开始时间编制。在编制时标网络计划之前，可先按已确定的时间单位绘制出时标计划表，如表3.5.3所示。在双代号时标网络计划中，节点无论大小均应看成一个点，其中心必须对准相应的时标位置，它在时间坐标上的水平投影长度应看成为零。

时标网络计划表　　**表3.5.3**

计算坐标体系	0	1	2	3	4	5	…						*n*
工作日坐标体系	1	2	3	4	5	6							*n*
日历坐标体系													
时标网络计划													

双代号时标网络计划的编制方法有两种：

1. 间接法绘制

采用间接法绘制时标网络计划可按下列步骤进行：

（1）绘制出无时标网络计划；

（2）计算各节点的最早时间；

（3）根据节点最早时间在时标计划表上确定节点的位置；

（4）按要求连线，某些工作箭线长度不足以达到该工作的完成节点时，用波形线补足。

2. 直接法绘制

根据网络计划中工作之间的逻辑关系及各工作的持续时间，直接在时标计划表上绘制时标网络计划，可按下列步骤进行：

（1）将起点节点定位在时标计划表的起始刻度线上；

（2）按工作持续时间在时标计划表上绘制起点节点的外向箭线；

（3）其他工作的开始节点必须在所有紧前工作都绘出以后，定位在这些紧前工作最早完成时间最大值的时间刻度上；某些工作的箭线长度不足以到达该节点时，用波形线补足；箭头画在波形线与节点连接处；

（4）从左至右依次确定其他节点位置，直至网络计划终点节点，绘图完成。

3.5.4　双代号时标网络计划时间参数的确定

1. 双代号时标网络计划的计算工期，应为计算坐标体系中终点节点与起点节点所在位置的时标值之差。

2. 按最早时间绘制的双代号时标网络计划，箭尾节点中心所对应的时标值为工作的最早开始时间；当箭线不存在波形线时，箭头节点中心所对应的时标值为工作的最早完成时间；当箭线存在波形线时，箭线实线部分的右端点所对应的时标值为工作的最早完成时间。

3. 工作的自由时差应为工作的箭线中波形线部分在坐标轴上的水平投影长度。

4. 双代号时标网络计划工作总时差的计算应自右向左进行，并应符合下列规定：

（1）以终点节点（$j=n$）为箭头节点的工作，总时差（TF_{i-j}）可按下式计算：

$$TF_{i-n} = T_{\mathrm{p}} - EF_{i-n} \tag{3.5.4-1}$$

（2）其他工作 $i-j$ 的总时差应按下式计算：

$$TF_{i-j} = \min\{TF_{j-k} + FF_{i-j}\} \tag{3.5.4-2}$$

式中：TF_{j-k}——工作 $i-j$ 的紧后工作 $j-k$ 的总时差。

5. 双代号时标网络计划中工作的最迟开始时间和最迟完成时间，可按下列公式计算：

$$LS_{i-j} = ES_{i-j} + TF_{i-j} \tag{3.5.4-3}$$

$$LF_{i-j} = EF_{i-j} + TF_{i-j} \tag{3.5.4-4}$$

3.5.5　双代号时标网络计划关键线路的确定

双代号时标网络计划中，自起点节点至终点节点不出现波形线的线路，应确定为关键线路。关键线路上的工作即为关键工作。

【例 3-3】已知某工程项目网络计划的资料如表 3.5.5 所示，试用直接法绘制双代号时标网络计划。

网络计划资料表　　　　**表 3.5.5**

工作名称	A	B	C	D	E	F	G	H	J
紧前工作	/	/	/	A	A、B	D	C、E	C	D、G
持续时间（天）	3	4	7	5	2	5	3	5	4

一、双代号时标网络计划的绘制

1. 将网络计划的起点节点定位在时标计划表的起始刻度线位置上，起点节点的编号为①，如图 3.5.5 所示。

2. 画节点①的外向箭线，即按各工作的持续时间，画出无紧前工作的 A、B、C 工作，并确定节点②、③、④的位置，如图 3.5.5 所示。

3. 依次画出节点②、③、④的外向箭线工作 D、E、H，并确定节点⑤、⑥的位置。节点⑥的位置定位在其两条内向箭线的最早完成时间的最大值处，即定位在时标值 7 的位置，工作 E 的箭线长度达不到⑥节点，则用波形线补足，如图 3.5.5 中所示。

4. 按上述步骤，直到画出全部工作，确定出终点节点⑧的位置，时标网络计划绘制完毕，如图 3.5.5 所示。

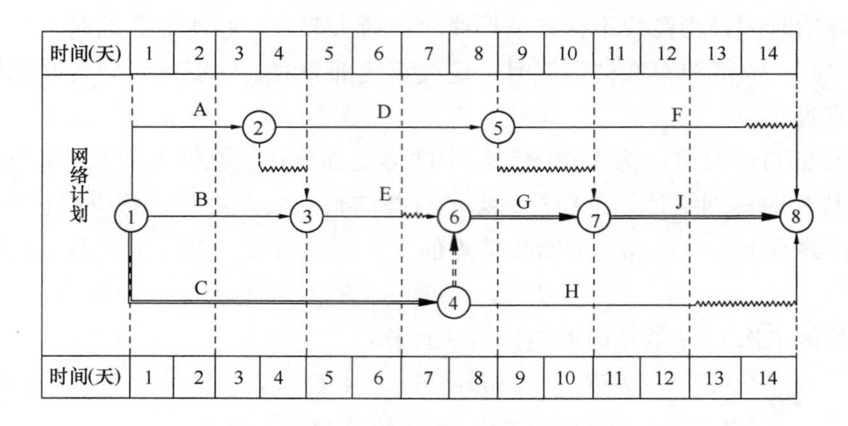

图 3.5.5　双代号时标网络计划

二、关键线路和计算工期的确定

1. 时标网络计划关键线路的确定，应自终点节点逆箭线方向朝起点节点逐次进行判定：从终点到起点不出现波形线的线路即为关键线路。图 3.5.5 中，关键线路是：①—④—⑥—⑦—⑧，用双箭线表示，如图 3.5.5 中所示。

2. 时标网络计划的计算工期，应是终点节点与起点节点所在位置之差。图 3.5.5 中，计算工期 $T_c=14-0=14$（天）。

三、双代号时标网络计划中时间参数的确定

在时标网络计划中，确定六个工作时间参数的步骤如下：

1. 确定工作最早开始和最早完成时间

按最早开始时间绘制时标网络计划，最早时间参数可以从图上直接确定：

（1）最早开始时间（ES_{i-j}）

每条实箭线左端箭尾节点（i 节点）中心所对应的时标值，即为该工作的最早开始时间。

（2）最早完成时间（EF_{i-j}）

如箭线右端无波形线，则该箭线右端节点中心所对应的时标值为该工作的最早完成时间；如箭线右端有波形线，则实箭线右端末所对应的时标值即为该工作的最早完成时间。

图 3.5.5 中可知：$ES_{1-3}=0$，$EF_{1-3}=4$；$ES_{3-6}=4$，$EF_{3-6}=6$。以此类推确定。

2. 确定工作自由时差

时标网络计划中各工作的自由时差值应为表示该工作的箭线中波形线部分在坐标轴上的水平投影长度。如图 3.5.5 中可知：工作 E、H、F 的自由时差分别为：

$$FF_{3-6}=1；FF_{4-8}=2；FF_{5-8}=1$$

3. 确定工作总时差

以终点节点 8 节点为箭头节点的工作的总时差（TF_{i-8}）可按公式（3.4.2-5）确

定。如图 3.5.5 中可知，工作 F、J、H、的总时差分别为：

$$TF_{5-8} = T_p - EF_{5-8} = 14 - 13 = 1$$

$$TF_{7-8} = T_p - EF_{7-8} = 14 - 14 = 0$$

$$TF_{4-8} = T_p - EF_{4-8} = 14 - 12 = 2$$

图 3.5.5 中，各项工作的总时差分别为：

$$TF_{6-7} = TF_{7-8} + FF_{6-7} = 0 + 0 = 0$$

$$TF_{3-6} = TF_{6-7} + FF_{3-6} = 0 + 1 = 1$$

$$TF_{2-5} = \min[TF_{5-7}, TF_{5-8}] + FF_{2-5} = \min[2,1] + 0 = 1 + 0 = 1$$

$$TF_{1-4} = \min[TF_{4-6}, TF_{4-8}] + FF_{1-4} = \min[0,2] + 0 = 0 + 0 = 0$$

$$TF_{1-3} = TF_{3-6} + FF_{1-3} = 1 + 0 = 1$$

$$TF_{1-2} = \min[TF_{2-3}, TF_{2-5}] + FF_{1-2} = \min[2,1] + 0 = 1 + 0 = 1$$

4. 确定最迟开始时间和最迟完成时间

时标网络计划中工作的最迟开始时间和最迟完成时间可按公式（3.4.2-4）和式（3.4.2-3）计算。如图 3.5.5 中，各项工作的最迟开始时间和最迟完成时间分别为：

$$LS_{1-2} = ES_{1-2} + TF_{1-2} = 0 + 1 = 1$$

$$LF_{1-2} = EF_{1-2} + TF_{1-2} = 3 + 1 = 4$$

$$LS_{1-3} = ES_{1-3} + TF_{1-3} = 0 + 1 = 1$$

$$LF_{1-3} = EF_{1-3} + TF_{1-3} = 4 + 1 = 5$$

由于所有工作的最早开始时间、最早完成时间和总时差均为已知，依次类推，可计算出各项工作的最迟开始时间和最迟完成时间。此处不再一一列举。

第4章 单代号网络计划

4.1 一 般 规 则

单代号网络图也由许多节点和箭线组成，但是构成单代号网络图的基本符号的含义却与双代号不同。单代号网络的节点是代表工作，而箭线仅表示各项工作之间的逻辑关系。由于用节点表示工作，因此，单代号网络图又称节点式网络图。

单代号网络图与双代号网络图相比，具有如下优点：工作之间的逻辑关系容易表达，且不用虚箭线。网络图便于检查，修改。所以单代号网络图也有广泛的应用。图4.1中（*a*）、（*b*）两个网络图都是四项工作，逻辑关系也一样，但（*a*）是用双代号表示的，而（*b*）则是用单代号表示的。

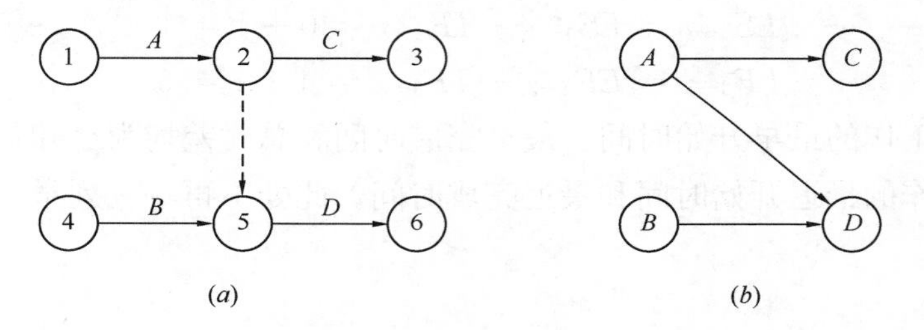

图4.1 两种网络图

（*a*）双代号网络图；（*b*）单代号网络图

4.1.1 节点

节点是单代号网络图的主要符号，它可以用圆圈或方框表示。一个节点代表一项工作。节点所表示的工作名称、持续时间和节点编号一般都标注在圆圈或方框内，有的甚至将时间参数也标注在节点内，如图4.1.1所示。

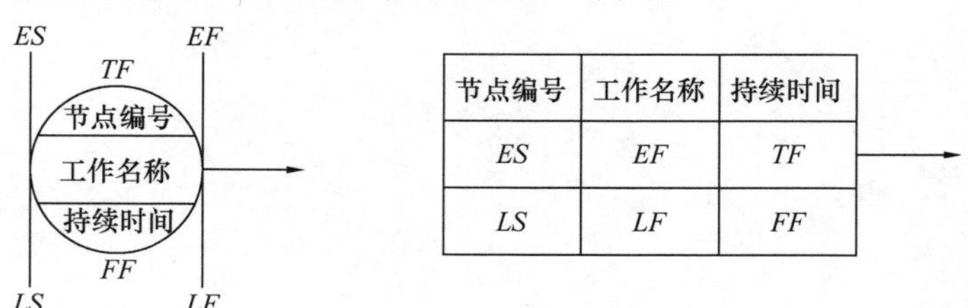

图4.1.1 单代号网络图节点标注方法

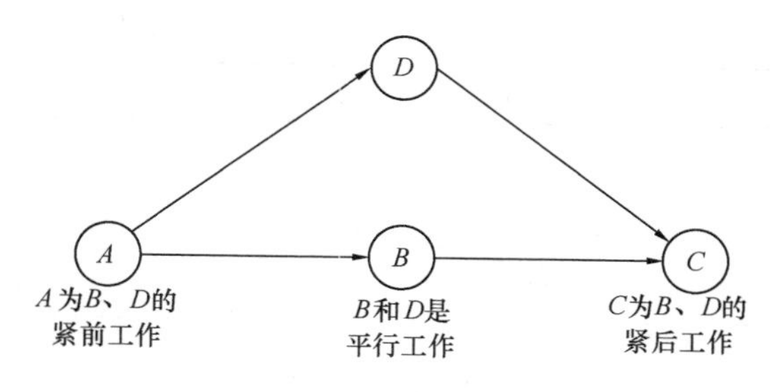

图 4.1.2 节点所表示的工作关系

4.1.2 箭线

箭线在单代号网络图内，仅用以表示工作间的逻辑关系，既不占用时间，也不消耗资源。单代号网络图不用虚箭线，箭线的箭头表示工作的前进方向，箭尾节点表示的工作为箭头节点的紧前工作。有关箭线前后节点的关系如图 4.1.2 所示。

4.2 绘 图 规 则

4.2.1 绘图基本规则

同双代号网络图一样，绘制单代号网络图也必须遵循一定的规则，这些基本规则主要有：

① 网络图必须按照已定的逻辑关系绘制；

② 网络图严禁出现循环回路；

③ 网络图中严禁出现双向箭头或无箭头的线段；

④ 严禁在网络图中出现没有箭尾节点的箭线和没有箭头节点的箭线；

⑤ 网络图中不允许出现重复编号的工作，一个编号只能代表一项工作；

⑥ 当有多项开始工作或多项结束工作时，应在网络图两端分别设置一项虚工作，作为网络图的起点节点（S_t）和终点节点（F_{in}），并不得出现没有内向箭线或外向箭线的中间节点。

4.2.2 基本逻辑关系表示

单代号网络图基本逻辑关系见表 4.2.2 所示。

单代号网络图基本逻辑关系表示 **表 4.2.2**

序号	逻辑关系	单代号网络图
1	A 完成后进行 B B 完成后进行 C	A → B → C
2	A 完成后同时进行 B、C	A → B A → C

续表

序号	逻辑关系	单代号网络图
3	A 和 B 都完成后进行 C	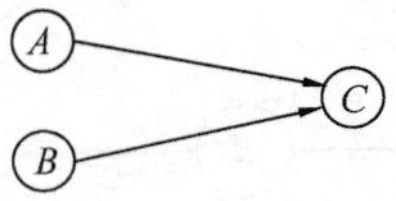
4	A 完成后进行 C B 完成后进行 D A 和 B 可同时开始	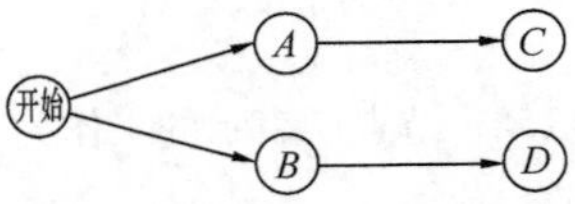
5	A 完成后进行 C A 和 B 都完成后进行 D	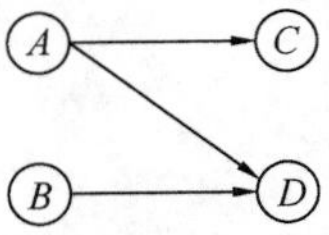
6	A 完成后同时进行 B、C B 和 C 都完成后进行 D	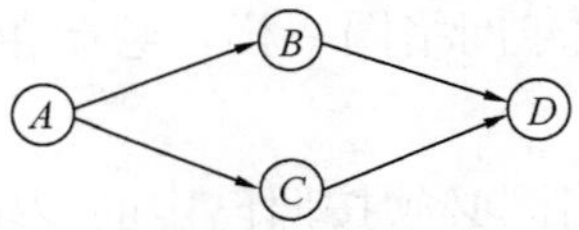
7	A 和 B 都完成后同时进行 C 和 D	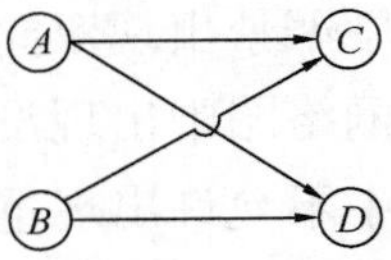
8	A 和 B 都完成后进行 D B 和 C 都完成后进行 E	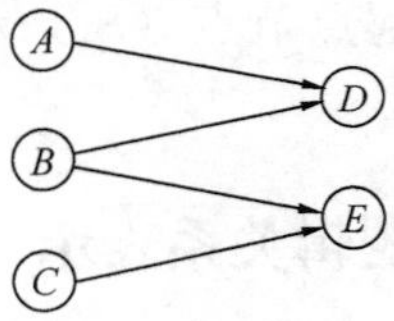
9	A 完成后进行 C B 完成后进行 E A 和 B 都完成后进行 D	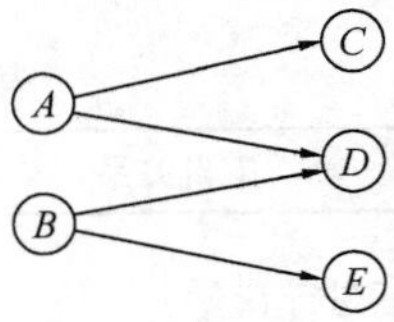
10	A、B 两项先后进行的工作各分为三个施工段进行 A_1 完成后进行 A_2、B_1 A_2 完成后进行 A_3、B_2 B_1 完成后进行 B_2 A3 、B_2 完成后进行 B_3	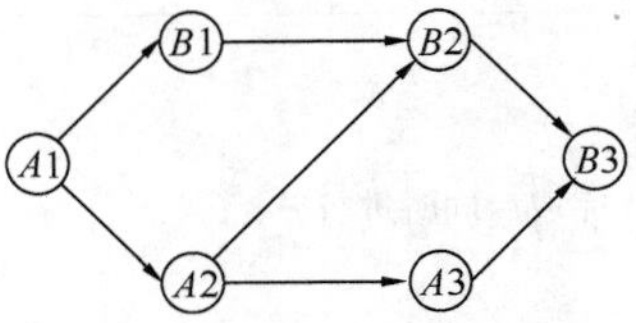

4.3 时间参数的计算

4.3.1 时间参数计算的基本步骤

单代号与双代号网络计划只是表现形式不同，其所表达的内容则完全相同。在对单代号网络计划作时间参数计算时，双代号网络计划时间参数的计算公式也完全适用于单代号，只要把双代号表示改为单代号表示即可。

单代号网络计划时间参数计算的步骤如下：

1. 计算工作最早开始时间和最早完成时间

工作 i 的最早开始时间 ES_i 应从网络图的起点节点开始顺箭线方向依次逐个计算。

网络计划的起点节点的最早开始时间 ES_1 如无规定时，其值为零，即：

$$ES_1 = 0 \tag{4.3.1-1}$$

工作的最早完成时间等于工作的最早开始时间加该工作的持续时间，即

$$EF_i = ES_i + D_i \tag{4.3.1-2}$$

式中：EF_i——工作 i 的最早完成时间；

ES_i——工作 i 的最早开始时间；

D_i——工作 i 的持续时间。

工作的最早开始时间等于该工作的紧前工作的最早完成时间的最大值，即

$$ES_i = \max\{ES_h + D_h\} \tag{4.3.1-3}$$

式中：ES_h——工作 i 的紧前工作 h 的最早开始时间；

D_h——工作 i 的紧前工作 h 的持续时间。

网络计划的计算工期 T_c 应按下式计算：

$$T_c = EF_n \tag{4.3.1-4}$$

式中：EF_n——终点节点 n 的最早完成时间。

2. 计算相邻两项工作之间的时间间隔

时间间隔是工作最早完成时间与其紧后工作最早开始时间的差值。工作 i 与其紧后工作 j 之间的时间间隔 $LAG_{i,j}$ 按下式计算：

$$LAG_{i,j} = ES_j - EF_i \tag{4.3.1-5}$$

3. 计算工作最迟开始时间和最迟完成时间

工作的最迟完成时间应从网络的终点节点开始，逆着箭线方向依次逐项计算。

终点节点所代表的工作 n 的最迟完成时间 LF_n，应按网络计划的规定工期 T_p 或计算工期 T_c 确定，即

$$LF_n = T_p(\text{或 } T_c) \tag{4.3.1-6}$$

工作的最迟开始时间等于该工作的最迟完成的时间减工作的持续时间，即

$$LS_i = LF_i - D_i \tag{4.3.1-7}$$

工作最迟完成时间等于该工作的紧后工作的最迟开始时间的最小值，即

$$LF_i = \min\{LS_j\} = \min\{LF_j - D_j\} \tag{4.3.1-8}$$

式中：LS_j——工作 i 的紧后工作 j 的最迟开始时间；

LF_j——工作 i 的紧后工作 j 的最迟完成时间；

D_i——工作 i 的紧后工作 j 的持续时间。

4. 计算工作的总时差

工作总时差 TF_i 应从网络图的终点节点开始，逆着箭线方向依次逐项计算。

终点节点所代表的工作 n 的总时差 TF_n 值为零，即

$$TF_n = 0 \tag{4.3.1-9}$$

其他工作总时差等于该工作与其紧后工作之间的时间间隔加该紧后工作的总时差所得之和的最小值，即

$$TF_i = \min\{LAG_{i,j} + TF_j\} \tag{4.3.1-10}$$

式中：TF_j——工作 i 的紧后工作 j 的总时差。

当已知各项工作的最迟完成时间或最迟开始时间时，工作的总时差也可按下式计算。

$$TF_i = LS_i - ES_i = LF_i - EF_i \tag{4.3.1-11}$$

5. 计算工作的自由时差

工作的自由时差等于该工作与其紧后工作之间的时间间隔最小值或等于其紧后工作最早开始时间的最小值减本工作的最早完成时间，即

$$FF_i = \min\{LAG_{i,j}\} \tag{4.3.1-12}$$

$$FF_i = \min\{ES_j - EF_i\} = \min\{ES_j - ES_i - D_i\} \tag{4.3.1-13}$$

4.3.2　时间参数计算实例

1. 工作最早时间和最早完成时间的计算

工作 $A1$：$ES_1=0$（网络计划的起点节点）

$EF_1=ES_1+D_1=0+3=3$

工作 $B2$：$ES_5=\max(EF_2, EF_4)=\max(6, 5)=6$

$EF_5=ES_5+D_5=6+2=8$

其他工作的最早时间均可按此计算，其结果见图 4.3.2 所示。

2. 工作间时间间隔的计算

$$LAG_{1,2} = ES_2 - EF_1 = 3 - 3 = 0$$

$$LAG_{6,9} = ES_9 - EF_6 = 15 - 11 = 4$$

同样可计算其余工作间的时间间隔，结果见图 4.3.2。

3. 工作最迟完成和最迟开始时间的计算

工作 $D3$：$LF_{12} = T_c = 22; LS_{12} = LF_{12} - D_{12} = 22 - 2 = 20$

工作 $C2$：　$LF_8=\min(LS_9, LS_{11})=\min(15, 15)=15$

$LS_8=LF_8-D_8=15-5=10$

其余工作的最迟开始和最迟完成时间见图 4.3.2。

工作的总时差，自由时差的计算过程在此不一一介绍了，其最终结果见图 4.3.2 所示。

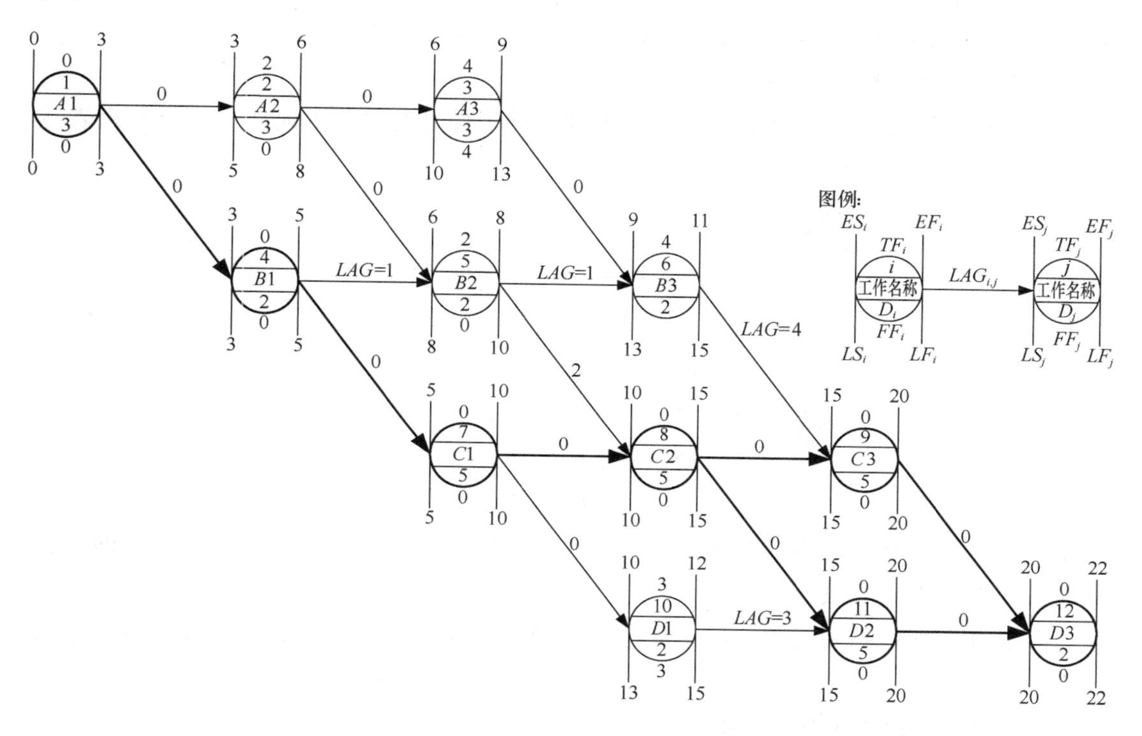

图 4.3.2　单代号网络计划时间参数计算

4.4　单代号搭接网络计划

4.4.1　基本规则

在普通双代号和单代号网络计划中，各项工作按依次顺序进行，即任何一项工作都必须在它的紧前工作全部完成后才能开始。但在实际工作中，为了缩短工期，许多工作可采用平行搭接的方式进行。为了简单直接地表达这种搭接关系，使编制网络计划得以简化，于是出现了搭接网络计划方法。单代号搭接网络图如图 4.4.1 所示，其中起点节点 St 和终点节点 Fin 为虚拟节点。

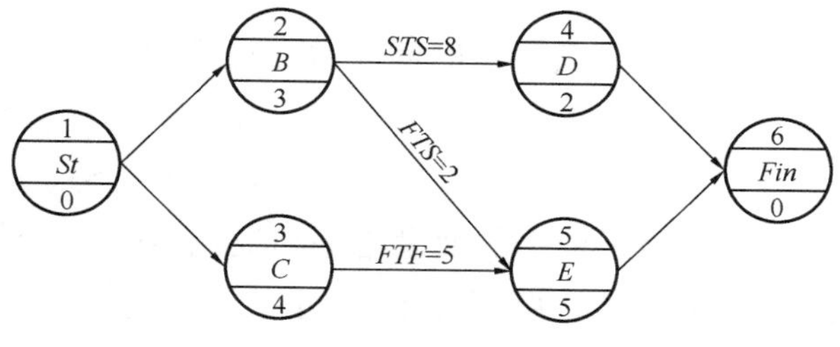

图 4.4.1　单代号搭接网络计划

4.4.2　搭接关系的种类及其表达方式

单代号网络计划的搭接关系主要是通过两项工作之间的时距来表示的，时距的含义，表示时间的重叠和间歇，时距的产生和大小取决于工艺的要求和施工组织上的需要。用以表示搭接关系的时距有五种，分别是 STS（开始到开始）、STF（开始到结束）、FTS（结束到开始）、FTF（结束到结束）和混合搭接关系。

1. *FTS*（结束到开始）关系

结束到开始关系是通过前项工作结束到后项工作开始之间的时距（FTS）来表达的。如图 4.4.2-1 所示。

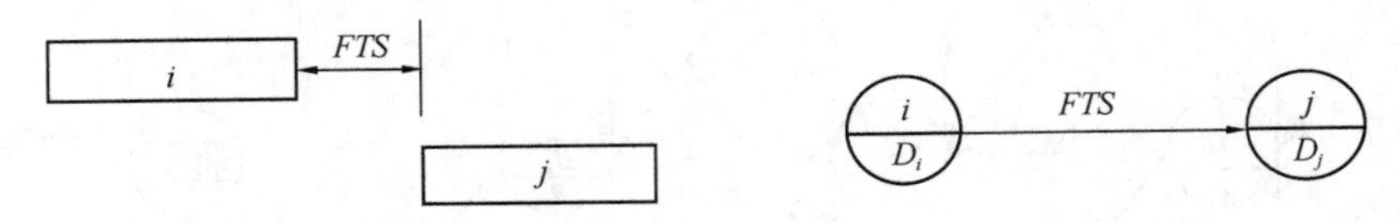

图 4.4.2-1　*FTS* 搭接关系

FTS 搭接关系的时间参数计算式为：

$$ES_j = EF_i + FTS_{ij}$$
$$LS_j = LF_i + FTS_{ij}$$

当 $FTS=0$ 时，则表示两项工作之间没有时距，$ES_j = EF_i, LF_i = LS_j$，即为普通网络图中的逻辑关系。

如混凝土沉箱码头工程，沉箱在岸上预制后，要求静置一段养护存放的时间，然后才可下水沉放。

2. *STS*（开始到开始）关系

开始到开始关系是通过前项工作开始到后项工作开始之间的时距（STS）来表达的，表示在 i 工作开始经过一个规定的时距（STS）后，j 工作才能开始进行。如图 4.4.2-2 所示。

图 4.4.2-2　STS 搭接关系

STS 搭接关系的时间参数计算式为：

$$ES_j = ES_i + STS_{ij}$$
$$LS_j = LS_i + STS_{ij}$$

如道路工程中的铺设路基和浇筑路面，当路基工作开始一定时间且为路面工作创造一定条件后，路面工程才可以开始进行。铺路基与浇路面之间的搭接关系就是 STS（开始到开始）关系。

3. *FTF*（结束到结束）关系

结束到结束关系是通过前项工作结束到后项工作结束之间的时距（FTF）来表达的，表示在 i 工作结束（FTF）后，j 工作才可结束。如图 4.4.2-3 所示。

图 4.4.2-3　*FTF* 搭接关系

FTF 搭接关系的时间参数计算式为：

$$EF_j = EF_i + FTF_{ij}$$
$$LF_j = LF_i + FTF_{ij}$$

如基坑排水工作结束一定时间后，浇筑混凝土工作才能结束。

4. *STF*（开始到结束）关系

开始到结束关系是通过前项工作开始到后项工作结束之间的时距（STF）来表达的，它表示 i 工作开始一段时间（STF）后，j 工作才可结束。如图 4.4.2-4 所示。

图 4.4.2-4　*STF* 搭接关系

STF 搭接关系的时间参数计算式为：

$$EF_j = ES_i + STF_{ij}$$
$$LF_j = LS_i + STF_{ij}$$

当基坑开挖工作进行到一定时间后，就应开始进行降低地下水的工作，一直进行到地下水水位降到设计位置。

5. 混合搭接关系

混合搭接关系是指两项工作之间的相互关系是通过前项工作的开始到后项工作开始（STS）和前项工作结束到后项工作结束（FTF）双重时距来控制的。即两项工作的开始时间必须保持一定的时距要求，而且两者结束时间也必须保持一定的时距要求。如图 4.4.2-5 所示。

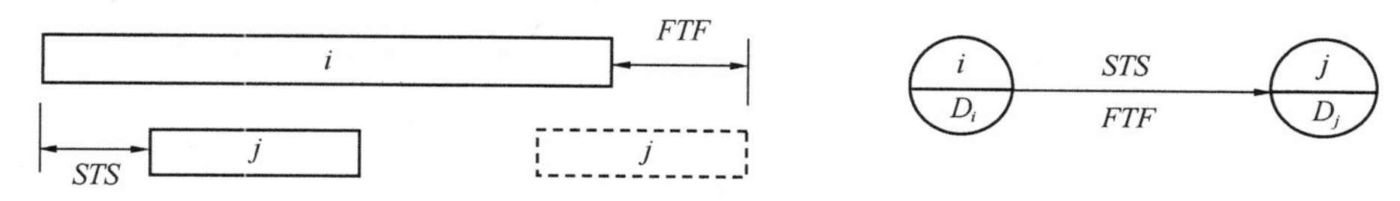

图 4.4.2-5　混合搭接关系

混合搭接关系中的 ES_j 和 EF_j 应分别计算，然后在选取其中最大者。

混合搭接关系的时间参数计算式为：

按 STS 搭接关系：

$$ES_j = ES_i + STS_{ij}$$
$$LS_j = LS_i + STS_{ij}$$

按 FTF 搭接关系：

$$EF_j = EF_i + FTF_{ij}$$
$$LF_j = LF_i + FTF_{ij}$$

如，某修筑道路工程，工作 i 是修筑路肩，工作 j 是修筑路面层，在组织这两项工作时，要求路肩工作至少开始一定时距 $STS=4$ 以后，才能开始修筑路面层；而且面层工作不允许在路肩工作完成之前结束，必须延后于路肩完成一个时距 $FTF=2$ 才能结束。

则路面工作的 ES_j 和 EF_j 按 STS 搭接关系计算为：

$$ES_j = ES_i + STS_{ij} = 0 + 4 = 4$$
$$EF_j = ES_j + D_j = 4 + 8 = 12$$

按 FTF 搭接关系计算为：

$$EF_j = EF_i + FTF_{ij} = 16 + 2 = 18$$
$$ES_j = EF_j - D_j = 18 - 8 = 10$$

故要同时满足上述两者关系，必须选择其中的最大值，即 $ES_j = 10$ 和 $EF_j = 18$。

4.4.3　时间参数的计算

单代号搭接网络计划的时间参数的计算与前述原理基本相同，现以算例说明。

算例：已知某工程搭接网络计划如图 4.4.3-1 所示，试计算其时间参数。

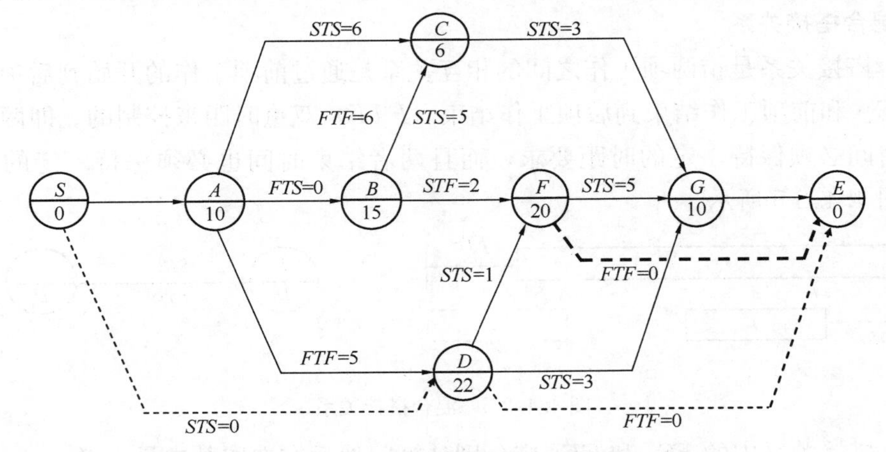

图 4.4.3-1　单代号搭接网络计划时间参数算例

1. 工作最早时间计算

工作最早时间应从虚拟的起点节点开始，沿箭线方向自左向右，参照已知的时距关系，选用相应的搭接关系计算式计算。

① 工作 A

$$ES_A = 0$$
$$EF_A = 0 + 10 = 10$$

② 工作 B

$$ES_B = EF_A + FTS_{AB} = 10 + 0 = 10$$
$$EF_B = 10 + 15 = 25$$

③ 工作 D

$$EF_D = EF_A + FTF_{AD} = 10 + 5 = 15$$
$$ES_D = 15 - 22 = -7$$

显然，最早时间出现负值是不合理的，应将工作 D 与虚拟起点节点相连，则

$$ES_D = 0$$
$$EF_D = 0 + 22 = 22$$

注：在计算工作最早开始时间时，如果出现某工作最早开始时间为负值（不合理)，应将该工作与起点节点用虚箭线相连接，并确定其时距为 $STS = 0$ 。

④ 工作 C

$$ES_C = ES_A + STS_{AC} = 0 + 6 = 6$$
$$ES_C = ES_B + STS_{BC} = 10 + 5 = 15$$
$$ES_C = EF_B + FTF_{BC} - D_c = 25 + 2 - 6 = 21$$

在上式中，取最大者，则

$$ES_C = 21$$
$$EF_C = 21 + 6 = 27$$

⑤ 工作 F

$$ES_F = ES_D + STS_{DF} = 0 + 1 = 1$$
$$ES_F = ES_B + STF_{BF} - D_F = 10 + 25 - 20 = 15$$

在上式中，取最大者，则

$$ES_F = 15$$
$$EF_F = 15 + 20 = 35$$

注：在计算工作最早完成时间时，如果出现有工作最早完成时间为最大值的中间节点，则应将该节点的最早完成时间作为网络计划的结束时间，并将该节点与结束节点用虚箭线相连接，并确定其时距为 $FTF = 0$ 。

⑥ 工作 G

$$ES_G = ES_C + STS_{CG} = 21 + 3 = 24$$
$$ES_G = ES_F + STS_{FC} = 15 + 5 = 20$$

$$ES_G = ES_D + STS_{DG} = 0 + 3 = 3$$

在上式中，取最大者，则

$$ES_G = 24$$

$$EF_G = 24 + 10 = 34$$

2. 总工期的确定

应取各项工作的最早完成时间的最大值作为总工期，从上面计算结果可以看出，与虚拟终点节点E相连的工作G的$EF_G = 34$，而不与E相连的工作F的$EF_F = 35$，显然，总工期应取35，所以，应将F与E用虚箭线相连，形成工期控制通路。

3. 工作最迟时间的计算

以总工期为最后时间限制，自虚拟终点节点开始，逆箭线方向由右向左，参照已知的时距关系，选择相应计算关系计算。

① 工作F和G。与虚拟终点节点相连的工作的最迟结束时间就是总工期值。

$$LF_G = 35, LS_G = 35 - 10 = 25$$

$$LF_F = 35, LS_F = 35 - 20 = 15$$

② 工作D

$$LS_D = LS_F - STS_{DF} = 15 - 1 = 14$$

$$LS_D = LS_G - STS_{DG} = 25 - 3 = 22$$

在上式中，取最小者，则

$$LS_D = 14$$

$$LF_D = LS_D + D_D = 14 + 22 = 36$$

由于工作D的最迟结束时间大于总工期，显然是不合理的，所以，LF_D应取总工期的值，并将D点与终点节点E用虚箭线相连，即

$$LF_D = 35$$

$$LS_D = LF_D - D_D = 35 - 22 = 13$$

③ 工作C

$$LS_C = LS_G - STS_{CG} = 25 - 3 = 22$$

$$LF_C = LS_C + D_C = 22 + 6 = 28$$

④ 工作B

$$LS_B = LF_F - STF_{BF} = 35 - 25 = 10$$

$$LS_B = LS_C - STS_{BC} = 22 - 5 = 17$$

$$LS_B = LF_C - FTF_{BC} - D_B = 28 - 2 - 15 = 11$$

在上式中，取最小者，则

$$LS_B = 10$$

$$LF_B = LS_B + D_B = 10 + 15 = 25$$

⑤ 工作A

$$LS_A = LS_B - FTS_{AB} - D_A = 10 - 0 - 10 = 0$$
$$LS_A = LS_C - STS_{AC} = 22 - 6 = 16$$
$$LS_A = LF_D - FTF_{AD} - D_A = 35 - 5 - 10 = 20$$

在上式中，取最小者，则

$$LS_A = 0$$
$$LF_A = LS_A + D_A = 0 + 10 = 10$$

4. 间隔时间 *LAG* 的计算

在搭接网络计划中，相邻两项工作之间的搭接关系除了要满足时距要求之外，还有一段多余的空闲时间，称之为间隔时间，通常用 LAG_{ij} 表示。

由于各个工作之间的搭接关系不同，LAG_{ij} 必须要根据相应的搭接关系和不同的时距来计算。

① *FTS*（结束到开始）关系

$$LAG_{ij} = ES_j - (EF_i + FTS_{ij})$$

② *STS*（开始到开始）关系

$$LAG_{ij} = ES_j - (ES_i + STS_{ij})$$

③ *FTF*（结束到结束）关系

$$LAG_{ij} = EF_j - (EF_i + FTF_{ij})$$

④ *STF*（开始到结束）关系

$$LAG_{ij} = EF_j - (ES_i + STF_{ij})$$

⑤ 混合搭接关系

当相邻两工序之间是由两种时距以上的关系连接时，则应分别计算出其 LAG_{ij}，然后取其中的最小值。

$$LAG_{ij} = \min\begin{Bmatrix} ES_j - EF_i - FTS_{ij} \\ ES_j - ES_i - STS_{ij} \\ EF_j - ES_i - STF_{ij} \\ EF_j - EF_i - FTF_{ij} \end{Bmatrix}$$

在该例中，各工作之间的时间间隔 LAG_{ij} 为：

$$LAG_{GE} = 35 - 34 = 1, LAG_{FE} = 35 - 35 = 0, LAG_{DE} = 35 - 22 = 13$$
$$LAG_{FG} = 24 - 15 - 5 = 4, LAG_{DG} = 24 - 0 - 3 = 21, LAG_{CG} = 24 - 21 - 3 = 0$$
$$LAG_{BF} = 35 - 10 - 25 = 0, LAG_{DF} = 15 - 0 - 1 = 14$$
$$LAG_{AC} = 21 - 0 - 6 = 15, LAG_{BC} = \min(21 - 10 - 5 = 6; 27 - 25 - 2 = 0) = 0$$
$$LAG_{AD} = 22 - 10 - 5 = 7$$

5. 计算工作时差

① 工作总时差即为最迟开始时间与最早开始时间之差，或最迟结束时间与最早

结束时间之差。

② 工作自由时差

如果一项工作只有一项紧后工作，则该工作与紧后工作之间的 LAG_{ij} 即为该工作的自由时差；

如果一项工作有多项紧后工作，则该工作的自由时差为其与紧后工作之间的 LAG_{ij} 的最小值。

如该例中，工作 D 之后有三个 LAG_{ij}，则

$$FF_D = \min\begin{Bmatrix} LAG_{DG} = 21 \\ LAG_{DF} = 14 \\ LAG_{DE} = 13 \end{Bmatrix} = 13$$

综上所述，本例计算结果如图 4.4.3-2 所示。

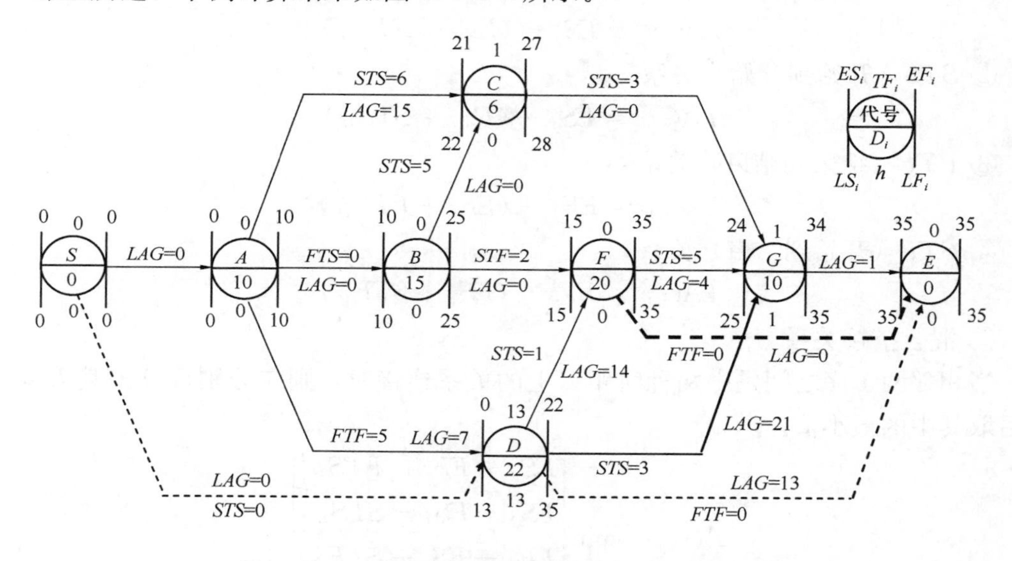

图 4.4.3-2　单代号搭接网络计划时间参数算例结果

4.5　关键工作和关键线路的确定

根据路径路长的大小，路径可分为关键线路、次关键线路和非关键线路。

关键线路。网络计划中最大路长所在的线路为关键路径。在关键路径上的关键工作完成的快慢则直接影响整个项目工期的实现。关键路径往往不止一条，可能同时存在若干条路长相同的关键路径；而且在一定条件下，由于干扰因素的影响，关键路径可能会发生变化，这种变化可能体现在两个方面：其一，关键路径数量增加；其二，关键路径和非关键路径相互发生转化。例如，非关键路径上的某些工作的持续时间拖延了，使得相关线路的路长超出了关键线路的路长，则该线路就转化为关键路径，而

原来的关键路径就转化为非关键路径。

次关键线路。次关键路径的路长仅次于关键路径。该线路最容易转化为关键路径。

非关键线路。除了关键路径和次关键路径之外的其他所有的线路均称为非关键路径，位于非关键路径上的所有工作都称为非关键工作。

在单代号网络计划（包括单代号搭接网络计划）中，从网络计划的终点节点开始，逆着箭线方向依次找出相邻两项工作之间时间间隔为零的线路就是关键线路。

第5章　网络计划优化

5.1　网络计划优化的概念与作用

网络计划优化就是在确定的约束条件下对已有网络计划进行调整，以最优方式发挥资源效率、提高费用绩效实现项目目标。

范围、质量、工期、费用是项目整体目标的主要约束条件，根据项目的独特性、临时性等特点，一般的项目都会对这四方面有明确要求。范围和质量是对最终项目产品的静态要求，而项目工期、费用在项目实施过程中可能会由于各种制约因素和假设条件的变化而产生偏差。因此通过对网络计划进行优化，在确定的范围、质量要求下在有限的工期和费用范围内完成项目目标是保证项目成功的一个重要手段。通过网络计划优化可以验证项目初始目标的可实现性，并估算实现该目标所需的投入。

网络计划中工期、资源、费用三者互为条件与制约，优化过程中有机结合不可分割，在现有网络计划无法满足目标中某项约束条件要求时进行优化，网络计划优化需要在以上各约束条件的控制范围内进行。

由于项目的独特性，在整个项目生命周期中可能会出现各种变化，这就需要反复开展项目计划更新工作，对计划进行循环渐进式的修订优化。随着信息越来越详细具体、估算越来越准确，持续改进和细化计划。使得项目团队可以随项目进展，对项目工作进行更为精细与准确地控制，以最优方式完成项目目标。

根据优化目标的不同，网络计划的优化可分为工期优化、费用优化、资源优化三种。

5.2　工期优化

所谓工期优化，是指网络计划的计算工期不满足要求工期时，通过压缩关键工作的持续时间以满足工期目标的过程。

5.2.1　工期优化可使用的工具与方法

1. 专家咨询

通过借助专家的经验、知识、技能等为某项工作提供支持，以帮助项目团队完成目标。这里所述的专家是指：对某项具体作业内容具有较高的专业技能，或熟练掌握某项技术的人或团体，专家可以来自团队内部或外部。这种方法在初始网络计划编制时大量使用，同样也可用于计划优化调整。

2. 同类信息参照估算

通过参照与当前目标工作相近的工作历史数据，估算将要实施工作的相关数据（如：工作内容界面划分、工期、逻辑关系、资源、费用等)。这种方式适合于在较高的层级对大范围整体状况进行估算，其速度快、成本低但精度不高，可在当前工作详细数据不充分时采用。

3. 近似工作参数估算

参数估算除参考历史数据外还可适当根据当前工作用一些参数进行修正，本方法可使用一些较具体的工作数据，如：相似工作的工作效率、费用指标、对具体资源的需求量等。

这种方式需要更详细的数据作为计算依据，所得的结果也更为具体，可在拥有较多信息支持的情况下使用。

4. 绩效数据推算

绩效数据是指对已经发生的实际工作进行测量、对比和分析，如实际开始和完成日期、已完成百分比、预计完成时间、已完工作预算费用、实际费用等。

通过收集、计算、分析关键路径作业的绩效数据得到相关信息，可作为后续工作计划调整的依据，并为重大事项决策提供参考。关键路径上的作业绩效变化将直接影响项目工期目标的达成，因此该数据应全面、及时、准确地反映项目运行情况。

对项目整体绩效计算分析，可使用挣值管理方法中的各项指标。挣值管理需将工期与费用结合，同时可使用因果图等分析手段找到产生偏差的问题根源并采取必要措施。

5. 团队决策

这是在项目中常用的方法。针对具体问题或任务让团队成员直接参与到决策过程中，可获取更全面的决策依据并增强团队成员的责任感。对目标的理解更趋近，目标实现可能更高。

6. 预留时间调整

在网络计划编制阶段，各工作时间估算时一般都会考虑预留时间，并将预留时间加入计划中以应对可能的风险。随着项目信息逐渐明确，对项目预留时间也能够更加精确的计算。在进行网络计划优化时可以考虑对预留时间进行重新评估调整。可对单个作业预留时间重新评估计算，也可将各作业中的预留时间抽取出来按统一原则集中管理。

除单个作业上的预留时间外，还可以对项目整体预留时间进行重新调整。调整时可结合更新的项目信息及影响因素。

7. 工作日历调整

工作日历是网络计划中对工期影响较大的主要因素之一。工作日历的设置一般在编制初始网络计划时都有明确的规定，如5×8（每周工作5天，每天工作8小时）、6×10（每周工作6天，每天工作10小时）。在范围、质量要求固定的情况下，作业工期与工作日历时长成反比，因此调整工作日历设置会对工期起到十分显著的作用。

日历调整必然涉及资源、费用需求的相应变化，使用该方法时需考虑受限资源的供应日历与作业工作日历的匹配，同时考虑相应的费用变化（如加班费、窝工费、降效等），使用时要与资源优化、费用优化相结合。

8. 直接压缩工期

通过增加资源供给直接压缩工期，比如增加工作人员数量、增加机械设备、增加供应商数量。应注意虽然很多作业都可以通过增加资源的方式来压缩工期，但大部分工作都不是资源越多越好，用这种方式应与资源优化结合使用，找到最佳资源量及对应的工期从而实现工期与资源的同步优化。

9. 技术方案优化

通过对技术方案的优化，改进工艺流程，以实现在各制约条件不变的情况下优化工期。这种方式可能会使工期得到大幅优化，同时也可能对资源产生大幅影响，如果要达到多方面同时优化则要求团队工作人员具有较高素质。作为生产力提高的强大动力，技术水平的提升是一项长期持续的工作，需要大量的基础性投入作为支撑。

10. 间隙时间合理利用

在网络计划中，可能会出现由于技术要求或其他因素出现的工作间隔时间，在进行工期优化时可考虑该时间的合理利用，必要时可考虑调整间隔时间的长度。

11. 辅助工具应用

进度计划相关软件工具的合理应用可大幅加快计划编制、更新的速度，便于数据收集、计算、分析。管理过程高效有序时可促进实体工作的顺利进展。

5.2.2　工期优化的步骤

（1）计算并找出初始网络计划的计算工期、关键工作及关键线路。

（2）按要求工期计算应缩短的时间ΔT：

$$\Delta T = T_c - T_r \tag{5.2.2}$$

式中：T_c——网络计划的计算工期；

T_r——要求工期。

（3）确定各关键工作能缩短的持续时间。

（4）选择应缩短持续时间的关键工作。选择压缩关键工作中应考虑下列因素：

① 缩短持续时间对质量和安全影响不大的工作；

② 有作业空间、充足备用资源的工作；

③ 缩短持续时间所需增加的费用最少的工作。

将所选定的关键工作的持续时间压缩至最短，并重新计算网络计划的计算工期和关键线路。当被压缩的关键工作变成了非关键工作，则应延长其持续时间，使之仍为关键工作。

(5) 当计算工期仍超过要求工期时，则重复上述 (1) ～ (4) 的步骤，直到满足要求工期或工期已不能再缩短为止。

(6) 当所有关键工作的持续时间都已达到其能缩短的极限而工期仍不能满足要求时，应对网络计划的原技术方案、组织方案进行调整或对要求工期重新审定。

5.2.3 工期优化要点

1. 工期优化不改变网络计划中各项工作之间的逻辑关系；
2. 工期优化一般通过压缩关键工作的持续时间来满足工期要求；
3. 在优化过程中，要注意不能将关键工作压缩成非关键工作；
4. 当在优化过程中出现多条关键线路时，必须将各条关键线路的持续时间压缩相同数值；否则，不能有效地缩短工期。

5.2.4 工期优化示例

已知某工程双代号网络计划如图 5.2.4-1 所示，图中箭线下方括号外数字为工作的正常持续时间，括号内数字为最短持续时间；箭线上方括号内数字为优选系数，该系数综合考虑质量、安全和费用增加情况而确定。选择关键工作压缩其持续时间时，应选择优选系数最小的关键工作。若需要同时压缩多个关键工作的持续时间时，则它们的优选系数之和（组合优选系数）最小者应优先作为压缩对象。现假设要求工期为15，试对其进行工期优化。

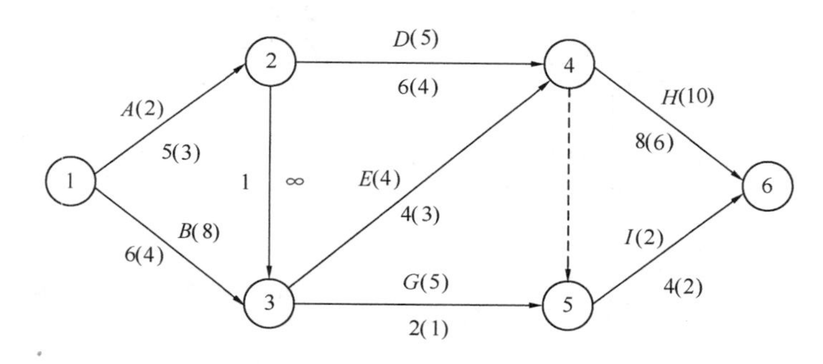

图 5.2.4-1 初始网络计划

1. 根据各项工作的正常持续时间，用标号法确定网络计划的计算工期和关键线路，如图 5.2.4-2 所示。此时关键线路为①—②—④—⑥。

2. 由于此时关键工作为工作 A、工作 D 和工作 H，而其中工作 A 的优选系数最小，故应将工作 A 作为优先压缩对象。

3. 将关键工作 A 的持续时间压缩至最短持续时间 3，利用标号法确定新的计算工期和关键线路，如图 5.2.4-3 所示。此时，关键工作 A 被压缩成非关键工作，故将其持续时间 3 延长为 4，使之成为关键工作。工作 A 恢复为关键工作之后，网络计划

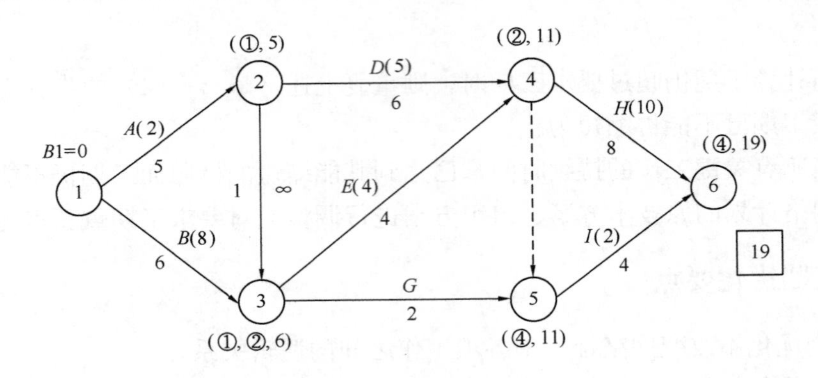

图 5.2.4-2　初始网络计划中的关键线路

中出现两条关键线路，即：①—②—④—⑥和①—③—④—⑥，如图 5.2.4-4 所示。

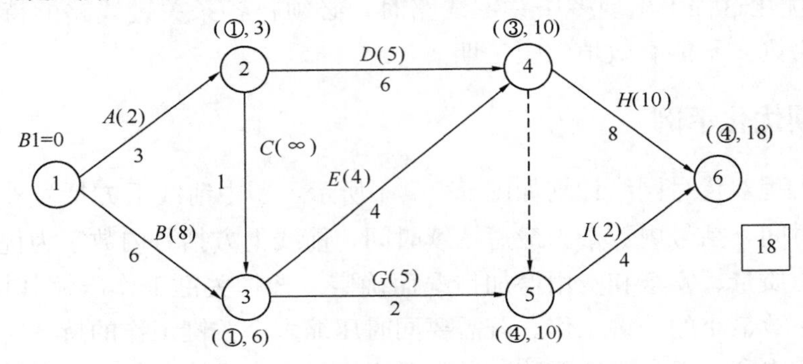

图 5.2.4-3　工作 A 压缩至最短时间时的关键线路

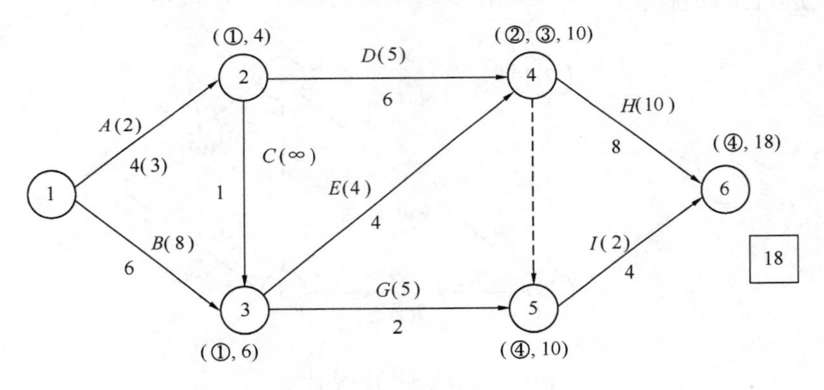

图 5.2.4-4　第一次压缩后的网络计划

4. 由于此时计算工期为 18，仍大于要求工期，故需继续压缩。需要缩短的时间：$\Delta T=18-15=3$。在图 5.2.4-5 所示网络计划中，有以下 5 个压缩方案：

(1) 同时压缩工作 A 和工作 B，组合优选系数为：$2+8=10$；

(2) 同时压缩工作 A 和工作 E，组合优选系数为：$2+4=6$；

(3) 同时压缩工作 B 和工作 D，组合优选系数为：$8+5=13$；

(4) 同时压缩工作 D 和工作 E，组合优选系数为：$5+4=9$；

（5）压缩工作 H，优选系数为 10。

在上述压缩方案中，由于工作 A 和工作 E 的组合优选系数最小，故应选择同时压缩工作 A 和工作 E 的方案。将这两项工作的持续时间各压缩 1（压缩至最短），再用标号法确定计算工期和关键线路，如图 5.2.4-5 所示。此时，关键线路仍为两条，即：①—②—④—⑥和①—③—④—⑥。

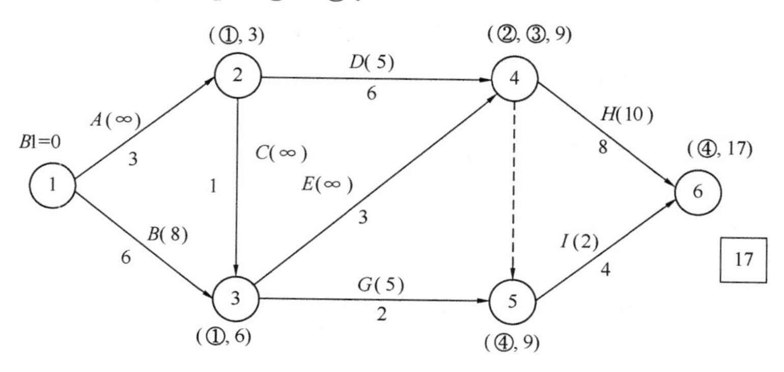

图 5.2.4-5 第二次压缩后的网络计划

在图 5.2.4-5 中，关键工作 A 和 E 的持续时间已达最短，不能再压缩，它们的优选系数变为无穷大。

5. 由于此时计算工期为 17，仍大于要求工期，故需继续压缩。需要缩短的时间：$\Delta T=17-15=2$。在图 5.2.4-5 所示网络计划中，由于关键工作 A 和 E 已不能再压缩，故此时只有两个压缩方案：

（1）同时压缩工作 B 和工作 D，组合优选系数为：$8+5=13$；

（2）压缩工作 H，优选系数为 10。

在上述压缩方案中，由于工作 H 的优选系数最小，故应选择压缩工作 H 的方案。将工作 H 的持续时间缩短 2，再用标号法确定计算工期和关键线路，如图 5.2.4-6 所示。此时，计算工期为 15，已等于要求工期，故图 5.2.4-6 所示网络计划即为优化方案。

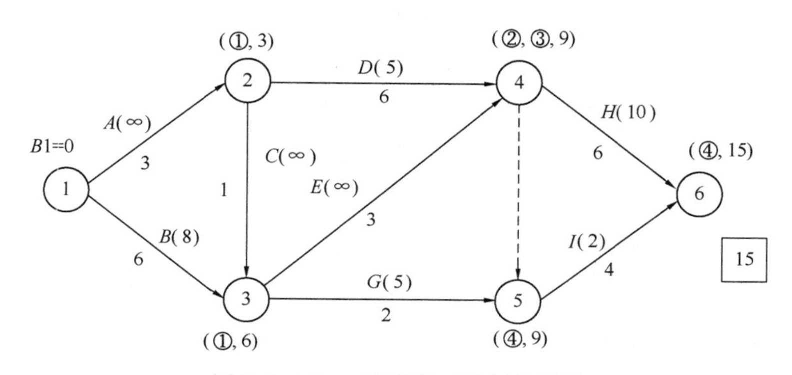

图 5.2.4-6 工期优化后的网络计划

5.3 资源优化

完成一项工程任务所需要的资源量基本上是不变的，不可能通过资源优化将其减少。资源优化是通过改变工作的开始时间，使资源按时间的分布符合优化目标。

在通常情况下，网络计划的资源优化分为两种，即“资源有限，工期最短”的优化和“工期固定，资源均衡”的优化。

5.3.1 “资源有限，工期最短”的优化

该优化是通过调整计划安排，在满足资源限制条件下，使工期增加最少的过程。

1. 优化步骤：

(1) 按照各项工作的最早开始时间安排进度计划，计算网络计划各个时段的资源需用量；

(2) 从计划开始日期起，逐个检查各个时段资源需用量，当计划工期内各个时段的资源需用量均能满足资源限量的要求，网络计划优化即完成。否则必须进行下一步计划调整；

(3) 分析超过资源限量的时段。如果在该时段内有几项平行作业，则采取将一项工作安排在与之平行的另一项工作之后进行的方法，以降低该时段的资源需用量。两项平行作业的工作进行调整，网络计划的工期延长公式如下：

① 双代号网络计划应按下列公式计算：

$$\Delta T_{m-n,i-j} = EF_{m-n} - LS_{i-j};\Delta T_{i-j,m-n} = EF_{i-j} - LS_{m-n} \quad (5.3.1\text{-}1)$$

$$\Delta T_{m'-n',i'-j'} = \min\{\Delta T_{m-n,i-j},\Delta T_{i-j,m-n}\}$$

式中：$\Delta T_{m-n,i-j}$——在超过资源限量的时段中，工作 $i-j$ 排在工作 $m-n$ 之后工期的延长；

$\Delta T_{i-j,m-n}$——在超过资源限量的时段中，工作 $m-n$ 排在工作 $i-j$ 之后工期的延长；

$\Delta T_{m'-n',i'-j'}$——调整工作 $m-n$ 和工作 $i-j$，工期延长最小值。

例如：有工作 $m-n$ 和工作 $i-j$ 资源冲突

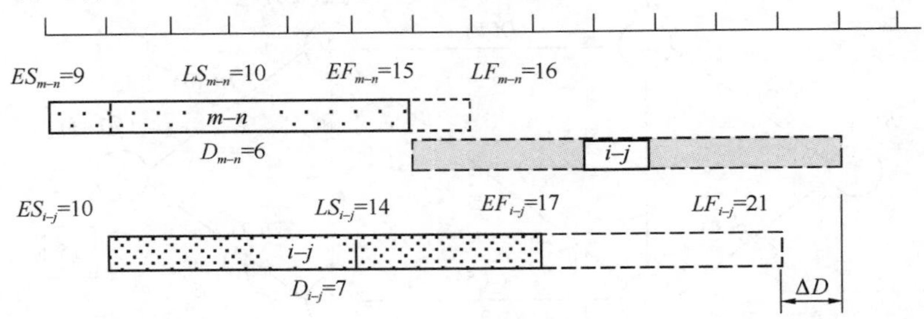

方案1：将工作 $i-j$ 排在工作 $m-n$ 之后，则：$\Delta T_{m-n,i-j}=EF_{m-n}-LS_{i-j}=15-14=1$

方案 2：将工作 $m-n$ 排在工作 $i-j$ 之后，则：$\Delta T_{i-j,m-n}=EF_{i-j}-LS_{m-n}=17-10=7>1$

则要将工作 $m-n$ 排在工作 $i-j$ 之后，工期延长 1。

② 单代号网络计划应按下列公式计算：

$$\Delta T_{m,i} = EF_{m} - LS_{i};\Delta T_{i,m} = EF_{i} - LS_{m} \tag{5.3.1-1}$$

$$\Delta T_{m',i'} = \min\{\Delta T_{m,i},\Delta T_{i,m}\}$$

式中：$\Delta T_{m,i}$——在超过资源限量的时段中，工作 i 排在工作 m 之后工期的延长；

$\Delta T_{i,m}$——在超过资源限量的时段中，工作 m 排在工作 i 之后工期的延长；

$\Delta T_{m'-i'}$——调整工作 m 和工作 i，工期延长最小值。

（4）绘制调整后的网络计划，重复步骤（1）～（3），直到满足要求。

2. "资源有限，工期最短"的优化示例

已知某工程双代号网络计划如图 5.3.1-1 所示，图中箭线上方数字为工作的资源强度，箭线下方数字为工作的持续时间。假定资源限量 $R_{a}=12$，试对其进行"资源有限，工期最短"的优化。

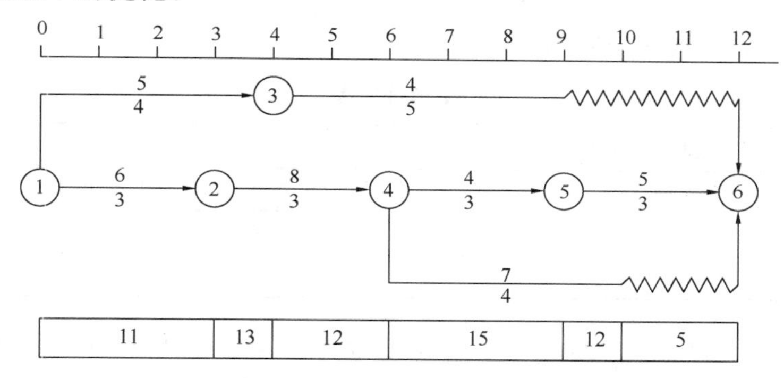

图 5.3.1-1 初始网络计划

（1）计算网络计划每个时间单位的资源需用量，绘出资源需用量动态曲线，如图 5.3.1-1 下方曲线所示。

（2）从计划开始日期起，经检查发现第二个时段［3，4］存在资源冲突，即资源需用量超过资源限量，故应首先调整该时段。

（3）在时段［3，4］有工作 1—3 和工作 2—4 两项工作平行作业，利用公式计算 ΔT 值，其结果见表 5.3.1-1。

ΔT 值计算表 **表 5.3.1-1**

序号	工作代号	最早完成时间	最迟完成时间	$\Delta T_{1,2}$	$\Delta T_{2,1}$
1	1—3	4	3	1	—
2	2—4	6	3	—	3

由表 5.3.1-1 可知，$\Delta T_{1,2}=1$ 最小，说明将序号 2 工作（工作 2—4）安排在序号 1 工作（工作 1—3）之后进行，工期延长最短，只延长 1。因此，将工作 2—4 安

排在工作 1—3 之后进行，调整后的网络计划如图 5.3.1-2 所示。

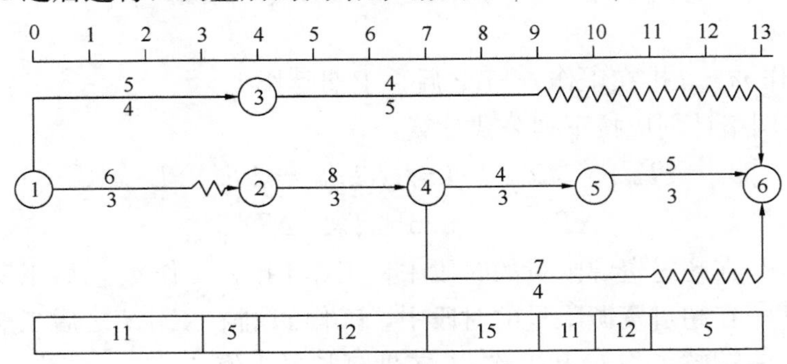

图 5.3.1-2　第一次调整后的网络计划

（4）重新计算调整后的网络计划每个时间单位的资源需用量，绘出资源需用量动态曲线，如图 5.3.1-2 下方曲线所示。从图 5.3.1-2 可知，在第四时段［7，9］存在资源冲突，故应调整该时段。

（5）在时段［7，9］有工作 3—6、工作 4—5 和工作 4—6 三项工作平行作业，利用公式计算 ΔT 值，其结果见表 5.3.1-2。

ΔT 值计算表　　**表 5.3.1-2**

序号	工作代号	最早完成时间	最迟完成时间	$\Delta T_{1,2}$	$\Delta T_{1,3}$	$\Delta T_{2,1}$	$\Delta T_{2,3}$	$\Delta T_{3,1}$	$\Delta T_{3,2}$
1	3—6	9	8	2	0	—	—	—	—
2	4—5	10	7	—	—	2	1	—	—
3	4—6	11	9	—	—	—	—	3	4

由表 2 可知，$\Delta T_{1,3}=0$ 最小，说明将序号 3 工作（工作 4—6）安排在序号 1 工作（工作 3—6）之后进行，工期不延长。因此，将工作 4—6 安排在工作 3—6 之后进行，调整后的网络计划如图 5.3.1-3 所示。

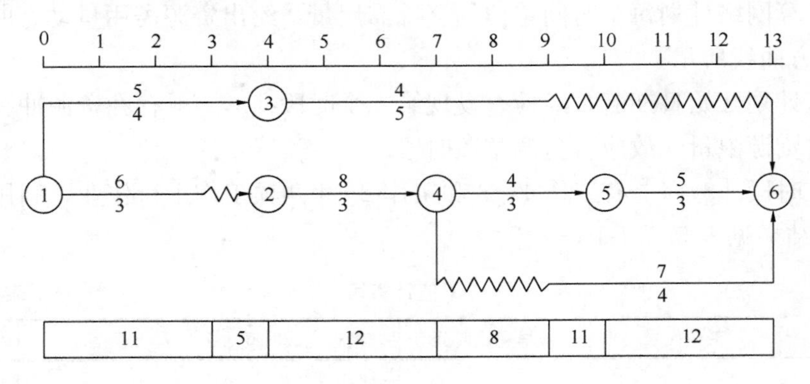

图 5.3.1-3　优化后的网络计划

（6）重新计算调整后的网络计划每个时间单位的资源需用量，绘出资源需用量动态曲线，如图 5.3.1-3 下方曲线所示。由于此时整个工期范围内的资源需用量均未超过资源限量，故图 5.3.1-3 所示方案即为最优方案，其最短工期为 13。

5.3.2 “工期固定，资源均衡”的优化

安排建设工程进度计划时，需要使资源需用量尽可能地均衡，使整个工程每单位时间的资源需用量不出现过多的高峰和低谷，这样不仅有利于工程建设的组织与管理，而且可以降低工程费用。“工期固定，资源均衡”优化是通过调整计划安排，在工期保持不变的情况下，使资源需用量尽可能均衡的过程。

“工期固定，资源均衡”的优化有多种，如方差值最小法、极差值最小法、削高峰法等。

1. 削高峰法优化步骤：

由于工期固定，理论上关键工作保持不变，调整非关键工作的最早开始时间。

（1）计算网络计划各个时段的资源需用量；

（2）确定削高峰目标，其值等于各个时段资源需用量的最大值减去一个单位资源量；

（3）找出高峰时段的最后时间（T_h）及相关工作的最早开始时间（ES_{i-j}或ES_i）和总时差（TF_{i-j}或TF_i）；

（4）非关键工作 $i-j$ 如果向右移到 T_h 处开始，按下列公式计算工作 $i-j$ 的时间差值（剩余的机动时间）ΔT_{i-j}或ΔT_i

① 双代号网络计划：

$$\Delta T_{i-j} = TF_{i-j} - (T_h - ES_{i-j}) \tag{5.3.2-1}$$

② 单代号网络计划：

$$\Delta T_i = TF_i - (T_h - ES_i) \tag{5.3.2-2}$$

当 $\Delta T_{i-j}<0$，则说明该工作不可以向右移出高峰时段；当所有工作 $\Delta T_{i-j}<0$，则该高峰不可削低，应找出网络计划资源次高峰时段，重复本步骤。

当 $\Delta T_{i-j}\geqslant 0$，则说明该工作可以向右移出高峰时段，使得峰值减小，并且不影响工期。当有多个工作 $\Delta T_{i-j}\geqslant 0$，应选择 ΔT_{i-j} 值最大的工作向右移出高峰时段。令

$$ES_{i'-j'} = T_h \tag{5.3.2-3}$$

或

$$ES_{i'} = T_h \tag{5.3.2-4}$$

（5）绘制调整后的网络计划，重复步骤（1）～（4）。当峰值不能再减少时，即得到优化方案。

2. “工期固定，资源均衡”的优化示例

某已知某工程双代号网络计划如图 5.3.2-1 所示，图中箭线上方数字为工作的资源强度，箭线下方数字为工作的持续时间。若规定工期为 14 天，试对其进行“工期固定，资源均衡”的优化。

（1）绘制早时标网络计划，计算网络计划每个时间单位的资源需用量，绘出资源

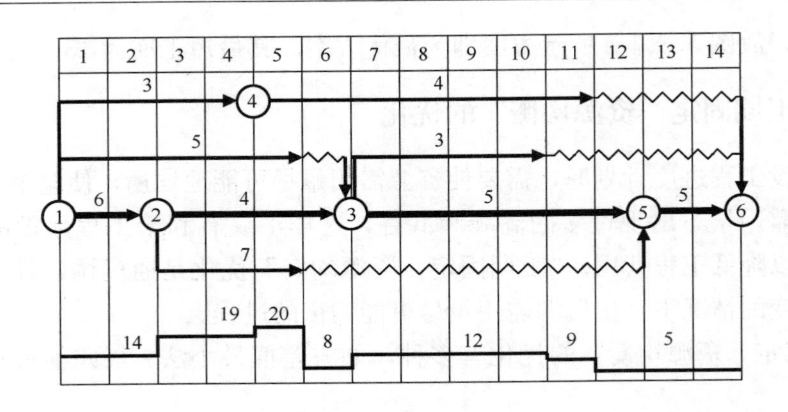

图 5.3.2-1 初始网络计划

需用量动态曲线，如图 5.3.2-1 下方曲线所示。

（2）确定削高峰目标。由图 5.3.2-1 下方资源曲线知，时段［4，5］的资源达到最高峰，其值＝20－1＝19

（3）找出高峰时段的最后时间（$T_h=5$）及相关工作的最早开始时间 ES_{i-j} 和总时差 TF_{i-j}，并按照公式（5.3.2-1）计算相关工作的时间差值，如表 5.3.2-1 所示

表 5.3.2-1

相关工作	ES_{i-j}	TF_{i-j}	ΔT_{i-j}
1—3	0	1	−4
1—4	0	3	−2
2—3	2	0	−3
2—5	2	7	4

（4）由表 5.3.2-1 知，工作 2—5 的时间差最大，将工作 2—5 作为调整对象，调整后的最早开始时间 $ES_{2'-5'}=T_h=5$。

（5）第一次调整：重新计算调整后的网络计划每个时间单位的资源需用量，绘出资源需用量动态曲线，如图 5.3.2-2 下方曲线所示。从图 5.3.2-2 可知，时段［6，8］的资源达到最高峰。继续调整，找出高峰时段的最后时间 $T_h=8$。

（6）计算高峰时段［6，9］相关工作的时间差值，见表 5.3.2-2。

表 5.3.2-2

相关工作	ES_{i-j}	TF_{i-j}	ΔT_{i-j}
2—5	5	4	1
3—5	6	0	−2
3—6	6	4	2
4—6	4	3	−1

（7）由表 5.3.2-2 知，工作 3—6 的时间差最大，将工作 3—6 作为调整对象，工作 3—6 调整后的最早开始时间 $ES_{3'-6'}=T_\mathrm{h}=8$。

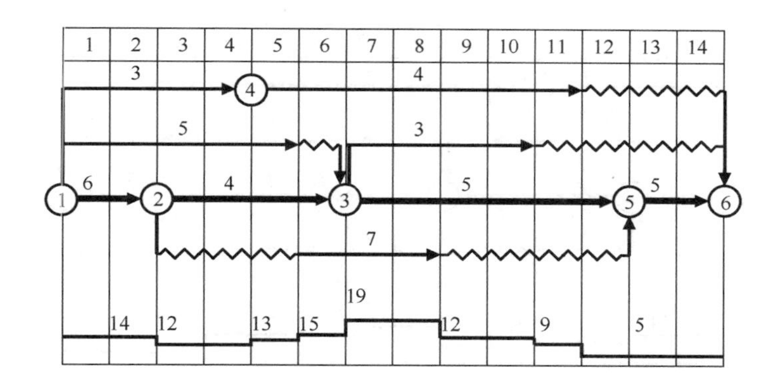

图 5.3.2-2 第一次调整后的网络计划

（8）第二次调整：重新计算调整后的网络计划每个时间单位的资源需用量，绘出资源需用量动态曲线，如图 5.3.2-3 下方曲线所示。从图 5.3.2-3 可知，时段［6，8］的资源达到最高峰。继续调整，找出高峰时段的最后时间 $T_h=8$。

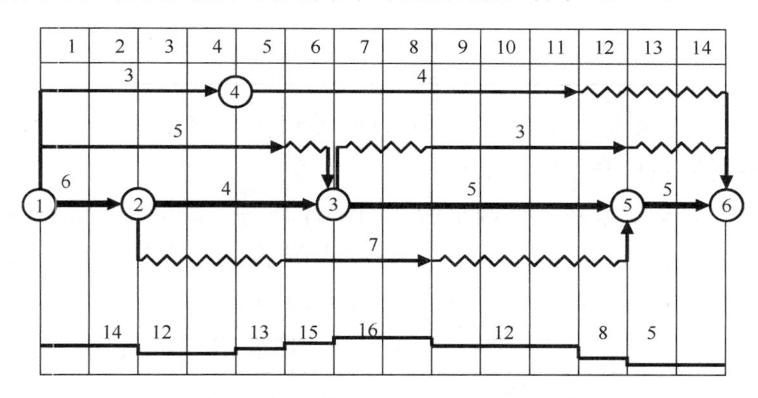

图 5.3.2-3 第二次调整后的网络计划

（9）计算高峰时段［6，8］相关工作的时间差值，见表 5.3.2-3。

表 5.3.2-3

相关工作	ES_{i-j}	TF_{i-j}	ΔT_{i-j}
2—5	5	4	1
3—5	6	0	－2
4—6	4	3	－1

（10）由表 5.3.2-3 知，工作 2—5 的时间差最大，将工作 2—5 作为调整对象，工作 2—5 调整后的最早开始时间 $ES_{2'-5'}=T_h=8$。

（11）第三次调整：重新计算调整后的网络计划每个时间单位的资源需用量，绘出资源需用量动态曲线，如图 5.3.2-4 下方曲线所示。从图 5.3.2-4 可知，时段［8，9］的资源达到最高峰。继续调整，找出高峰时段的最后时间 $T_h=9$。

（12）计算高峰时段［8，9］相关工作的时间差值，见表 5.3.2-4。

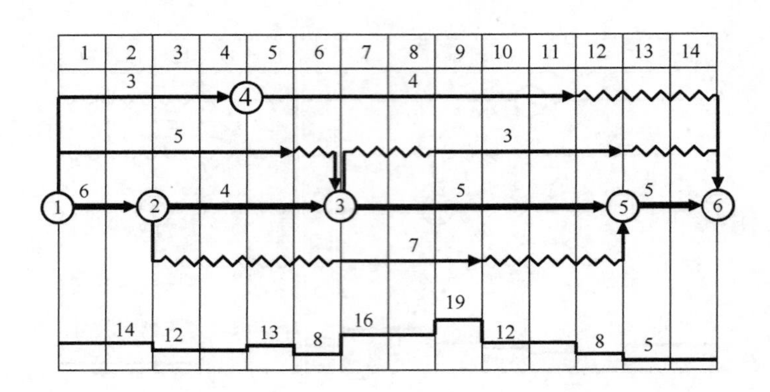

图 5.3.2-4　第三次调整后的网络计划

表 5.3.2-4

相关工作	ES_{i-j}	TF_{i-j}	ΔT_{i-j}
2—5	6	3	0
3—5	6	0	−3
4—6	4	3	−2

（13）由表 5.3.2-4 知，工作 2—5 的时间差最大，将工作 2—5 作为调整对象，工作 2—5 调整后的最早开始时间 $ES_{2'-5'}=T_h=9$。

（14）第四次调整：重新计算调整后的网络计划每个时间单位的资源需用量，绘出资源需用量动态曲线，如图 5.3.2-5 下方曲线所示。从图 5.3.2-5 可知，时段［9，11］的资源达到最高峰。继续调整，找出高峰时段的最后时间 $T_h=11$。

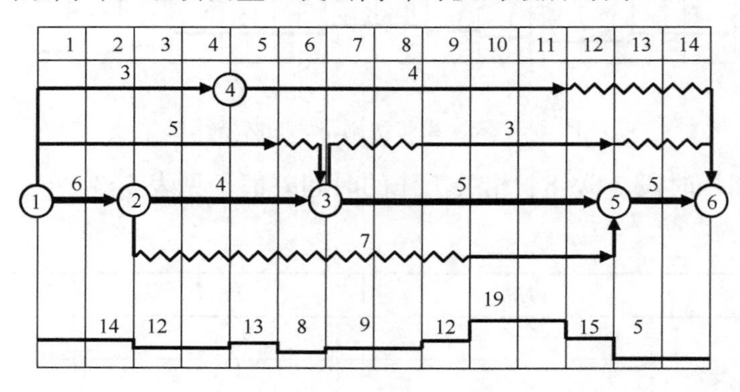

图 5.3.2-5　第四次调整后的网络计

（15）计算高峰时段［9，11］相关工作的时间差值，见表 5.3.2-5。相关工作的时间差值都小于 0，终止此高峰时段的调整。继续找出网络计划的次高峰时段［11，12］，$T_h=12$。计算相关工作的时间差值，见表 5.3.2-6。相关工作的时间差值都小于 0。继续找出网络计划的次高峰时段［0，2］，$T_h=2$。计算相关工作的时间差值，见表 5.3.2-7。由表 5.3.2-7 知工作 1—4 的时间差最大，将工作 1—4 作为调整对象，工作 1—4 调整后的最早开始时间 $ES_{1'-4'}=T_h=2$。

表 5.3.2-5

相关工作	ES_{i-j}	TF_{i-j}	ΔT_{i-j}
2—5	6	3	−2
3—5	6	0	−5
3—6	8	2	−1
4—6	4	3	−4

表 5.3.2-6

相关工作	ES_{i-j}	TF_{i-j}	ΔT_{i-j}
2—5	6	0	−6
3—5	6	0	−6
3—6	8	2	−2

表 5.3.2-7

相关工作	ES_{i-j}	TF_{i-j}	ΔT_{i-j}
1—2	0	0	−2
1—3	0	1	−1
1—4	0	3	1

（16）第五次调整：重新计算调整后的网络计划每个时间单位的资源需用量，绘出资源需用量动态曲线，如图 5.3.2-6 下方曲线所示。每个时间段相关工作时间差都小于 0，优化结束。

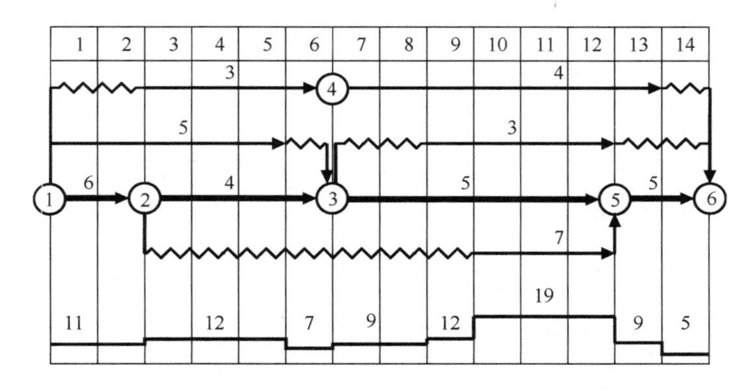

图 5.3.2-6　第四次调整后的网络计划

5.4 费 用 优 化

费用优化又称工期成本优化，是指寻求工程总成本最低时的工期安排，或按要求工期寻求最低成本的计划安排的过程。

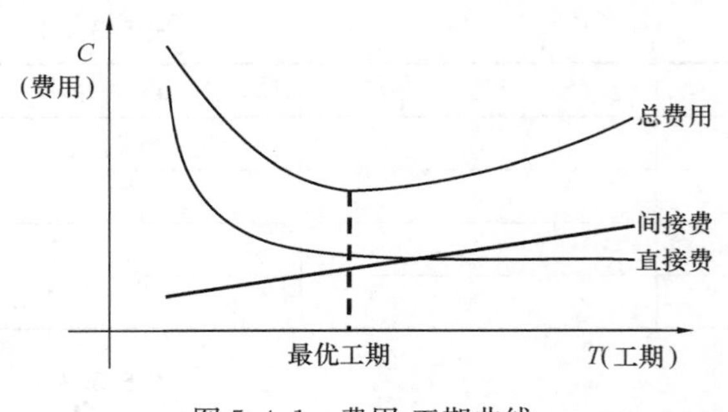

图5.4.1　费用-工期曲线

5.4.1　工程费用和工期的关系

工程总费用=直接费+间接费(图5.4.1)。

直接费由人材机费用、其他直接费及现场经费等组成。直接费会随着工期的缩短而增加。间接费包括企业经营管理的全部费用，一般会随着工期的缩短而减少。在考虑工程的总费用时，还应考虑工期变化带来的其他损益，包括效益增量和资金的时间价值等。

5.4.2　工作直接费与持续时间的关系

工作的直接费与持续时间之间的关系类似于工程直接费与工期直接的关系，工作的直接费随着持续时间的缩短而增加，如图5.4.2所示。为简化计算，工作的直接费与持续时间的关系被近似地认为是线性关系。工作的持续时间每缩短单位时间而增加的直接费称为直接费用率。直接费用率按如下公式计算：

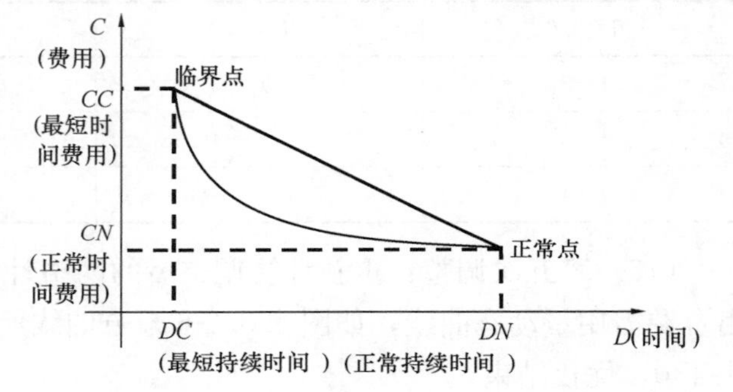

图5.4.2　直接费-持续时间曲线

$$\Delta C_{i-j}=\frac{CC_{i-j}-CN_{i-j}}{DN_{i-j}-DC_{i-j}} \tag{5.4.2}$$

式中：ΔC_{i-j}——工作 $i-j$ 的直接费用率；

CC_{i-j}——工作 $i-j$ 的持续时间缩短为最短持续时间后，完成该工作所需的直接费用；

CN_{i-j}——在正常条件下，完成工作 $i-j$ 所需直接费用；

DC_{i-j}——工作 $i-j$ 的最短持续时间；

DN_{i-j}——工作 $i-j$ 的正常持续时间。

工作的直接费用率越大，说明将该工作的持续时间缩短一个时间单位，所需增加的直接费就越多。因此，在压缩关键工作的持续时间以达到缩短工期的目的时，应将直接费用率最小的关键工作作为压缩对象。当有多条关键线路出现而需要同时压缩多个关键工作的持续时间时，应将它们的直接费用率之和（组合直接费用率）最小者作为压缩对象。

5.4.3　费用优化步骤

不断地在网络计划中找出直接费用率（组合直接费用率）最小的关键工作，缩短其持续时间，同时比较增加的直接费（因缩短持续时间而增加）和减少的间接费（因缩短持续时间而减少）的数值，最后求得工程成本最低时的最优工期或按要求工期求得最低成本的计划安排。

（1）按工作的正常持续时间确定关键工作、关键线路和计算工期。

（2）计算各项工作的直接费用率；按照公式计算。

（3）找出直接费用率最低的一项或一组关键工作，作为缩短持续时间的对象。当只有一条关键线路时，应找出直接费用率最小的一项关键工作；当有多条关键线路时，应找出组合直接费用率最小的一组关键工作。

（4）对于选定的压缩对象，比较其直接费用率或组合直接费用率与工程间接费用率的大小。

① 直接费用率＞间接费用率，说明压缩此关键工作会使工程总费用增加，停止压缩此工作。

② 直接费用率＝间接费用率，说明压缩此关键工作工程总费用不变，而工期会缩短，故应压缩此工作。

③ 直接费用率＜间接费用率，说明压缩此关键工作会使工程总费用减少，故应压缩此工作。

（5）缩短找出的一项或一组关键工作的持续时间，缩短值必须符合不能压缩成非关键工作和缩短后持续时间不小于最短持续时间的原则。

（6）计算相应增加的直接费用。

（7）根据间接费的变化，计算工程总费用（C_i）。

（8）重复上述步骤（3）～（7），计算到工程总费用（C_i）最低为止。

5.4.4 费用优化实例

已知某工程双代号网络计划如图 5.4.4-1 所示，图中箭线下方括号外数字为工作的正常时间，括号内数字为最短持续时间；箭线上方括号外数字为工作按正常持续时间完成时所需的直接费，括号内数字为工作按最短持续时间完成时所需的直接费。该工程的间接费用率为 0.8 万元/天，试对其进行费用优化。

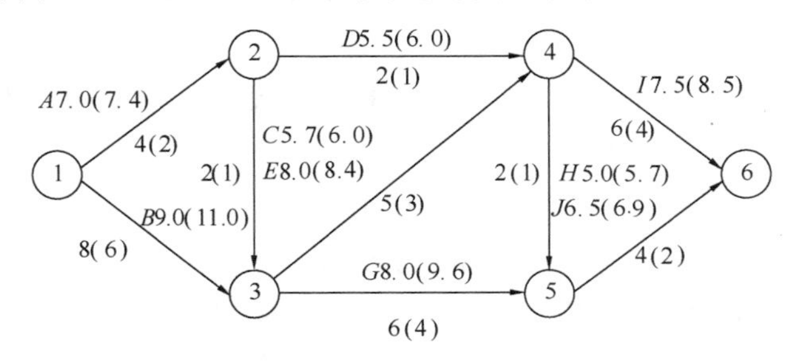

图 5.4.4-1 初始网络计划

1. 根据各项工作的正常持续时间，用标号法确定网络计划的计算工期和关键线路，如图 5.4.4-2 所示。计算工期为 19 天，关键线路有两条，即：①—③—④—⑥和①—③—④—⑤—⑥。

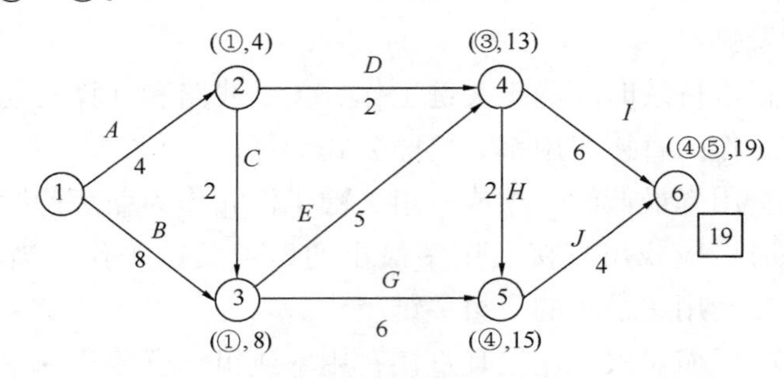

图 5.4.4-2　初始网络计划中的关键线路

2. 计算各项工作的直接费用率：

ΔC_{1-2}＝(7.4－7.0)/(4－2)＝0.2 万元/天

ΔC_{1-3}＝(11.0－9.0)/(8－6)＝1.0 万元/天

ΔC_{1-2}＝(7.4－7.0)/(4－2)＝0.2 万元/天

ΔC_{2-3}＝0.3 万元/天

ΔC_{2-4}＝0.5 万元/天

ΔC_{3-4}＝0.2 万元/天

ΔC_{3-5}＝0.8 万元/天

ΔC_{4-5}＝0.7 万元/天

ΔC_{4-6}＝0.5 万元/天

ΔC_{5-6}＝0.2 万元/天

3. 计算工程总费用：

1）直接费总和：C_d＝7.0＋9.0＋5.7＋5.5＋8.0＋8.0＋5.0＋7.5＋6.5＝62.2 万元；

2）间接费总和：C_i＝0.8×19＝15.2 万元；

3）工程总费用：C_t＝C_d＋C_i＝62.2＋15.2＝77.4 万元。

4. 通过压缩关键工作的持续时间进行费用优化（优化过程见表 5.4.3）：

1）第一次压缩

从图 5.4.4-2 可知，该网络计划中有两条关键线路，为了同时缩短两条关键线路的总持续，有以下 4 个压缩方案：

（1）压缩工作 B，直接费用率为 1.0 万元/天；

（2）压缩工作 E，直接费用率为 0.2 万元/天；

（3）同时压缩工作 H 和工作 I，组合直接费用率为：0.7＋0.5＝1.2 万元/天；

（4）同时压缩工作 I 和工作 J，组合直接费用率为：0.5＋0.2＝0.7 万元/天。

在上述压缩方案中，由于工作 E 的直接费用率最小，故应选择工作 E 为压缩对象。工作 E 的直接费用率 0.2 万元/天，小于间接费用率 0.8 万元/天，说明压缩工作

E 可使工程总费用降低。将工作 E 的持续时间压缩至最短持续时间 3 天，利用标号法重新确定计算工期和关键线路，如图 5.4.4-3 所示。此时，关键工作 E 被压缩成非关键工作，故将其持续时间延长为 4 天，使成为关键工作。第一次压缩后的网络计划如图 5.4.4-4 所示。图中箭线上方括号内数字为工作的直接费用率。

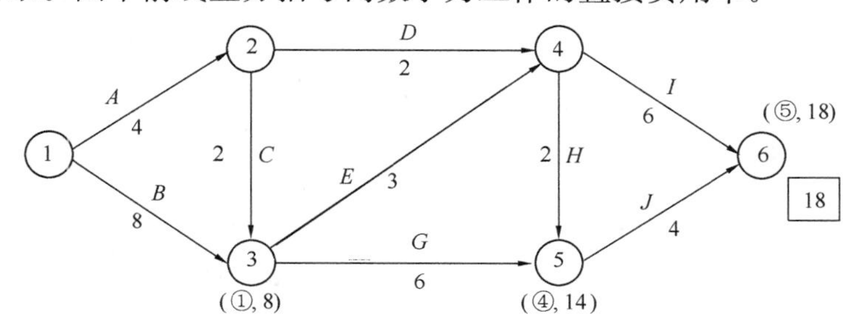

图 5.4.4-3 工作 E 压缩至最短时的关键线路

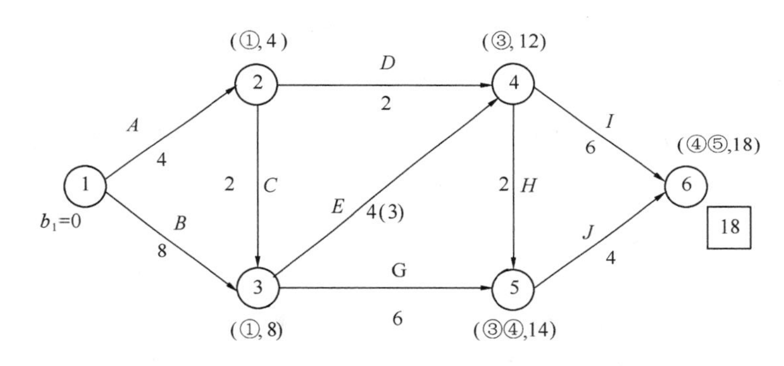

图 5.4.4-4 第一次压缩后的网络计划

2）第二次压缩

从图 5.4.4-4 可知，该网络计划中有三条关键线路，即：①—③—④—⑥、①—③—④—⑤—⑥和①—③—⑤—⑥。为了同时缩短三条关键线路的总持续时间，有以下 5 个压缩方案：

（1）压缩工作 B，直接费用率为 1.0 万元/天；

（2）同时压缩工作 E 和工作 G，组合直接费用率为 0.2+0.8=1.0 万元/天；

（3）同时压缩工作 E 和工作 J，组合直接费用率为：0.2+0.2=0.4 万元/天；

（4）同时压缩工作 G、工作 H 和工作 J，组合直接费用率为：0.8+0.7+0.5=2.0 万元/天；

（5）同时压缩工作 I 和工作 J，组合直接费用率为：0.5+0.2=0.7 万元/天。

在上述压缩方案中，由于工作 E 和工作 J 的组合直接费用率最小，故应选择工作 E 和工作 J 作为压缩对象。工作 E 和工作 J 的组合直接费用率 0.4 万元/天，小于间接费用率 0.8 万元/天，说明同时压缩工作 E 和工作 J 可使工程总费用降低。由于工作 E 的持续时间只能压缩 1 天，工作 J 的持续时间也只能随之压缩 1 天。工作 E

和工作 J 的持续时间同时压缩 1 天后，利用标号法重新确定计算工期和关键线路。此时，关键线路由压缩前的三条变为两条，即：①—③—④—⑥和①—③—⑤—⑥。原来的关键工作 H 未经压缩而被动地变成了非关键工作。第二次压缩后的网络计划如图 5.4.4-5 所示。此时，关键工作 E 的持续时间已达最短，不能再压缩，故其直接费用率变为无穷大。

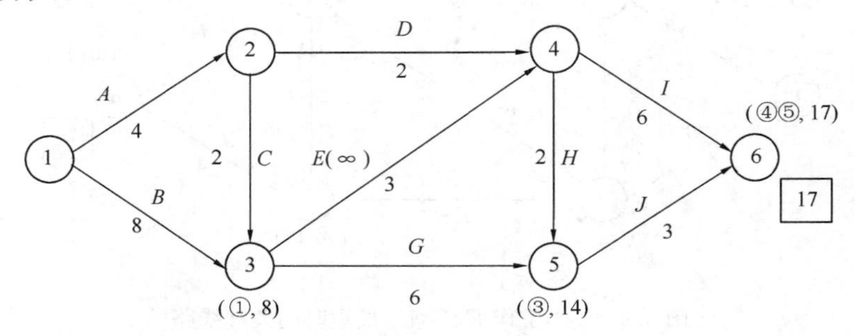

图 5.4.4-5　第二次压缩后的网络计划

3）第三次压缩

从图 5.4.4-5 可知，由于工作 E 不能再压缩，而为了同时缩短两条关键线路①—③—④—⑥和①—③—⑤—⑥的总持续时间，只有以下 3 个压缩方案：

（1）压缩工作 B，直接费用率为 1.0 万元/天；

（2）同时压缩工作 G 和工作 I，组合直接费用率为 0.8＋0.5＝1.3 万元/天；

（3）同时压缩工作 I 和工作 J，组合直接费用率为：0.5＋0.2＝0.7 万元/天。

在上述压缩方案中，由于工作 I 和工作 J 的组合直接费用率最小，故应选择工作 I 和工作 J 作为压缩对象。工作 I 和工作 J 的组合直接费用率 0.7 万元/天，小于间接费用率 0.8 万元/天，说明同时压缩工作 I 和工作 J 可使工程总费用降低。由于工作 J 的持续时间只能压缩 1 天，工作 I 的持续时间也只能随之压缩 1 天。工作 I 和工作 J 的持续时间同时压缩 1 天后，利用标号法重新确定计算工期和关键线路。此时，关键线路仍然为两条，即：①—③—④—⑥和①—③—⑤—⑥。第三次压缩后的网络计划如图 5.4.4-6 所示。此时，关键工作 J 的持续时间也已达最短，不能再压缩，故其直接费用率变为无穷大。

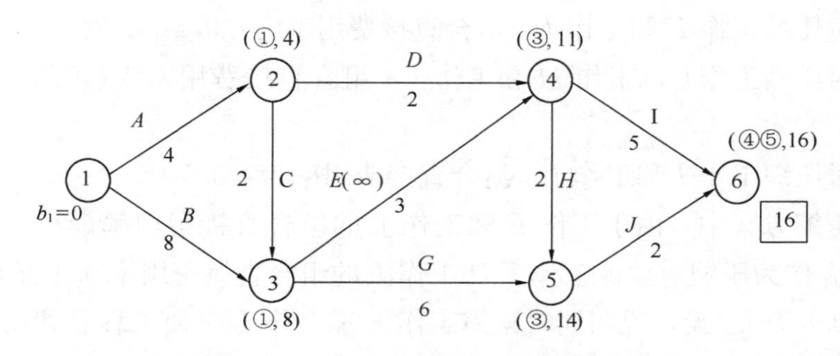

图 5.4.4-6　第三次压缩后的网络计划

4）第四次压缩：

从图 5.4.4-6 可知，由于工作 E 和工作 J 不能再压缩，而为了同时缩短两条关键线路①—③—④—⑥和①—③—⑤—⑥的总持续时间，只有以下 2 个压缩方案：

（1）压缩工作 B，直接费用率为 1.0 万元/天；

（2）同时压缩工作 G 和工作 I，组合直接费用率为 0.8+0.5=1.3 万元/天。

在上述压缩方案中，由于工作 B 的直接费用率最小，故应选择工作 B 作为压缩对象。但是，由于工作 B 的直接费用率 1.0 万元/天，大于间接费用率 0.8 万元/天，说明压缩工作 B 会使工程总费用增加。因此，不需要压缩工作 B，优化方案已得到，优化后的网络计划如图 5.4.4-7 所示。图中箭线上方括号内数字为工作的直接费。

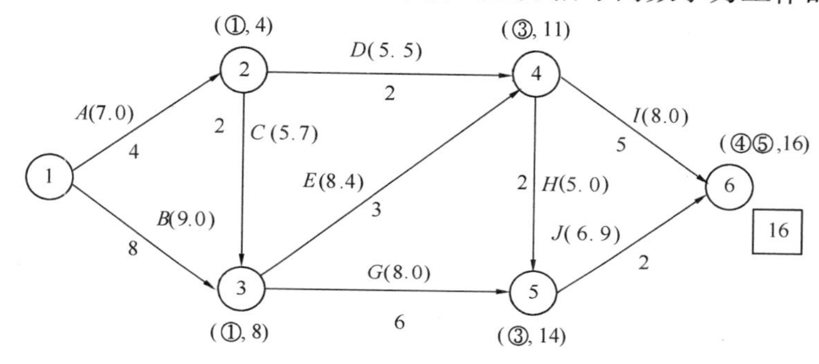

图 5.4.4-7　费用优化后的网络计划

5. 计算优化后的工程总费用（表 5.4.4）

1）直接费总和：C_{d0}=7.0+9.0+5.7+5.5+8.4+8.0+5.0+8.0+6.9=63.5 万元；

2）间接费总和：C_{i0}=0.8×16=12.8 万元；

3）工程总费用：$C_{t0}=C_{d0}+C_{i0}$=63.5+12.8=76.3 万元。

优 化 表　　　　**表 5.4.4**

压缩次数	被压缩的工作代号	被压缩的工作名称	直接费用率（万元/天）	费率差（万元/天）	缩短时间（天）	费用增加值（万元）	总工期（天）	总费用（万元）
0	—	—	—	—	—	—	19	77.4
1	3—4	E	0.2	−0.6	1	−0.6	18	76.8
2	3—4 5—6	E、J	0.4	−0.4	1	−0.4	17	76.4
3	4—6 5—6	I、J	0.7	−0.1	1	−0.1	16	76.3
4	1—3	B	1.0	+0.2	—	—	—	—

第6章　网络计划实施与控制

6.1　网络计划实施与控制的必要性

6.1.1　网络计划实施

网络计划实施就是按照网络进度计划开展施工活动，确保项目各项工作按网络计划所确定的顺序和时间进行。因此，应做好以下几方面的工作：

（1）落实实施条件。网络计划中任何一项工作开始的必要条件是它的所有紧前工作全部完成，网络计划实施的首要任务就是落实网络计划中工作的实施条件，对于工程项目，主要包括施工图纸、技术资料、施工场地、实施环境、能源动力等。

（2）组织资源供应。适时投入必要的资源是网络计划实施的物质基础。因此，项目实施者必须组织好劳动力、材料设备、施工机械、资金等。

（3）明确权、责、利。为明确责任，项目实施者应向网络计划各工作的承担者下达任务书或签订承包合同，明确规定具体任务、技术措施、质量要求、劳动量和完成时限等责权利。

（4）层层计划交底。网络计划的工作进行前，必须进行层层交底落实，使有关人员明确各项工作的目标、任务，实施方案，预控措施，开始、结束时间，有关保证条件，协作配合要求等，使管理层与作业层能协调一致工作，保证生产按计划、有步骤、连续均衡地进行。

（5）掌握现场情况。网络计划实施过程中，要跟踪做好施工记录，实事求是记录每项工作的开始日期、工作进程和完成日期，为网络计划的检查、分析、调整总结等，提供真实、准确的原始资料。

（6）做好实施调度。施工过程中，要对出现的不平衡和不协调进行调整，以不断组织新的平衡，建立和维护正常的实施秩序。

（7）预测干扰因素。项目实施过程中，应根据掌握的各种数据资料，对各种干扰因素进行预测，分析干扰因素可能带来的风险，预先采取有效措施，把可能出现的偏离尽可能消灭于萌芽状态。

6.1.2　网络计划实施的影响因素

由于工程项目的特点，网络计划实施过程中，存在许多影响网络计划实施的因素：

（1）项目施工方的行为。项目施工单位对网络计划实施起着决定性作用。因此，施工单位如计划不周，组织不妥，措施不当，技术不精，事故处理不及时等，必将直接影响网路计划的顺利实施。

（2）项目相关方的行为。除了施工单位对网络计划实施的决定性作用外，项目建设单位、设计单位、材料设备供应单位、水电供应单位以及政府有关主管部门的行为也对网络计划实施起着重要作用。如建设单位的资金不到位，设计单位的设计变更，材料设备供应单位的延迟交货，现场的停水停电，政府有关部门的审批拖延等等。

（3）项目实施的外界条件。项目实施中战争、内乱、工人罢工等政治因素，通货膨胀、金融危机等社会因素，暴雨、狂风、高温、严寒等气候因素，以及软弱地基、地下文物、洞穴等地质因素，一旦发生必将影响网络计划实施。

6.1.3　网络计划控制的必要性

由于上述网络计划实施影响因素的发生存在着偶然性和不确定性，网络计划的编制者往往很难实现事先对项目今后实施过程中出现的问题进行全面的估计。因此，在项目实施中必须对网络计划的实施进行定期检查、及时调整。

6.2　网络计划执行检查

6.2.1　检查时间、方式

1. 网络计划的检查时间

网络计划检查应定期进行。检查周期应视项目类型、规模、计划工期长度和对进度计划的要求程度等确定，一般与召开现场会议的周期相一致，可以周、双周、月为周期。项目实施中遇到天气、资源供应等不利因素的严重影响时，检查周期可临时缩短，甚至可以每日进行。

2. 网络计划的检查方式

网络计划的检查方式一般采用进度报表方式或定期召开进度汇报会。但为了保证进度资料的准确性，进度控制人员一定要经常到现场查看项目的实际进度情况。

6.2.2　检查的内容和记录

网络计划执行检查的内容包括：一是关键工作的进度，检查目的在于采取措施保证或调整计划工期；二是非关键工作进度及尚可利用的时差，检查目的是更好地发掘潜力，调整或优化资源，并保证关键工作按计划实施；三是关键线路的变化，检查目的是为了观察工艺关系或组织管理的执行情况，以进行适时的调整。

网络计划执行检查结果的记录可以采用实际进度前锋线或图上文字或符号予以

记录：

1. 实际进度前锋线

实际进度前锋线仅适用于时标网络计划。所谓前锋线，是在时标网络计划图上，从检查时刻的时标点出发，将检查时刻各项工作的实际进度所达到的前锋点连接而成的折线。因此，图上标画前锋线的关键是标定工作的实际进度前锋点，前锋点的标定方法有两种：

① 按已完成工作的实物量比例来标定。时标网络图上箭线的长度与其工程实物量成正比。网络计划检查时，计算某工作的实物量完成比例，其前锋点就位于从该工作箭线起点至相同比例箭线长度的位置。

② 按尚需实施时间来标定。有些工作的持续时间难以按工程实物量来计算的，此时可估算从该时刻起到该工作全部完成尚需要的时间，然后从该工作箭线的末端自右至左标出前锋点的位置。

图 6.2.2-1 中有 4 条前锋线，分别记录了 6 月 25 日、6 月 30 日、7 月 5 日和 7 月 10 日 4 次网络计划实施检查结果。

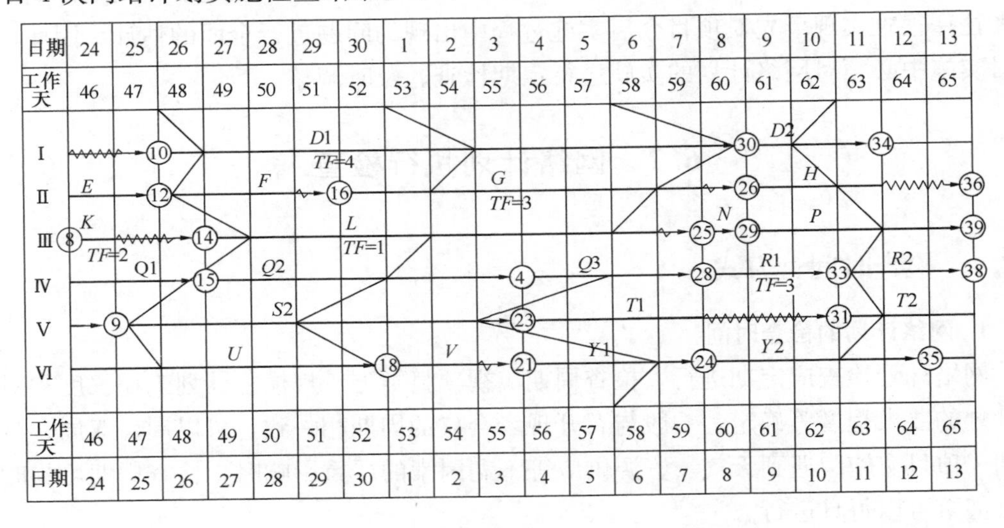

图 6.2.2-1　实际进度前锋线示例

实际进度前锋线可以直观地反映检查时刻有关工作实际进度与计划进度之间的关系：当某项工作的前锋点位于检查时刻的左侧时，表明该工作实际进度拖延，拖延时间为检查时刻与前锋点之差；当某项工作的前锋点与检查时刻一致时，表明该工作实际进度等于计划进度，既无拖延也无超前；当某项工作的前锋点位于检查时刻的右侧时，表明该工作实际进度超前，超前时间为前锋点与检查时刻之差。图中 6 月 30 日检查时，实际进度前锋线表明：D1 工作超前 2 天，G 工作超前 1 天，L 工作超前 1 天，Q2 工作既无拖延也无超前，S2 拖延 2 天，U 工作实际进度等于计划进度。

2. 图上文字或符号记录

当采用非时标网络计划时，可直接采用图上文字或符号记录网络计划实施检查结果。图 6.2.2-2 是某双代号网络计划实施第 5 天的检查结果，图中无箭头的虚线表示网络计划的实际进度。

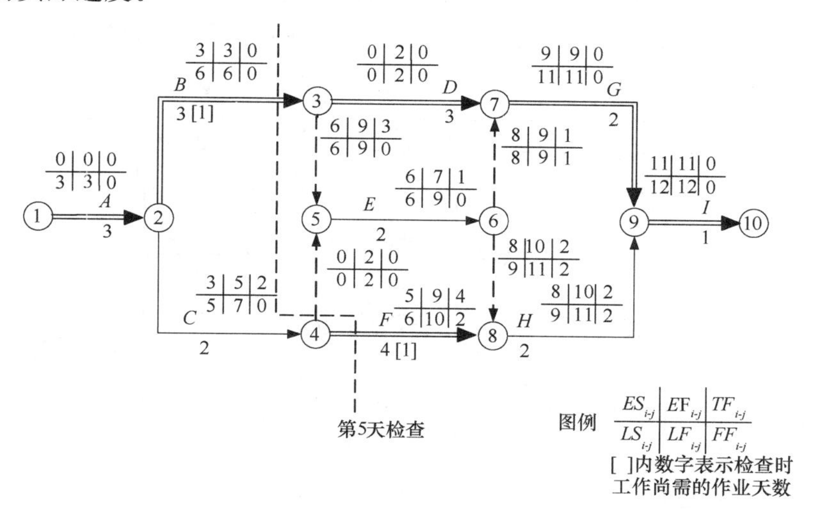

图 6.2.2-2 双代号网络计划实施检查示例

6.2.3 检查结果分析

对网络计划执行情况的检查结果，应进行分析，通过分析：对工作的实际进度作出正常、提前或延误的判断；分析计划的执行情况及其发展趋势，对未来进度状况做出预测、判断，作出网络计划计划工期可按期实现、提前实现或拖期的判断，找出偏离计划目标的原因及可供挖掘的潜力所在。计划进度与实际进度严重不符时，应对网络计划进行调整。

对时标网络计划，利用已画出的实际进度前锋线，分析计划执行情况及其变化趋势，对未来的进度作出预测判断，找出偏离计划目标的原因。

对非时标网络计划，按表 6.2.3 的规定记录计划的实施情况，并对计划中的未完工作进行计算判断。

【例 6-1】 某项目网络计划如图 6.2.3-1 所示，第 5 周检查计划执行情况时，发现 *A* 已完成，*B* 已工作一周，*C* 还需工作 1 周，*D* 尚未开始。试绘制实际进度前锋线，并对检查结果进行分析。

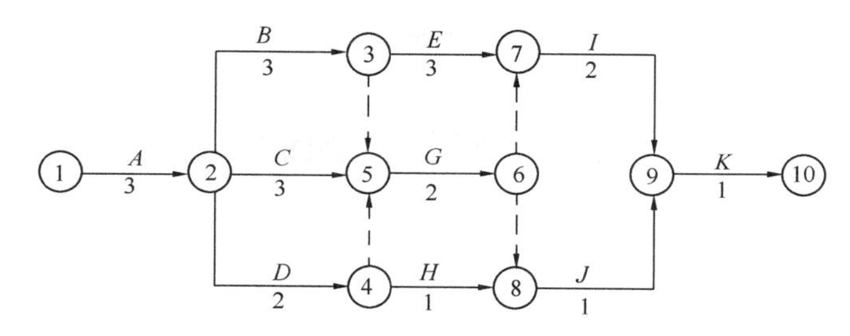

图 6.2.3-1 某项目网络计划

解： 根据实际进度前锋线的绘制要求，首先绘制项目时标网络图；然后，根据题意，确定各项工作的前锋点；最后，绘制实际进度前锋线，如图 6.2.3-2 所示。从图上可以看出，工作 B 实际进度拖延 1 周，工作 C 实际进度等于计划进度，工作 D 实际进度拖延 2 周。

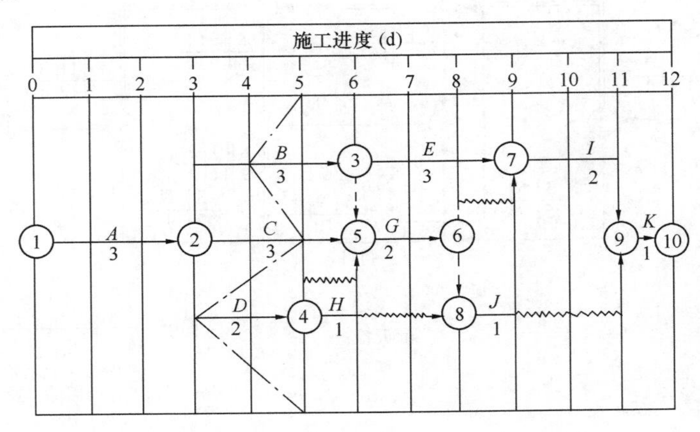

图 6.2.3-2　某项目实际进度前锋线

根据图 6.2.3-2 所示的检查情况，可编制该网络计划检查结果分析表，如表 6.2.3 所示。

网络计划检查结果分析表　　　　**表 6.2.3**

工作编号	工作名称	检查时尚需作业时间	按计划最迟完成前尚需时间	总时差		自由时差		情况分析
				原有	目前尚有	原有	目前尚有	
2—3	B	2	1	0	−1	0	0	拖延工期 1 周
2—5	C	1	2	1	1	1	1	正常
2—4	D	2	2	2	0	2	0	正常

表中，“检查时尚需作业时间”等于工作的持续时间减去工作已进行的时间，“按计划最迟完成前尚需时间”等于该工作的最迟完成时间减去检查时间，“原有总时差”、“原有自由时差”为原有网络计划图的时间参数，“目前尚有总时差”、“目前尚有自由时差”为以检查时刻为起点，重新绘制的网络计划图的时间参数。情况分析栏中填入是否影响项目工期。如“目前尚有总时差”大于等于零，则不会影响项目工期，在表中填写“正常”；如“目前尚有总时差”小于零，则会影响项目工期，在表中填写“拖延工期几周”，以便在下一步中调整。

6.3　网络计划的调整

6.3.1　网络计划调整概述

网络计划调整是在实施检查分析中，发现矛盾之后进行的。通过调整，具体解决实施检查分析中发现的矛盾。网络计划调整的内容有：①关键线路调整；②工作时间调整；③工作项目增减调整；④逻辑关系调整；⑤工作持续时间调整；⑥资源投入调整。实际调整时，可以只调整6项内容之一，也可以同时调整多项，还可以将几项结合起来进行调整，例如将工期与资源、工期与成本、工期资源及成本结合起来调整，以求综合效益最佳。只要能达到预期目标，调整越少越好。

6.3.2 网络计划调整的方法

1. 关键线路调整

① 当关键线路上工作的实际进度比计划进度提前时，首先要确定项目总工期是否需要提前。如果经研究决定总工期不需要提前，则可利用这个机会降低资源强度或费用，方法是选择后续关键工作中资源占用强度高或直接费用率高的工作适当延长其持续时间，延长的时间不应超过已完成关键工作提前的时间量。当需要提前工期时，应将计划的未完成部分作为一个新计划，重新计算时间参数并确定关键工作，按新计划实施。

② 当关键线路上工作的实际进度比计划进度滞后时，如合同等规定项目总工期不允许拖延，应在未完成的关键工作中，选择资源占用强度低或直接费用率低的工作，缩短其持续时间，并把计划的未完成部分作为一个新计划，按工期优化方法进行调整。当项目总工期允许拖延时，应将计划的未完成部分作为一个新计划，重新计算时间参数并确定关键工作，按新计划实施。

2. 非关键工作调整

非关键工作调整是利用工作的时差，调整非关键工作的开始时间、完成时间或工作持续时间，其目的是充分利用资源，降低成本、满足施工需要。非关键工作调整应在其时差范围内进行，不得超出总时差值。每次调整后需进行时间参数计算，分析观察本次调整对网络计划全局的影响。

调整的具体方法有：①将非关键工作在最早开始时间与最迟完成时间范围内移动；②延长工作持续时间；③缩短工作持续时间。

3. 工作项目增减调整

增减工作项目均不应打乱原网络计划总的逻辑关系，以便使原计划得以实施。因此，由于增减工作项目，只能改变局部的逻辑关系，此局部改变不影响总的逻辑关系。增加工作项目，只是对原遗漏或不具体的逻辑关系进行补充，减少工作项目，只是对提前完成了的工作项目或原不应设置而设置了的工作项目予以消除。只有这样，才是真正的调整，而不是重编计划。

增减工作项目后，应重新计算时间参数，分析此调整是否对原网络计划工期有影响，如有影响，应采取措施，保证计划工期不变。

4. 逻辑关系调整

当检查发现项目进度偏差影响了总工期时，可通过组织关系的调整，达到缩短工期的目的。例如可以把依次进行的工作改成平行或互相搭接，以及分成几个施工段进行流水施工。

5. 工作持续时间调整

本法是采取措施缩短某些工作的持续时间，以保证按计划工期完成项目。这些被压缩持续时间的工作应是位于关键线路和超过计划工期的非关键线路上的工作。

6. 资源投入调整

资源调整应在资源供应发生异常时进行。所谓发生异常，即因供应满足不了需要(中断或强度降低)，影响到计划工期的实现。资源调整的前提是保证工期或使工期适当，故应进行工期固定资源有限或资源强度降低工期适当的优化，使其对工期影响最小。

第 7 章　工程施工网络计划

7.1　工程施工网络计划的表示方法

在建筑业中，网络计划是表示时间进度计划的一种较好的形式，用网络计划可以编制建筑设计、结构设计与施工组织设计的进度计划，可以仿制建筑群、单幢建筑和构筑物的设计、施工的进度计划，它能明确表示出各工作之间的逻辑关系，把计划变成一个有机整体，成为整体组织与管理工作的中心之一。

7.1.1　工程施工网络计划的分类

为适应不同用途的需要，建筑施工网络计划的内容和形式可按多种形式分类：

1. 按应用范围分

网络计划按应用范围的大小，可分为局部网络计划、单位工程网络计划和总网络计划。

局部网络计划是按建筑物或构筑物的一部分或某一施工阶段编制的分部工程（或分项工程）网络计划。例如可以按基础、结构、装修等不同的施工阶段编制，也可以按土建、设备安装等不同的专业工程分别编制。

单位工程网络计划是按单位工程（一个建筑物或构筑物）编制的网络计划，例如，某办公楼施工网络计划图。

总网络计划是对一个新建项目或民用建筑群编制的施工网络计划

以上三种网络计划是具体指导施工的文件。对于复杂的，节点总数在 200 以下的工程对象或者对应用大量标准设计的工作对象，通常可以编制一张较详细的单位工程网络计划；对于复杂的，协作单位较多的群体工程，则可根据需要分别编制三种不同的网络计划。

2. 按详细程度分

网络计划按内容的详细程度可分为简图和详图。

简图是用于讨论方案或供领导使用的计划（相当于控制进度），它把某些工作组合成较大的项目，从而把工艺上复杂的、工程量较大的工作项目及主要工种之间的逻辑关系简明表示出来。

详图是将工作划分详细并把所有工程详细反映到网络计划中而形成的，这种计划相当于实施进度，多在基层工地使用，以便直接指导施工。

3. 按复杂程度分

网络计划按复杂程度可分为简单网络计划和复杂网络计划。

简单网络计划通常是指施工项目的工作数量较少（一般在 500 以下），用徒手可以计算的网络计划。

复杂网络计划一般指工程项目的工作在 500 个以上的网络计划，需要应用计算机软件进行计算。

4. 按最终目标的多少分

按网络计划最终目标的多少可分为单目标网络计划和多目标网络计划。

单目标网络计划只有最终目标，也就是整个网络计划只有一个终点节点。例如建造一幢建筑物或有规定总工期的一群建筑物。

多目标网络计划是由多个独立的最终目标组成的网络计划。例如工业区中的建筑群，一个施工单位负责许多不同的工程等等。在多目标网络计划中，每个目标都有自己的关键线路，而目标之间又是互相有联系的。

5. 按时间表示方法分

按网络计划的时间表示方法可分为无时标的一般网络计划和时标网络计划。

无时标的网络计划，其工作的持续时间用数字注明，工作的持续时间与箭线的长短无关。

时标网络计划用箭线在时间横坐标上的投影长度表示工作的持续时间，因而可以将网络图上各工作的持续时间、开始时间和完成时间等参数直观地反映到时间坐标轴上。

7.1.2　工程施工网络计划的排列方法

为了使网络计划更条理化和形象化，在绘网络图时应根据不同的工程情况，不同的施工组织方法及使用要求等，灵活选用排列方法，以便简化层次，使各项工作之间在工艺上及组织上的逻辑关系准确清晰，便于施工组织者和施工人员掌握，也便于计算和调整。

1. 混合排列

这种排列方法可以使网络图形看起来对称美观，但在同一水平方向既有不同工种的工作，也有不同施工段的作业，如图 7.1.2-1 所示，一般用于画较简单的网络图。

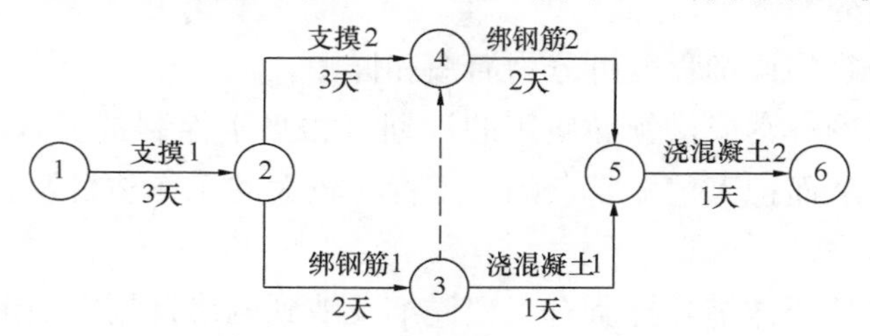

图 7.1.2-1　网络计划的混合排列

2. 按流水段排列

这种排列方法是把同一施工段的作业排在同一水平线上，能够反映出建筑工程分段施工的特点，突出表示工作面的利用情况，如图 7.1.2-2 所示，这是建筑工地习惯使用的一种表达方式。

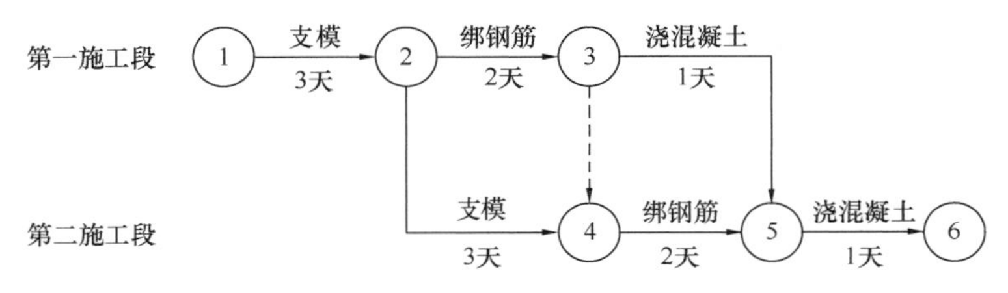

图 7.1.2-2 按流水段排列的网络计划

3. 按工种排列

这种排列方法是把相同工种的工作排在同一条水平线上，能够突出不同工种的工作情况，如图 7.1.2-3 所示，是建筑工地常用的一种表达方式。

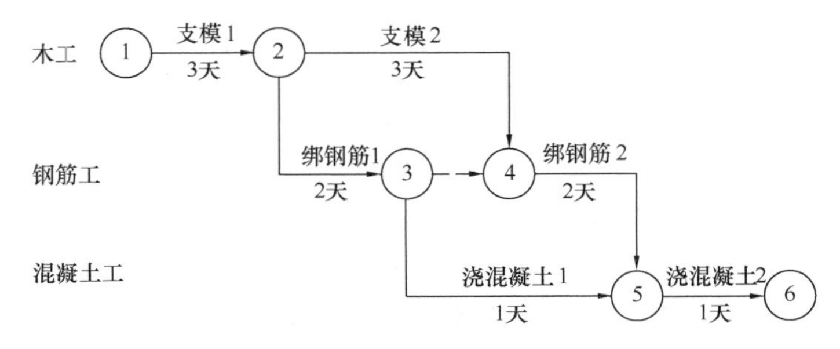

图 7.1.2-3 按工种排列的网络计划

4. 按楼层排列

图 7.1.2-4 是一个一般内装修工程的三项工作按楼层由上到下进行的施工网络计划。在分段施工中，当若干项工作沿着建筑物的楼层展开时，其网络计划一般都可以按楼层排列。如图 7.1.2-4 所示。

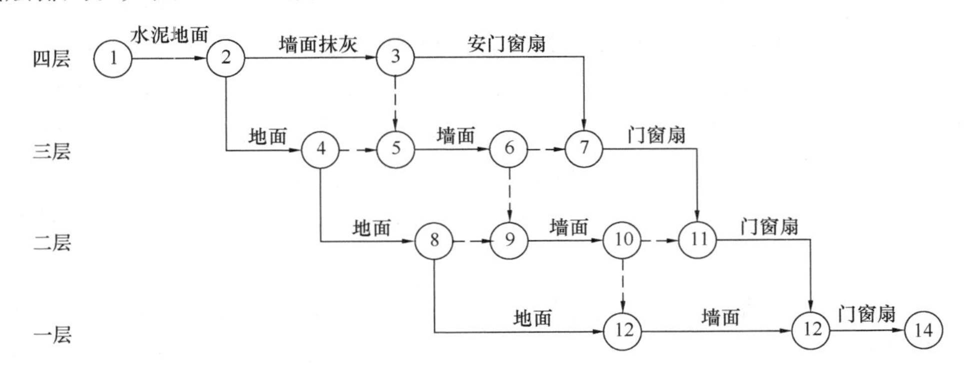

图 7.1.2-4 按楼层排列的网络计划

5. 按施工专业或单位排列

有许多施工单位参加完成一项单位工程的施工任务时，为了便于各施工单位对自己负责的部分有更直观的了解，而将网络计划按施工单位排列，如图 7.1.2-5 所示。

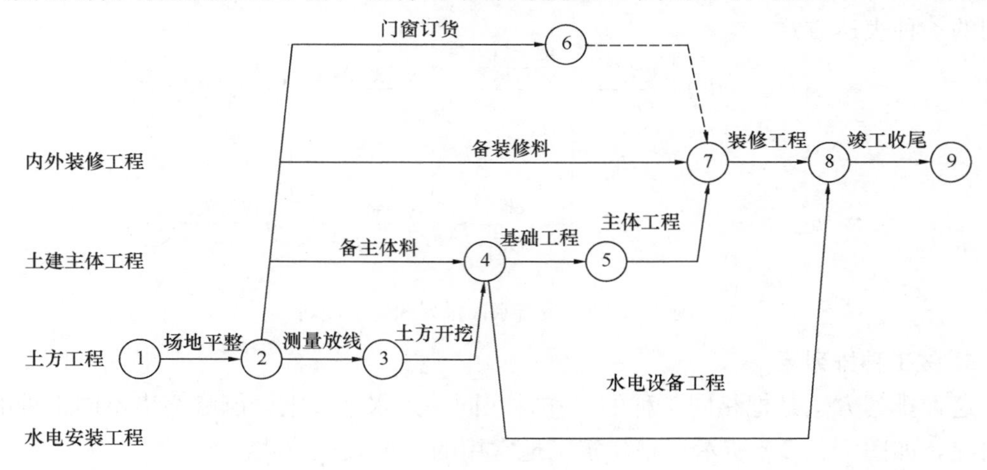

图 7.1.2-5　按施工专业/单位排列的网络计划

实际工作中，可以按需要灵活选用以上几种网络计划的一种排列方法，或把几种方法结合起来使用。

网络计划的图面布置很重要，给施工现场基层人员使用时，图面的布置很重要，必须把施工过程中的时间与空间的变化反映清楚，要针对不同的使用对象分别采取适宜的排列方法。有许多网络计划在逻辑关系上是正确的，但往往因为图面混乱，别人就不易看懂，因而也就很难起到应有的作用。

7.1.3　工作的组合与网络图的合并

1. 工作的组合

施工现场的网络计划，特别是现场管理人员要具体执行的网络计划，一般都画得比较详细，以便于指导施工。然而在另外场合，这种详细的网络计划却不一定适用。比如供讨论方案使用的网络计划或供各级领导机构使用的网络计划则没有必要十分详细，这就需要将网络计划进行简化，简化的方法就是将网络计划中的某些工作予以组合（合并）。例如可以将按分项工程绘制的网络计划分别组合成以基础、主体结构、装饰装修、设备安装等分部工程为基本单元（箭线）的网络计划，也可以按施工楼层，甚至以每幢建筑物为一个基本单元来组合，使网络计划中的箭线减少。至于组合简化的程度应根据不同的使用要求来决定。

图 7.1.3-1（*a*）所示为某宾馆标准间室内装饰施工的网络计划，可以将其中一些工作组合简化为图 7.1.3-1（*b*）的形式。图 7.1.3-1（*b*）中，工作 11－16 是由图 7.1.3-1（*a*）中的 6 项工作（包括虚工作）组合而成的。工作 11－16 的持续时间按原图中最长线路的长度计算。

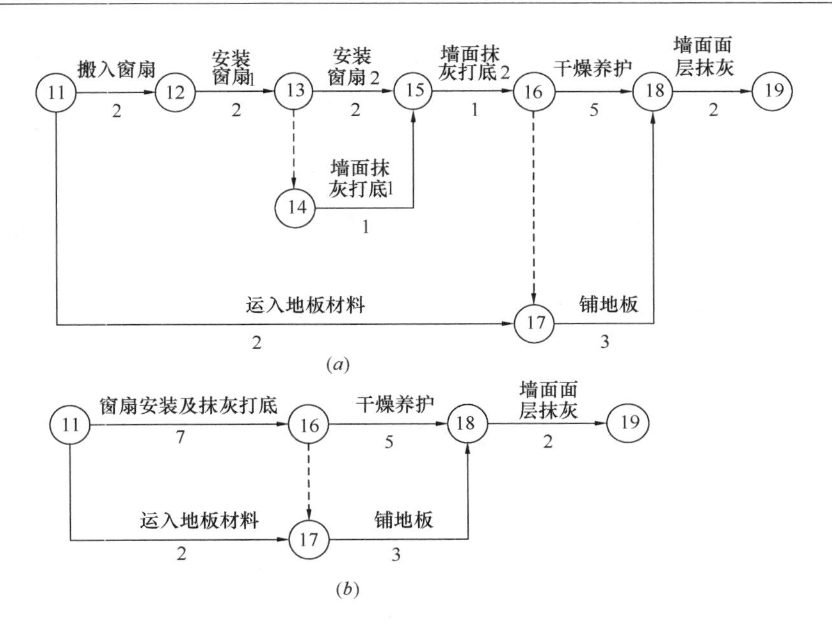

图 7.1.3-1　工作组合示例一

（a）组合前；（b）组合后

如果再进一步简化，图 7.1.3-1（b）也可以画成图 7.1.3-2（a）或（b）形式。

又如图 7.1.3-3 所示，我们可以经过工作组合把（a）改变为（b）。但是否可以进一步将整个图 7.1.3-3（a）的所有工作像上例那样组合成为一项工作呢？答案是不可以的，因为图 7.1.3-3（a）中节点③、④两个节点与网络计划的其他节点有联系。因此在组合时必须保留这两个节点，以便组合后与总网络计划相连时仍能保持正确的逻辑关系。故该网络计划只能简化成图 7.1.3-3（b）所示的形式。

2. 并图（网络图的连接）

绘制一个较复杂的工程网络计划时，往往可先将其划分成若干相对独立的部分，然后绘制各部分独立的网络计划，最后再将它们合并

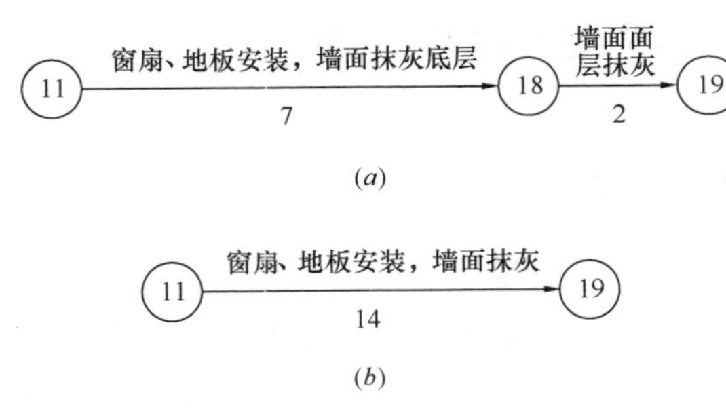

图 7.1.3-2　网络计划的进一步组合

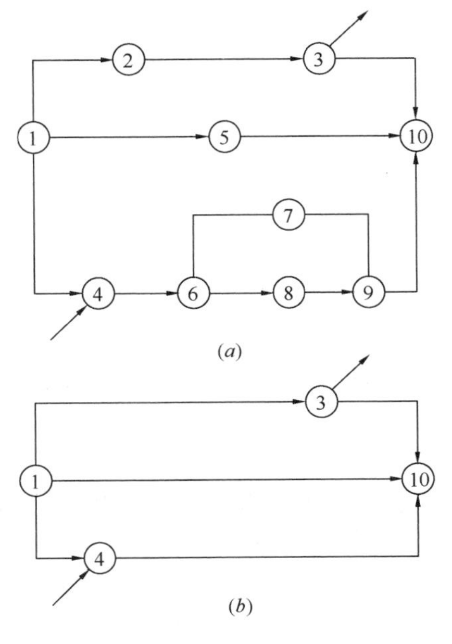

图 7.1.3-3　工作组合示例二

（a）组合前；（b）组合后

在一起。例如在民用建筑中，先分别绘制基础、主体结构、装饰装修、水电设备安装等分部工程网络计划，然后再把分部工程网络计划连接起来合并成一个总网络计划，这就是网络图的合并。

图7.1.3-4是由基础、主体和装饰装修三部分的网络图连接而成的，这种连接是根据实际工艺条件和组织关系进行的。并图时必须注意它们之间的逻辑关系的正确性。

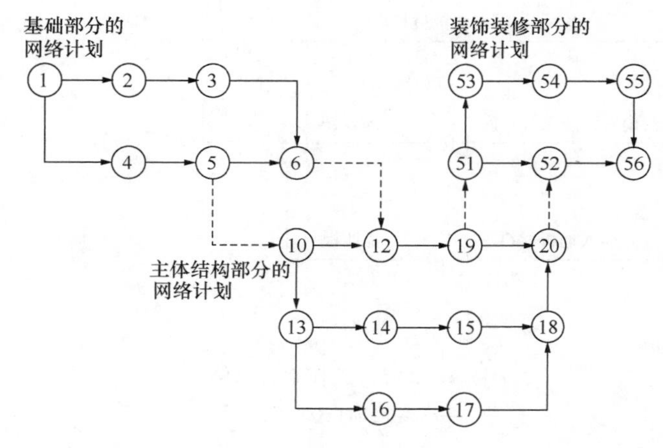

图7.1.3-4　并图

3. 组合与合并的结合使用

工作的组合与网络图的合并可以结合起来运用（图7.1.3-5）。

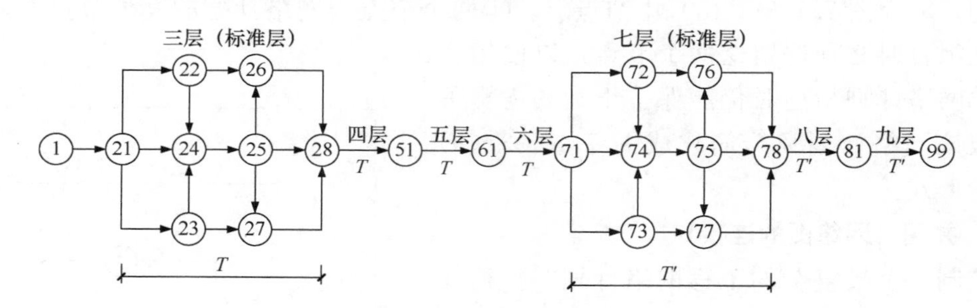

图7.1.3-5　工作组合与并图结合使用

7.2　单体（位）工程施工网络计划

7.2.1　单体（位）工程施工网络计划的概念与作用

单体工程是指一个独立的建筑物或构筑物。一般说来，一个单体工程就是一个单位工程，它具有独立的设计文件，竣工后可以独立发挥设计所规定的效益。有时一个单体工程包含着不同性质的工程内容，则可根据能否独立施工的要求，划分为若干个单位工程。一座工厂，一个建筑群，都是由许多单体工程所组成的。

因此，单体工程施工网络计划，就应该是以单体工程为对象而编制的，能够在从开工到竣工投产的整个施工过程中指导施工的网络计划。

单体工程施工网络计划的应用是非常普遍的。凡应用网络计划组织施工的工程，都必须编制单体工程施工网络计划，这是因为单体工程是各种工程的组成实体，一个建筑群，一座工厂，一所学校，一栋住宅，一个车间等等，无不包含着若干个或本身就是一个单体工程。有时我们可能要编制分部工程的施工网络计划，但它是在单体工程施工网络计划的控制下，作为单体工程整体的一个组成部分而存在的，月度，季度及年度的网络计划，都必须反映单体工程计划并以它为基础进行编制。

小的单体工程网络计划，即可作为一个具体指导施工的网络计划；较大的单体工程，往往先编制控制性的网络计划，并在它的控制下编制单位工程或分部的工程网络计划以具体指导施工。无论在哪种情况下，单体工程网络计划都必须具有作业性。不能仅编制纯控制性的单体工程施工网络计划，而使施工缺乏具体指导。所谓作业性即是要求能够用以指导施工队组进行作业，在组织关系和工艺关系上都要有明确的反映，所以单体工程施工网络计划又是一种作业性的网络计划。

单体工程施工网络计划应作为单体工程施工组织设计的一个组成部分，离开施工组织设计去编制单体工程网络计划将使计划缺乏根据而失去指导施工的作用。当然，单体工程网络计划也可以对施工方案、施工总平面图设计、资源计划的编制起反馈作用，能为设计提供必要的信息。因此，在编制施工组织设计时很好地利用网络计划，是改进组织设计，提高施工组织设计水平的一个重要途径。

7.2.2　工程施工网络计划的两种逻辑关系

网络计划的逻辑关系，即是网络计划中所表示的各工作在进行施工时客观上存在的先后顺序关系。这种关系可归纳为两大类，一类是工艺上的关系，称作工艺关系；一类是组织上的关系，因此，我们在编制网络计划时，只要把握住这两种逻辑关系，在网络计划上予以恰当的表达，就可以编制出正确实用的网络计划。

1. 工艺关系

工艺关系，是由施工工艺所决定的各工作之间的先后顺序关系，这种关系，是受客观规律支配的，一般是不可改变的。一个单体工程，当它的施工方法被确定之后，工艺关系也就随之被决定下来。如果违背这种关系，将不可能进行施工，或会造成质量、安全事故，导致返工和浪费。

工艺关系的客观性可以用图 7.2.2-1 所示的工程为例来说明。图 7.2.2-1 所示是某管道铺设工程的施工网络计划，其中 5 项工作的先后关系纯粹是由工艺要求决定的。很明显，这种顺序是绝对不能改变的。例如，如果不做完铺管工作，回填土工作决不能进行。

从工艺关系的角度讲，有时会发生技术创新，如干燥、养护等，它们也要占用时间，实际上也是施工过程中必不可少的一项“工作”，在网络图上必须表达清楚。否

图 7.2.2-1　某管道铺设工程的工艺关系

则，按照习惯看似乎没有问题，但是在逻辑关系上则是错误的，用以指导施工会导致失误。

工艺关系虽是客观的，但也是有条件的，条件不同，工艺关系也不会一样，所以，不能将一种工艺关系套在工程性质、施工方法不相同的另一种工程上。例如图 7.2.2-2 所示的基础工程，(*a*) 是没有地下室的基础工程施工工艺关系图，(*b*) 是有地下室的基础工程施工工艺关系图。

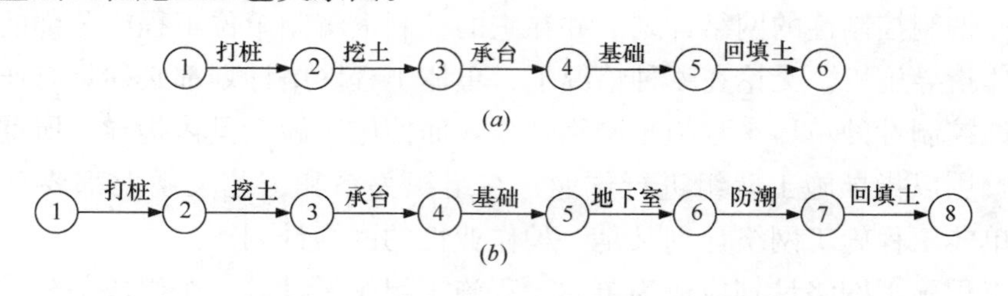

图 7.2.2-2　基础工程工艺关系示例

2. 组织关系

组织关系，是在施工过程中，由于劳动力、机械、材料和构件等资源的组织与安排需要而形成的各工作之间的先后顺序关系。这种关系不是由工程本身决定的，而是人为的。组织方式不同，组织关系也不同，所以它不是一成不变的。但是，不同的组织安排往往产生不同的经济效果。所以组织关系不但可以调整，而且应该优化，这是由组织管理水平决定的，应该按组织规律办事。

图 7.2.2-3 所示是某砖混结构工程砌砖的先后顺序。

图 7.2.2-3　某砖混结构工程砌砖的组织关系示例

严格讲来，砌暖沟与砌基础，女儿墙砖与隔墙砖等都不是非要这样安排不可的，是可以按另外的顺序安排的；一层砖与二层砖，二层砖与三层砖之间本来还有其他工作，但是在一个单体工程中，却往往把它们联系到一起了。这是为了表示瓦工的流水而人为安排的。在单体工程的网络计划中必须表示出主要工种的流水施工或转移顺序。

综上所述，一个单体工程的两种逻辑关系虽同时出现，但性质完全不同，可以分别进行安排。于是就出现了工艺网络和组织网络。将两种网络合并在一起才可以构成单体工程的施工网络计划。图 7.2.2-6 所示的某下水管道工程施工网络计划，就是由图 7.2.2-4 的工艺网络和图 7.2.2-5 的组织网络合并而成的。

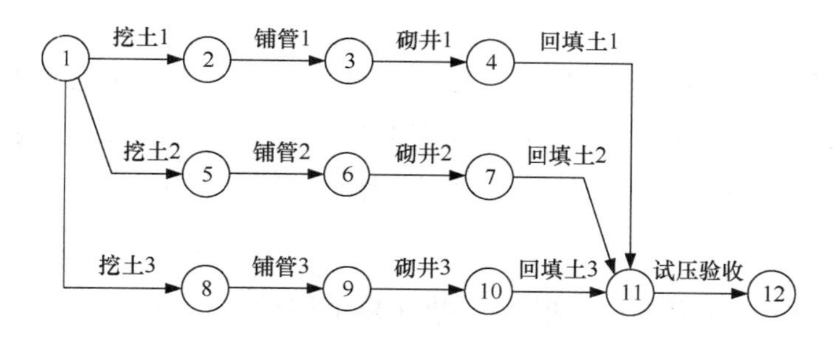

图 7.2.2-4 某下水管道工程施工工艺网络计划

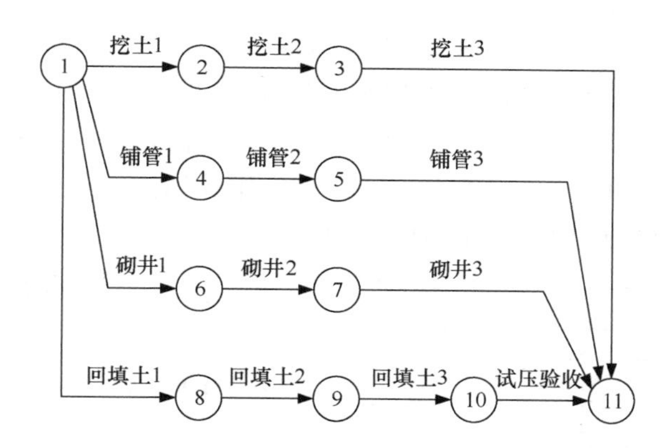

图 7.2.2-5 某下水管道工程施工组织网络计划

需要指出的是，在单代号网络计划中可以用箭线很明确地表示出两种逻辑关系，而在双代号网络计划中前面工作两种联系的表达就显得比较复杂。将图 7.2.2-6 与图 7.2.2-7 比较一下就可以明确这一点。

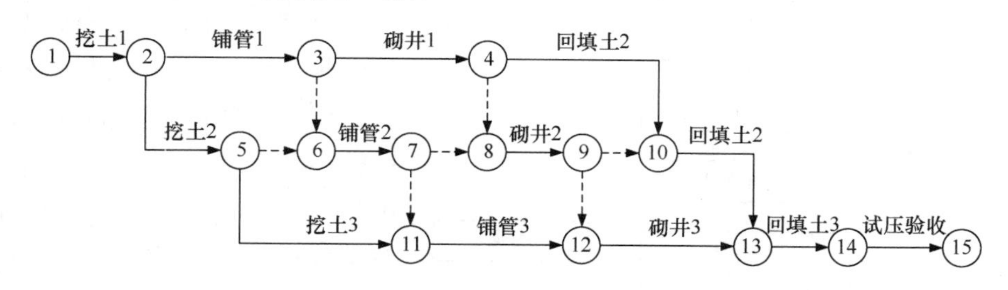

图 7.2.2-6 某下水管道工程施工双代号网络计划

正确理解单体工程网络计划的这两种逻辑关系有以下好处：

（1）在编制网络计划前，可以将各工作之间的关系全部分析清楚而明确相互之间的逻辑关系。

（2）编制网络计划图可以按照已确定的逻辑关系将全部工作表达清楚，不致发

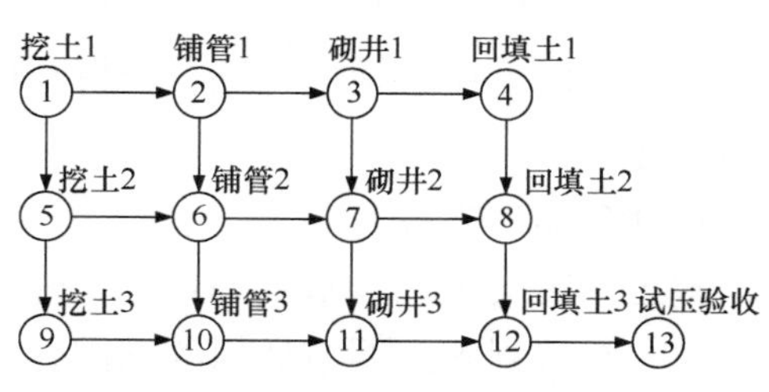

图 7.2.2-7 某下水管道工程施工单代号网络计划

生遗漏或混乱。

（3）当情况发生变化而须对网络计划进行调整时，一般变化的是组织关系，而工艺关系一般不会变动，因而只要调整组织关系就可以了。如果施工方案或工艺关系或工程本身发生重大变化，此时对网络计划就不能只作简单调整，而是要重新进行编制了。

7.2.3　单体（位）工程施工网络计划的编制程序

单项（位）工程施工网络计划是以一个建筑物、构筑物或其一个单位工程为对象进行编制。编制单体（位）工程施工网络计划，有它自身的规律，编制程序来自工程管理过程的客观要求。单体（位）工程施工网络进度计划是在既定施工方案的基础上，根据规定的工期和各种资源供应条件，对单体（位）工程中的各分部分项工程的施工顺序、施工起止时间及衔接关系进行合理安排计划。

单体工程施工网络计划的编制程序如图7.2.3所示。

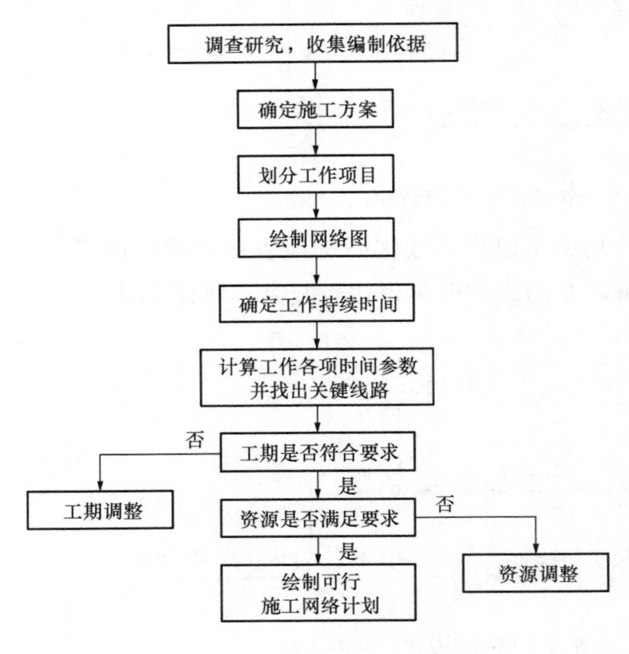

图7.2.3　施工网络计划编制程序

1. 调查研究，收集编制依据

调查研究是编制工程施工网络计划的第一步，其目的是了解和分析单体（位）工程的构成与特点以及施工时的客观条件，掌握编制网络计划的必要资料，并对计划执行过程中可能出现的问题作出预测，保证计划的编制质量。

调查研究的内容一般包括：工程的施工图纸，施工机械设备、材料、构件等物质资源的供应，交通运输条件，人力供应，技术力量，组织水平，水文、地质条件，季节、气候等自然条件，场地情况，水、电源及可能的供应量等等。对调查得到的资料和单体（位）工程本身的内部联系还必须进行综合分析与研究，掌握其内在的相互关系，了解其发展变化的规律性。

2. 确定施工方案

施工方案决定工程施工的顺序、施工方法、资源供应方式、主要指标控制量等基本要求，是编制施工网络计划的基础。

施工方案包括组织机构方案（各职能机构的构成、各自职责、相互关系等）、人员组成方案（项目负责人、各机构负责人、各专业负责人等）、技术方案（进度安排、关键技术预案、重大施工步骤预案等）、安全方案（安全总体要求、施工危险因素分析、安全措施、重大施工步骤安全预案等）、材料供应方案［材料供应流程、交接检验流程、临时（急发）材料采购流程等］，此外，根据工程项目大小还有现场保卫方案、后勤保障方案等等。施工方案是根据工程项目确定的，有些项目简单、工期短就不需要制订复杂的施工方案。

确定施工方案时应考虑编制施工网络计划的基本要求，如在工艺上符合施工技术要求，符合目前的技术水平和施工操作习惯，能够保证工程质量；在组织上切合工地实际情况，有利于提高施工效率、缩短工期和降低成本。

3. 划分工作项目

工作项目是包括一定工作内容的施工过程，它是施工网络进度计划的基本组成单元。工作项目内容的多少，划分的粗细程度，应该根据计划的需要来确定。对于大型建设工程，经常需要编制控制性施工进度计划，此时工作项目可以划分得粗一些，一般只明确到分部工程即可。例如，在装配式单层厂房施工的控制性进度计划中，只列出土方工程、基础工程、预制工程、安装工程等分部工程项目。如果编制实施性施工进度计划，工作项目就应划分得细一些。在一般情况下，单位工程施工进度计划中的工作项目应明确到分项工程或更具体，以满足指导施工作业、控制施工进度的要求。例如，在装配式单层厂房施工的实施性进度计划中，应将基础工程进一步划分为挖基础土方、做垫层、浇筑混凝土基础、回填土等分项工程。

由于单位工程中的工作项目较多，应在熟悉施工图纸的基础上，根据建筑结构特点及已经确定的施工方案，按施工顺序逐项列出，以防止漏项或重项。凡是与工程对象施工直接有关的内容均应列入计划，而不属于直接施工的辅助性项目和服务性项目则不必列入。

另外，有些分项工程在施工顺序上和时间安排上是可以相互穿插进行的，或者是由同一个专业施工队完成的，为了简化进度简化的内容，应尽量将这些项目合并，以突出重点。

4. 确定施工顺序

确定施工顺序是为了按照施工的技术规律和合理的组织关系，解决各工作项目之间在时间上的先后和搭接问题，以达到保证质量、安全施工、充分利用空间、争取时间、实现合理安排工期的目的。

一般说来，施工顺序受施工工艺和施工组织两方面的制约。当施工方案确定之后，工作项目之间的工艺关系也就随之确定。如果违背这种关系，将不可能施工，或者导致工程质量事故和安全事故的出现，或者造成返工浪费。

工作项目之间的组织关系是由于劳动力、施工机械、材料和构配件等资源的组织和安排需要而形成的。它不是由工程本身决定的，而是一种人为的关系。组织方式不同，组织关系也就不同。不同的组织关系会产生不同的经济效果，应通过调整组织关系，并将工艺关系和组织关系有机地结合起来，形成工作项目之间的合理顺序关系。

不同的工程项目，其施工顺序不同。即使是同一类工程项目，其施工顺序也难以做到完全相同。因此，在确定施工顺序时，必须根据工程的特点、技术组织要求以及施工方案等进行研究，不能拘泥于某种固定的顺序。

5. 计算工程量

工程量的计算应根据施工图和工程量计算规则，针对所划分的每一个工作项目进行。当编制施工进度计划时已有预算文件，且工作项目的划分与施工进度计划一致时，可以直接套用施工预算的工程量，不必重新计算。若某些项目有出入，但出入不大时，应结合工程的实际情况进行某些必要的调整。计算工程量时应注意以下问题：

（1）工程量的计算单位应与现行定额手册中所规定的计量单位相一致，以便计算劳动力、材料和机械数量时直接套用定额，而不必进行换算。

（2）要结合具体的施工方法和安全技术要求计算工程量。例如计算柱基土方工程量时，应根据所采用的施工方法（单独基坑开挖、基槽开挖还是大开挖）和边坡稳定要求（放边坡还是加支撑）进行计算。

（3）应结合施工组织的要求，按已划分的施工段分层分段进行计算。

6. 计算劳动量和机械台班数

当某工作项目是由若干个分项工程合并而成时，则应分别根据各分项工程的时间定额（或产量定额）及工程量，按公式（7.2.3-1）计算出合并后的综合时间定额（或综合产量定额）。

$$H=\frac{Q_1H_1+Q_2H_2+\cdots+Q_iH_i+\cdots+Q_nH_n}{Q_1+Q_2+\cdots+Q_i+\cdots+Q_n} \tag{7.2.3-1}$$

式中：H——综合时间定额（工日/m^3，工日/m^2，工日/t，……）；

Q_i——工作项目中第 i 个分项工程的工程量；

H_i——工作项目中第 i 个分项工程的时间定额。

根据工作项目的工程量和所采用的定额，即可按公式（7.2.3-2）或公式（7.2.3-3）计算出各工作项目所需要的劳动量和机械台班数。

$$P=Q\cdot H \tag{7.2.3-2}$$

$$P=\frac{Q}{S} \tag{7.2.3-3}$$

式中：P——工作项目所需要的劳动量（工日）或机械台班数（台班）；

Q——工作项目的工程量（m^3，m^2，t，……）；

S——工作项目所采用的人工产量定额（m^3/工日，m^2/工日，t/工日，……）或机械台班产量定额（m^3/台班，m^2/台班，t/台班，……）。

由于水暖电卫等工程通常由专业施工单位施工，因此，在编制施工进度计划时，不计算其劳动量和机械台班数，仅安排其与土建施工相配合的进度。

7. 绘制施工网络图

根据施工方案，施工过程划分和工作之间逻辑关系的分析，就可以编制网络图。编制工程施工网络图的目的，在于构造一个网络计划图模型，供计算和调整使用，以便最终编制出正式的网络计划。

单位工程施工网络图可以先按分部工程分别编制，然后将各分部工程的网络计划连接起来。对于多层或高层住宅也可以先编出标准层的网络图，然后再把它们连接起来。编制网络图，要求编制人员对工程对象非常熟悉，掌握网络图的画法。将整个工程用网络图正确地表达出来，填上各工序的持续时间，则完整的网络计划初始方案就形成了。

8. 确定工作的持续时间

工作的持续时间是一项工作从施工开始到完成所需的作业时间。它是对网络计划进行计算的基础。

工作持续时间最好是按正常情况确定，待编出初始计划并经过计算再结合实际情况作必要的调整，这样可以避免盲目抢工造成浪费。当然，按照实际施工条件来估算工作的持续时间是较为简便的办法，现在一般也多采用这种办法，具体计算法有以下两种。

一是“经验估计法”，即根据过去的施工经验进行估计。这种方法多适用于采用新工艺、新方法、新材料等而无定额可循的工程。在经验估计法中，有时为了提高其准确程度，往往采用“三时估计法”，即先估计出该工作的最长、最短和最可能的三种持续时间，然后据以求出期望的持续时间作为该工作的持续时间。

二是“定额计算法”，这也是最普遍的方法。具体计算过程如下：

根据工作项目所需要的劳动量或机械台班数，以及该工作项目每天安排的工人数或配备的机械台数，即可按公式（7.2.3-4）计算出各工作项目的持续时间。

$$D = \frac{P}{R \cdot B} \tag{7.2.3-4}$$

式中：D——完成工作项目所需要的时间，即持续时间（d）；

R——每班安排的工人数或施工机械台数；

B——每天工作班数。

在安排每班工人数和机械台数时，应综合考虑以下问题：

（1）要保证各个工作项目上工人班组中每一个工人拥有足够的工作面（不能少于最小工作面），以发挥高效率并保证施工安全。

（2）要使各个工作项目上的工人数量不低于正常施工时所必需的最低限度（不能小于最小劳动组合），以达到最高的劳动生产率。

由此可见，最小工作面限定了每班安排人数的上限，而最小劳动组合限定了每班安排人数的下限。对于施工机械台数的确定也是如此。

每天的工作班数应根据工作项目施工的技术要求和组织要求来确定。例如浇筑大体积混凝土，要求不留施工缝连续浇筑时，就必须根据混凝土工程量决定采用双班制或三班制。

以上是根据安排的工人数和配备的机械台班数来确定工作项目的持续时间。但有时根据组织要求（如组织流水施工时），需要采用倒排的方式来安排进度，即先确定各工作项目的持续时间，然后以此来确定所需要的工人数和机械台数。此时，需要把公式（7.2.3-4）变换成公式（7.2.3-5）。利用该公式即可确定各工作项目所需要的工人数和机械台数。

$$R=\frac{P}{D\cdot B} \tag{7.2.3-5}$$

如果根据上式求得的工人数或机械台数已超过承包单位现有的人力、物力，除了寻求其他途径增加人力、物力外，承包单位应从技术上和施工组织上采取积极措施加以解决。

9. 计算工作各项时间参数并找出关键线路

计算时间参数的目的，是从时间安排的角度去考察网络计划的初始方案是否合乎要求，以便对网络计划进行调整。

网络计划的时间参数一般包括工作的最早和最迟开始时间，总工期、总时差、自由时差等。关键线路须标明在图上，以利分析与应用。

10. 对网络计划进行审查和调整

对网络计划的初始方案进行审查，是要确定它是否符合工期要求与资源限制条件。

首先要分析网络计划的总工期是否超过规定的要求，如果超过，就要调整关键工作的持续时间，使总工期符合要求。

其次要对资源需要量进行审查，检查劳动力和物资的供应是否能够满足计划的要求，如不符合要求，就要进行调整，以使计划切实可行。

11. 绘制可行的施工网络计划

网络计划初始方案通过调整，就成为一个可行的计划，可以把它绘制成正式的网络计划，这样的网络计划还不是最优的网络计划。要得到一个令人满意的网络计划，还必须进行优化。

正式的网络计划还必须有必要的编制说明。

7.2.4　工程施工网络计划实例

【例 7-1】某四层住宅建筑的施工网络计划，如图 7.2.4-1 所示。

【例 7-2】某现浇框架结构工程标准层施工网络计划，如图 7.2.4-2 所示。

【例 7-3】某装配式钢筋混凝土单层工业厂房施工网络计划，如图 7.2.4-3 所示。

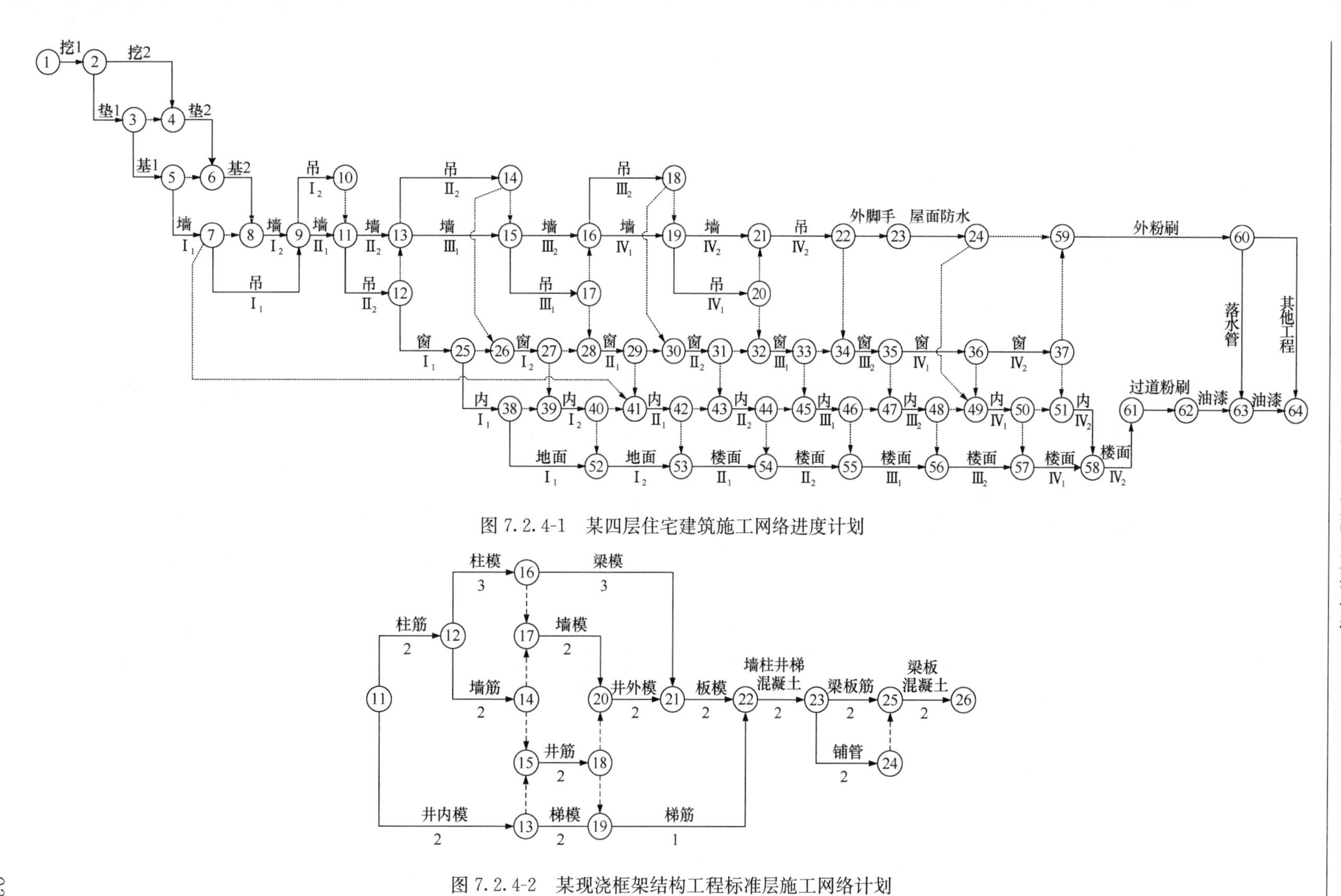

图 7.2.4-1 某四层住宅建筑施工网络进度计划

图 7.2.4-2 某现浇框架结构工程标准层施工网络计划

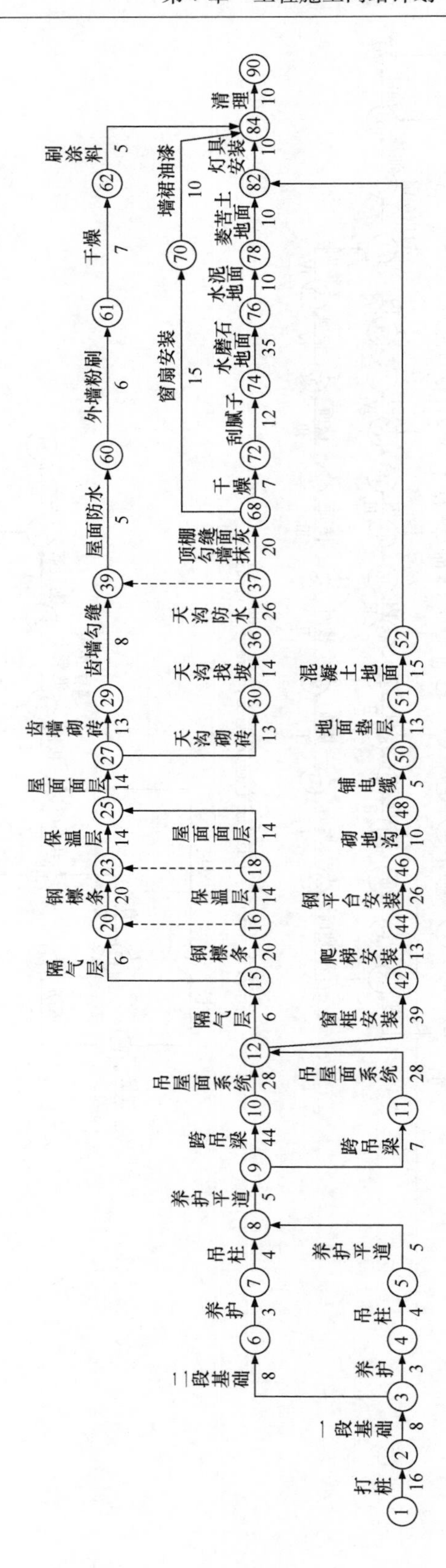

图 7.2.4-3　某装配式钢筋混凝土单层工业厂房施工网络计划

7.3　多级网络计划系统及应用

随着社会主义现代化建设的迅速发展，现代工业建筑，规模较大的民用建筑工程日益增多，特别是国家重点工业建设项目和相应配套的住宅小区项目，规模十分庞大。如钢铁、煤灰、石油化工和水利建设工程，成街、成片的建筑和新兴城市的建设，建筑面积往往达几十万 m^2 甚至上百万 m^2。如何加快这些工程的建设速度，缩短施工周期，提高总体建设经济效果，是当前国民经济建设中极为重要的课题。

网络计划法作为一种科学的计划方法与管理方法，不仅可用于单体工程，将它应用于规模庞大的工业与民用建筑群体工程上进行总体的大统筹，更能充分地发挥它本身特有的优越性。事实证明，许多大型群体工程，如引滦入津工程、一些新建的高级旅游工程等，利用了网络计划，不仅达到了缩短工期，提高劳动生产率的目的，而且取得了良好的整体经济效果。

7.3.1　多级网络计划系统的概念

所谓多级网络计划系统是指处于不同层级且相互有关联的若干网络计划所组成的系统。在该系统中，处于不同层级的网络计划既可以进行分解，成为若干独立的网络计划；又可以进行综合，形成一个多级网络计划系统。

图 7.3.1-1 所示是一个建设工程项目施工多级进度计划系统，这个计划系统有 4 个计划层次。

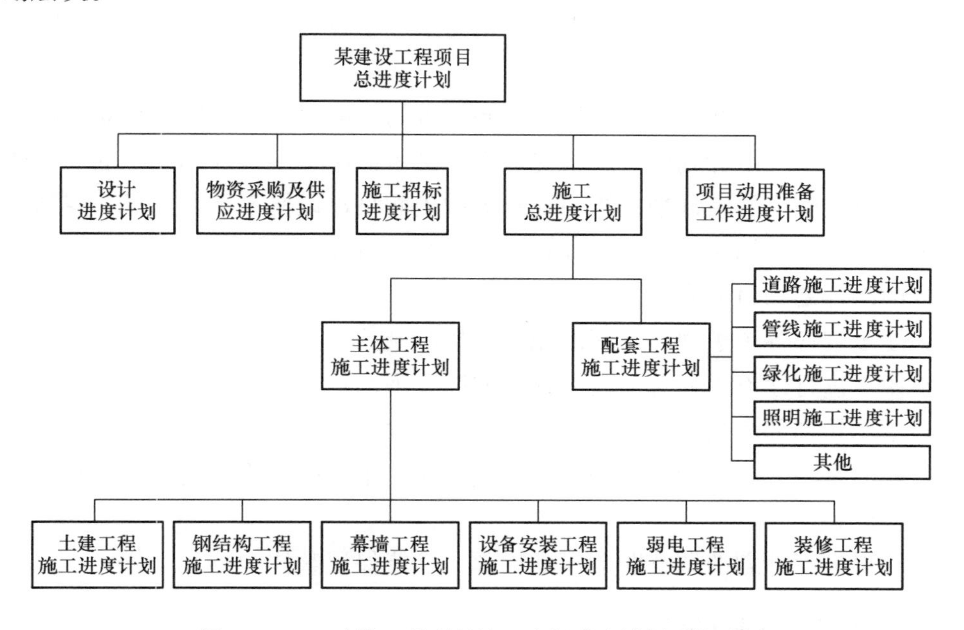

图 7.3.1-1　建设工程项目施工多级进度计划系统示例

图 7.3.1-2 所示是某市地铁 3# 线施工进度多级网络计划系统，区间隧道施工进

度网络计划、车站施工进度网络计划和车辆段施工进度网络计划等是整个 3# 线地铁工程施工总进度网络计划的子网络，而各个区间隧道、各个车站的施工进度网络计划又分别是区间隧道施工进度网络计划和车站施工进度网络计划的子网络，……。这些网络计划既可以分解成独立的网络计划，又可以综合成一个多级网络计划系统。在建设工程实施过程中，项目管理人员可以根据工程管理的需要，对工程网络计划进行分解和综合。

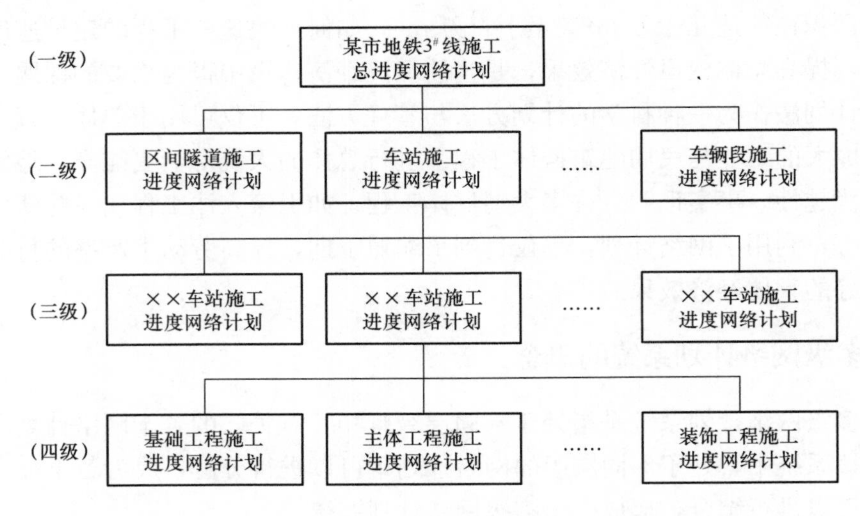

图 7.3.1-2　某市地铁 3# 线施工进度多级网络计划系统

分解网络计划的目的有：

（1）便于不同层级的进度控制人员将精力集中于各自负责的子项目上，明确职责分工；

（2）在进度计划实施过程中，处于不同层级的进度控制人员可以独立地检查和监督自己所负责的子网络计划的实施情况，而不必考虑整个网络计划系统的实施情况；

（3）可以在整个网络计划系统中找到关键子网络，以便于重点监督和控制；

（4）提高网络计划时间参数的计算速度，节约时间。

综合网络计划的目的有：

（1）便于掌握各个子网络之间的相互衔接和制约关系；

（2）便于进行建设工程总体进度计划的综合平衡；

（3）便于从局部和整体两个方面随时了解工程建设情况；

（4）能够及时分析子网络出现的进度偏差对各个不同层级进度分目标及进度总目标的影响程度；

（5）使得进度计划的调整既能考虑局部，又能保证整体。

7.3.2　多级网络计划的特点

多级网络计划系统除具有一般网络计划的功能和特点外，还有以下特点：

（1）多级网络计划系统应分阶段逐步深化，其编制过程是一个由浅入深、从顶层到底层、由粗到细的过程，并且贯穿于该实施计划系统的始终。例如：如果多级网络计划系统是针对工程项目建设总进度计划而言的，由于工程设计及施工尚未开始，许多子项目还未形成，这时不可能编制出某个子项目在施工阶段的实施性进度计划。即使是针对施工总进度计划的多级网络计划系统，在编制施工总进度计划时，也不可能同时编制单位工程或分部分项工程详细的实施计划。

（2）多级网络计划系统中的层级与建设工程规模、复杂程度及进度控制的需要有关。对于一个规模巨大、工艺技术复杂的建设工程，不可能仅用一个总进度计划来实施进度控制，需要进度控制人员根据建设工程的组成分级编制进度计划，并经综合后形成多级网络计划系统。一般来说，建设工程规模越大，其分解的层次越多，需要编制的进度计划（子网络）也就越多。例如在图 7.3.1-2 所示的某地铁工程施工进度多级网络计划系统中，根据地铁工程的组成结构，分四个层级编制网络计划。对于大型建设项目，从建设总体部署到分部分项工程施工，通常可分为六个层级编制不同的网络计划，如图 7.3.2 所示。

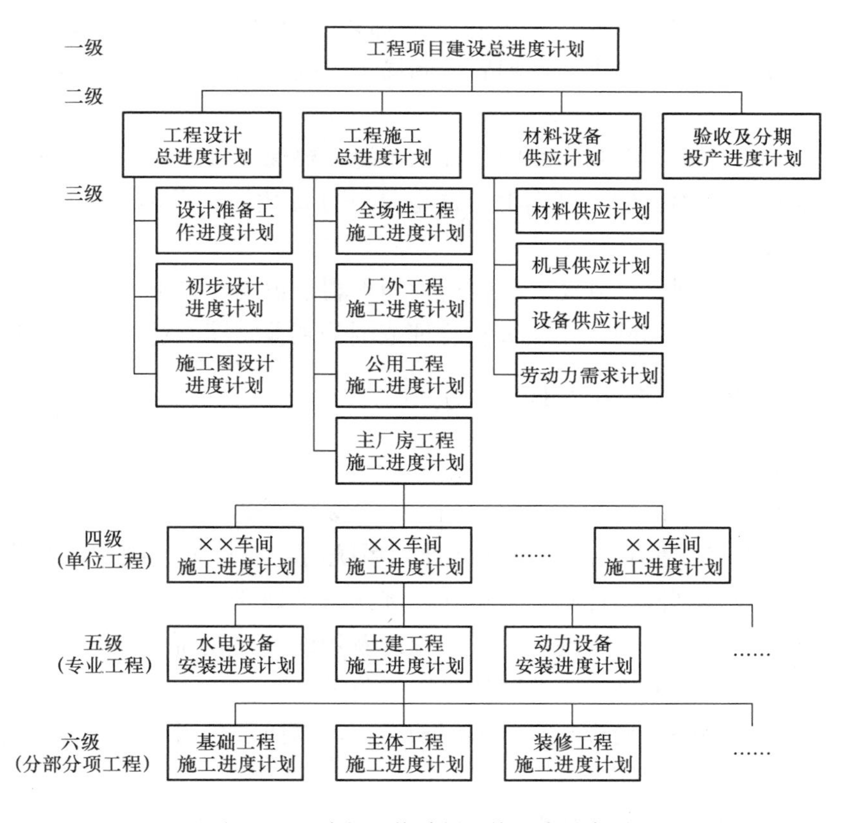

图 7.3.2　多级网络计划系统组成示意图

（3）在多级网络计划系统中，不同层级的网络计划，应该由不同层级的进度控制人员编制。总体网络计划由决策层人员编制，局部网络计划由管理层人员编制，而细部网络计划则由作业层管理人员编制。局部网络计划需要在总体网络计划的基础上编制，而细部网络计划需要在局部网络计划的基础上编制。反过来，又以细部保局部，以局部保全局。

（4）多级网络计划系统可以随时进行分解和综合。既可以将其分解成若干个独立的网络计划，又可在需要时将这些相互有关联的独立网络计划综合成一个多级网络计划系统。例如在图 7.3.1-2 所示的地铁工程施工进度多级网络计划系统中，业主可以将各个车站的施工任务分别发包给各个承包单位。在各施工合同中明确各个车站开竣工日期的前提下，各个承包单位可以在合同规定的工期范围内，根据自己的施工力量和条件自由安排网络计划。只有在需要时，才将各个子网络计划进行综合，形成多级网络计划系统。

7.3.3　多级网络计划系统的编制原则

根据多级网络计划系统的特点，编制时应遵循以下原则：

（1）整体优化原则。编制多级网络计划系统，必须从建设工程整体角度出发，进行全面分析，统筹安排。有些计划安排从局部看是合理的，但在整体上并不一定合理。因此，必须先编制总体进度计划后编制局部进度计划，以局部计划来保证总体优化目标的实现。

（2）连续均衡原则。编制多级网络计划系统，要保证实施建设工程所需资源的连续性和资源需用量的均衡性。事实上，这也是一种优化。资源能够连续均衡地使用，可以降低工程建设成本。

（3）简明适用原则。过分庞大的网络计划不利于识图，也不便于使用。应根据建设工程实际情况，按不同的管理层级和管理范围分别编制简明适用的网络计划。

7.3.4　多级网络计划系统的编制方法

1. 编制方法

多级网络计划系统的编制采用自顶向下、分级编制的方法。

（1）“自顶向下”是指编制多级网络计划系统时，应首先编制总体网络计划，然后在此基础上编制局部网络计划，最后在局部网络计划的基础上编制细部网络计划。

（2）分级的多少应视工程规模、复杂程度及组织管理的需要而定，可以是二级、三级，也可以是四级、五级。必要时还可以再分级。

（3）分级编制网络计划应与科学编码相结合，以便于利用计算机进行绘图、计算和管理。

2. 多级网络计划系统图示模型

多级网络计划系统的图示模型如图 7.3.4-1 所示，该系统含有二级网络计划。这些网络计划既相互独立，又存在关联。既可以分解成一个个独立的网络计划，又可以综合成一个多级网络计划系统。

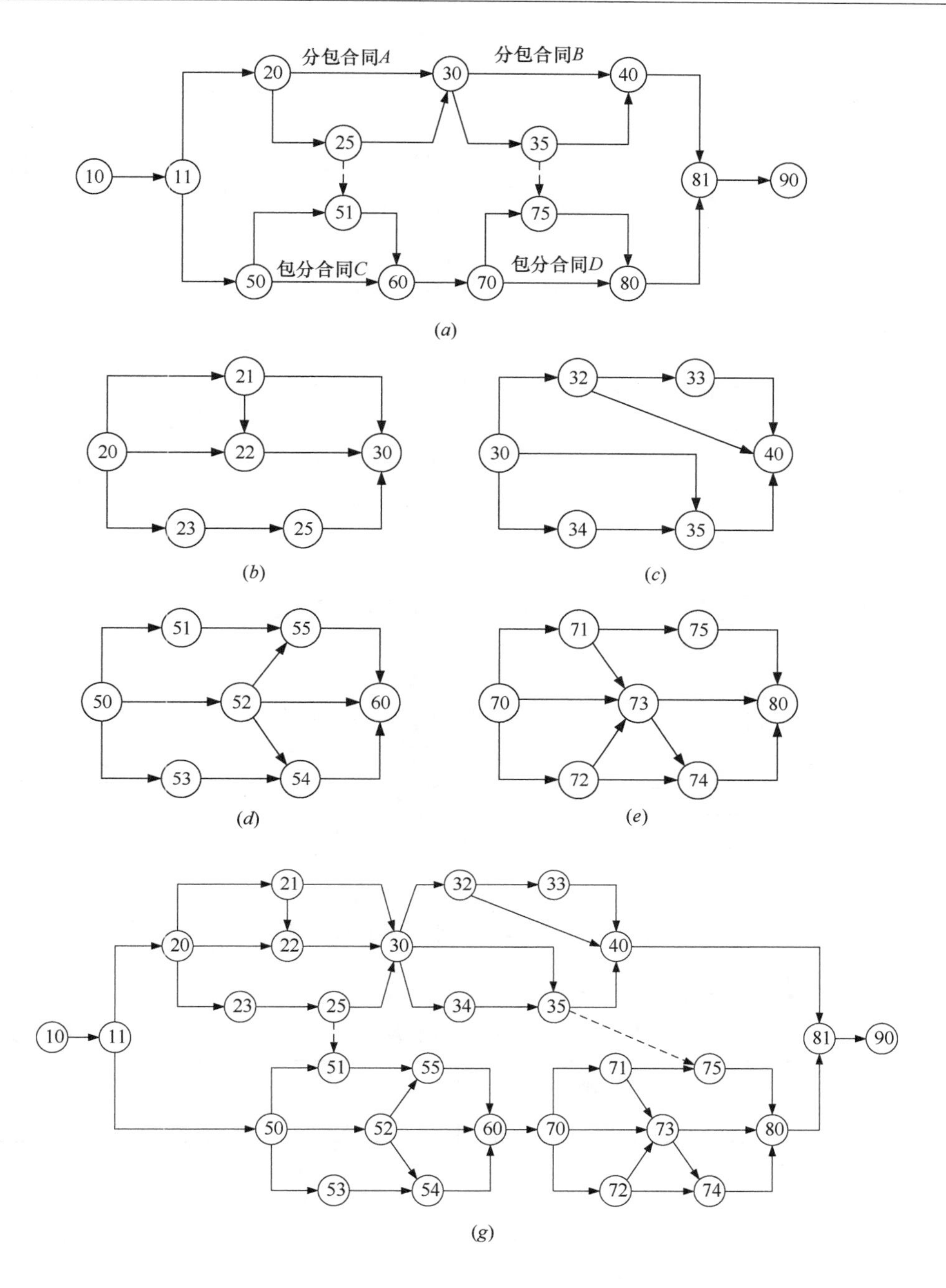

图 7.3.4-1　多级网络计划系统模型

(*a*) 总体网络计划；(*b*) 子网络计划 *A*；(*c*) 子网络计划 *B*；

(*d*) 子网络计划 *C*；(*e*) 子网络计划 *D*；(*g*) 综合网络计划

3. 多级网络计划示例——某住宅小区工程施工网络计划

(1) 工程概况

某住宅小区项目，总建筑面积 75900m²，其中住宅 29 栋 69080m²，公共配套工程 4 栋 6820m²，全面采用砖混结构形式，建筑层数为 5 层。总平面布置如图 7.3.4-2

所示。

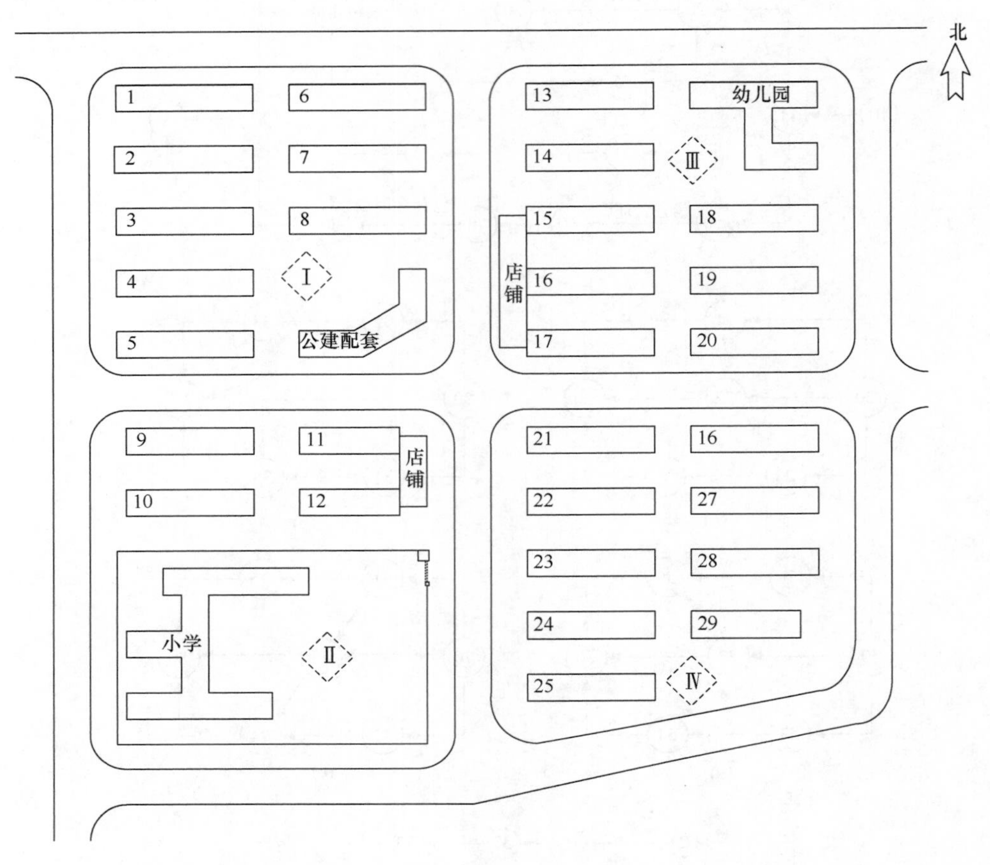

图 7.3.4-2 某住宅小区平面布置图

住宅小区面积如表 7.3.4 所示。

小区建筑面积表 表 7.3.4

类型 分区	住宅面积 (栋/m²)	公共建筑 (栋/m²)	小 计 (栋/m²)
Ⅰ 区	8/20480	1/2500	9/22980
Ⅱ 区	4/8920	2/2420	6/11340
Ⅲ 区	8/19200	1/1900	9/21100
Ⅳ 区	9/20480	—	9/20480
小 计	29/69080	4/6820	33/75900

根据小区开发商的开发建设进度安排，小区全部施工图纸出齐后在两年时间内将小区建成并交付使用。整个小区的施工划分为三个合同段：Ⅰ、Ⅱ区为第 1 合同包，Ⅲ、Ⅳ区为第 2 合同包，室外市政工程为第 3 合同包。

(2) 小区总施工进度网络计划（一级网络计划）编制

小区总施工进度网络计划由小区开发商委托的监理单位组织有关施工单位，根据开发商的开发建设进度要求和现场施工条件共同编制，如图 7.3.4-3 所示。

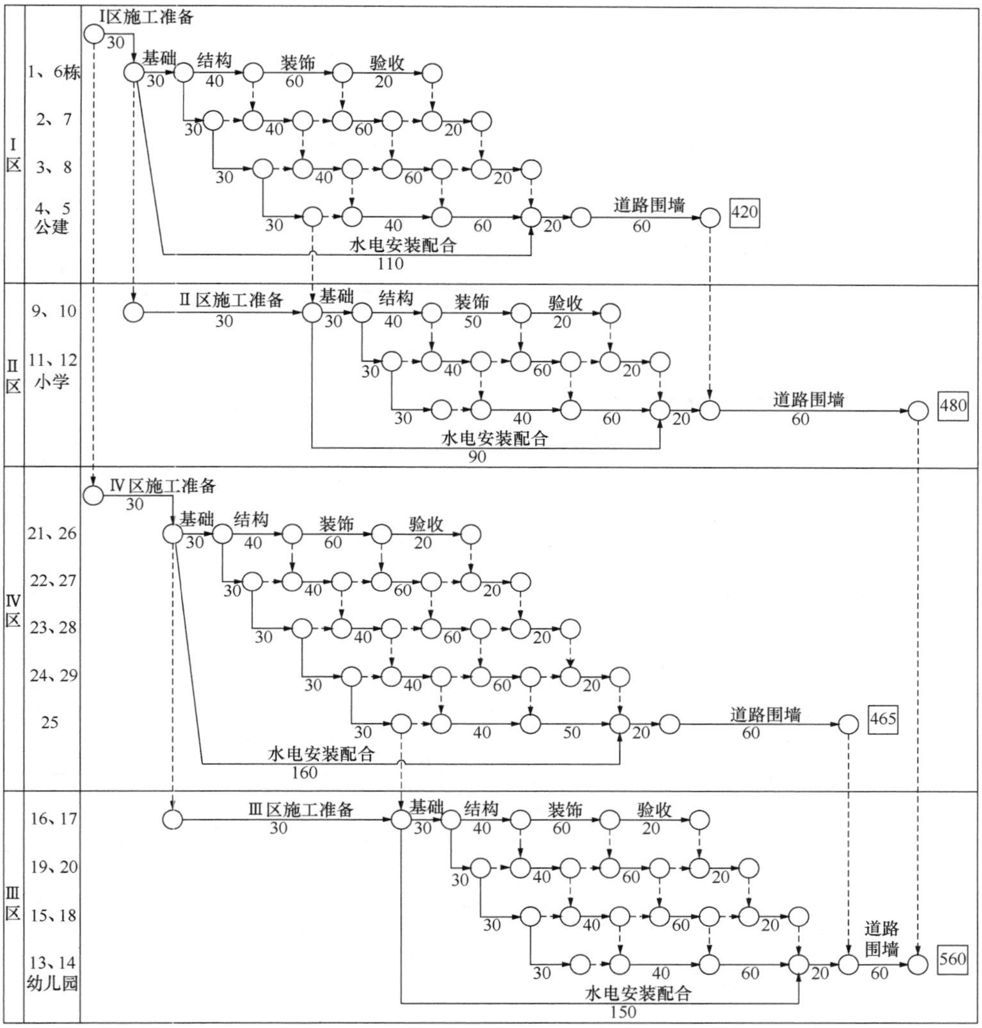

图 7.3.4-3　住宅小区总体施工网络计划（一级网络）

（3）二级施工网络计划编制

二级施工网络计划，由承包单位的项目经理部在总体施工网络计划的控制下，按基础、主体结构、装饰装修和收尾竣工验收四个施工阶段，编制栋号的流水施工网络计划。其中Ⅰ区的基础工程施工流水网络计划如图 7.3.4-4 所示。

二级施工网络计划就是将一级网络计划中的一项工作分解为若干项工作。如一级网络计划中的基础，分解为挖土、垫层、砌基础和回填土四项工作。

（4）三级施工网络计划编制

三级施工网络计划为分部工程的专业工种流水计划，一般按主要工种来进行编制，如结构砌墙编制标准层（段）的网络计划。在编制这类施工网络计划时，应首先

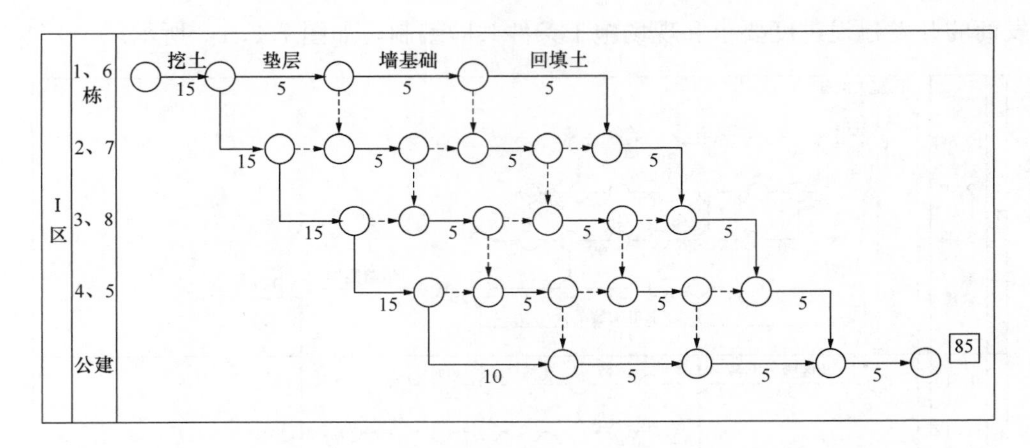

图 7.3.4-4　Ⅰ区基础工程流水施工网络计划（局部二级网络）

排出工种施工操作流向图，如图 7.3.4-5 所示。砌砖工种施工网络计划（局部三级网络）见图 7.3.4-6。

五层		(35)	(37)	(39)	(40)
		(32)	(34)	(36)	(38)
四层		(27)	(29)	(31)	(33)
		(24)	(26)	(28)	(30)
三层		(19)	(21)	(23)	(25)
		(16)	(18)	(20)	(22)
二层		(11)	(13)	(15)	(17)
		(8)	(10)	(12)	(14)
一层	二步架	(3)	(5)	(7)	(9)
	一步架	(1)	(2)	(4)	(6)

图 7.3.4-5　砌墙工种施工操作流向图

	时间（天）	1	2	3	4	5	6	7	8	9	10	11	12
砖墙一步架	1	1–1	1–2		1–3		1–4			2–1			
砖墙二步架	1			1–1		1–2		1–3	1–4				
圈梁、楼面支模	1				1–1		1–2	1–3		1–4			
圈梁、楼面扎筋	1					1–1	1–2		1–3	1–4			
圈梁、构造柱、楼面浇混凝土	1						1–1		1–2	1–3	1–4		
放线、备料	1							1–1		1–2		1–3	1–4

图 7.3.4-6　砌砖工种施工网络计划（局部三级网络）

第 8 章　工程网络计划的计算机应用

8.1　概　　述

工程网络计划是以合同工期为工期目标，结合自身实际情况，规定的总进度目标和效益目标。它是编制者依据基建程序中施工阶段之前的各阶段工作成果，考虑工程、工艺特点和施工特点，形成的分层次、分阶段、分专业的，包括各资源投入量平衡计划在内的一整套计划组合，并由项目管理的决策层批准实施的纲领性文件。

手工编制网络计划要先绘制草图，逐个节点计算时间参数，经常要反复修改，反复计算，非常繁琐；尤其工序数量多、资源多的情况下，如果还要考虑工期优化资源优化等，几乎不可能完成。运用计算机可以快速、高效的计算、存储，可以在修改网络计划中实时地计算各工序时间参数并显示关键线路，可以实时计算资源需要量，可以随时打印输出横道图、单代号、双代号、资源需求计划等各种图表。总之，使用计算机软件编制大型网络计划可以大大提高工作效率，把编制者从繁琐的画图以及计算工作中解脱出来。

工程网络计划计算机软件作为编制网络计划的辅助工具，首先应符合网络计划规程的有关规定，还要符合其他相关国家、行业标准；网络计划技术主要应用于项目管理以及进度管理，而项目管理信息系统往往与企业信息化系统在网络架构、系统信息共享、底层编码设置等方面融为一体，不可分割，因此，软件应该符合适用于建筑施工企业在管理过程中的基础数据标识、分类、编码、存储、检索、交换、共享和集成等数据处理工作的标准《建筑施工企业管理基础数据标准》JGJ/T204。工程网络计划的计算机应用系统本质上还是信息技术在工程专业领域的应用，应符合《信息技术元数据注册系统（MDR）》GB/T 18391.1～18391.6 系列国家标准。

8.1.1　国外软件特点

常用的国外项目管理软件有：Microsoft 公司的 MICROSOFT PROJECT2013；由美国 Primavera 公司开发的 P3/P6（于 2008 年被 ORACLE 公司收购，对外统一称作 Oracle Primavera P3/P6）；Symantec 公司的 TIME LINE 6.0；Scitor 公司的 PROJECT SCHEDULER 6；COMPUTER ASSOCIATES INTERNATIONAL 公司的 CA-SU-PERPROJECT 等。

它们面向用户精心设计了一套相互联系的图表，主要包括：横道图（又称甘特图)、单代号网络图、资源输入表、资源统计图、资源使用表、任务输入表、任务表等；对整个项目，为方便用户提取经过组合的和按条件选取的信息，常常提供表格（TABLE）和过滤器（FILTER）以实现各种信息提取；另外，在报表输出方面，提供缺省报表；对打印报表用户也可按需要自行设计制作。其有很好的通用性。

但是，它们一般都是通用的计划编制工具，没有双代号网络图（国内投标一般要求使用双代号网络图），没有专门用于建筑工程方面的施工定额库，所用资源需要用户事先逐个定义，逐个工序添加资源；有的软件使用起来比较复杂，价格高昂等，给我们的项目管理计算机应用造成障碍。

8.1.2　国内软件特点

国内项目管理软件主要有中国建筑科学研究院开发的PKPM项目管理软件、梦龙项目管理软件（已被广联达软件股份有限公司收购）、清华斯维尔智能项目管理软件、同望项目管理软件等。除具有进度计划管理软件通用的进度计划编制功能外，国内软件还有如下一些功能特点：

（1）国内的进度计划常要求使用双代号表示，因此国内软件一般都有双代号功能，也可以直接在横道图上输入工序，编制进度计划。有的还可以从双代号网络图入手，输入工序以及搭接关系，在横道图、单代号、双代号之间互相转换。

（2）一般提供施工预算定额库。用户可以直接在工序上绑定施工定额子目并输入数量，程序通过工料分析功能生成相关资源，大大简化了资源输入。

（3）提供专门用于各种类型建筑工程的进度计划模板。

（4）可以从概预算文件读取数据生成进度计划，大大提高了工作效率。

8.2　常用项目管理软件介绍

8.2.1　PKPM项目管理软件

1. 概述

PKPM项目管理软件以国家现行标准《建设工程项目管理规范》GB/T 50326和《工程网络计划技术规程》JGJ/T 121—2015为依据，运用最新计算机技术进行开发。该软件采用网络计划技术实现施工进度计划及成本计划的编制，提供多种划分施工工序的方法，可以自动读取建筑工程的预算数据，结合施工企业定额库，生成带工程量和资源的施工工序；也可通过施工工艺模板库生成施工工序，该模板库可由用户修改维护，若有预算数据，生成的工序自动带工程量和资源；还可导入其他类似工程生成施工工序。软件可自动生成各类资源需求量计划、成本降低计划，施工作业计划以及质量安全责任目标。对工期较长，工序持续时间差别较大的时标网络图，软件采用不均匀时间标尺兼顾了网络图的功能和美观。

软件还具有基准计划功能，可以保存多个基准计划，并与当前计划进行比较；具有节点等级功能，通过设置工作的节点等级，可以筛选显示；对横道图、双代号保存成 WMF 和 EMF 等图形文件（图 8.2.1-1～图 8.2.1-3）。

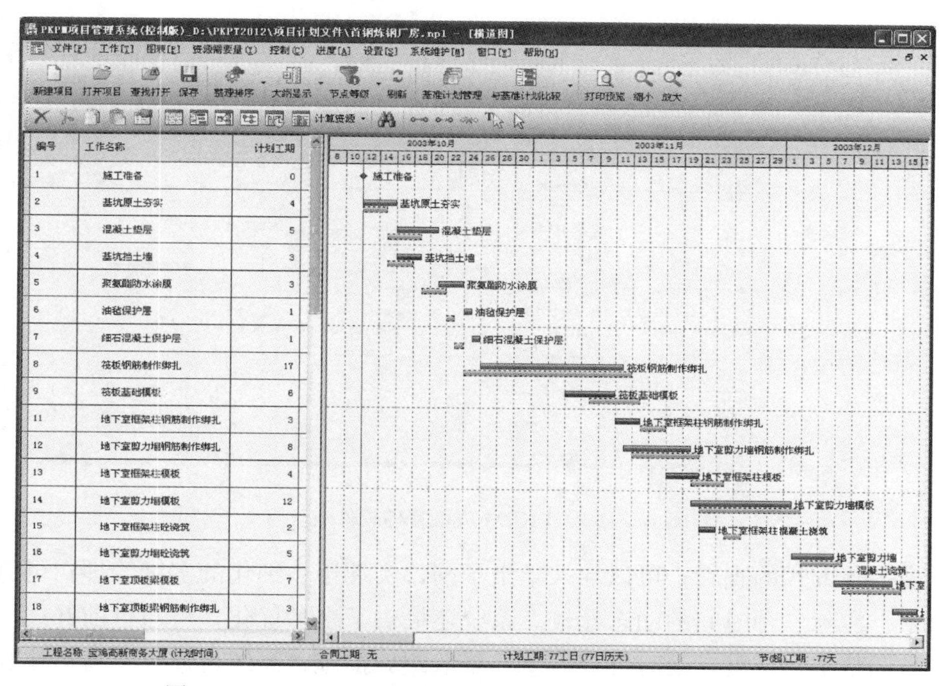

图 8.2.1-1　PKPM 项目管理软件基准计划与当前计划比较

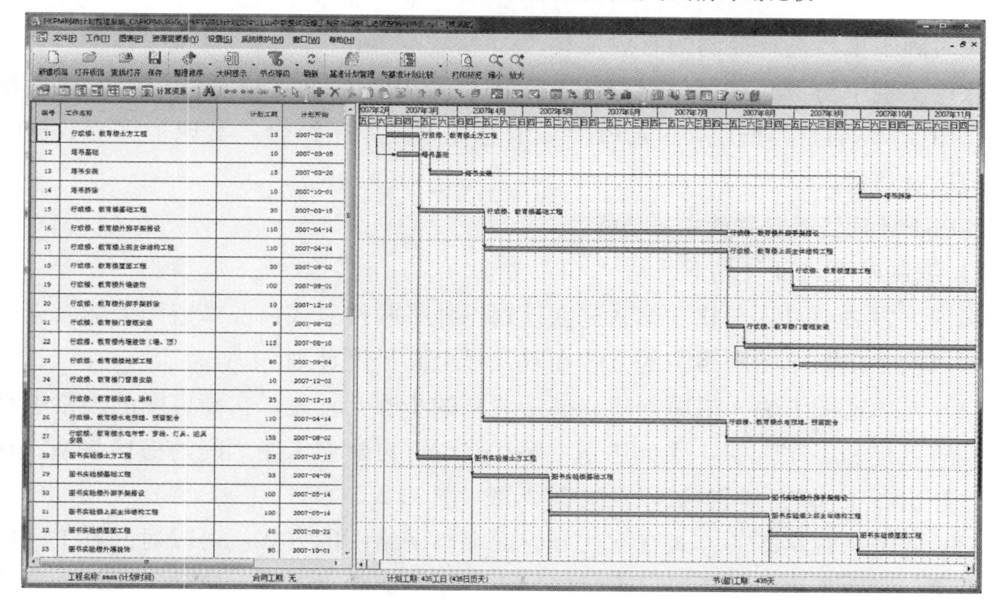

图 8.2.1-2　PKPM 项目管理软件横道图

用户可以增加工序扩展信息，利用扩展信息对工序进行分组、排序、过滤等，实

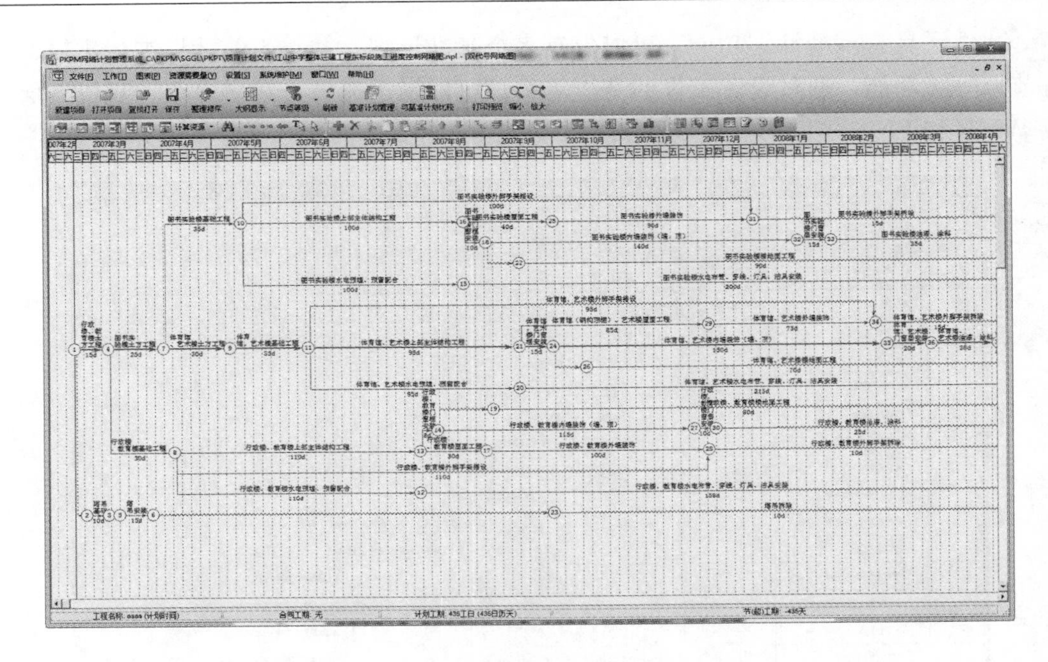

图 8. 2. 1-3　PKPM 项目管理软件双代号

现多角度多种方式的查看；可以导入导出子网，实现逐步细化的多级管理；可进行合同、计划、实际三种时间的动态比较。系统还提供了多种优化，可通过前锋线功能动态跟踪与调整实际进度，及时发现偏差并采取纠偏措施；系统可通过三算对比和利用赢得值原理进行成本的跟踪和控制，从而实现进度、成本、质量、安全的过程控制，是企业对施工项目进行控制的有效工具。

软件实现了与 MICROSOFT PROJECT 以及 P3/P6 的接口功能，可以导入相关数据。PKPM 项目管理软件还与 PKPM 信息化系统紧密结合，实现了进度数据的上传下载以及信息共享。

2. PKPM 项目管理软件主要功能：

1）编制施工进度计划

国内大多数项目管理软件编制进度计划不外乎两种方式：在横道图上输入工序或者模拟以前手工画草图网络图的方式在双代号上画进度计划。

（1）在横道图上输入工序并建立搭接关系的步骤：首先，在横道图的表格中直接输入工序名称和工序工期，逐个建立工序；然后，再建立工序之间的搭接关系。软件可以计算出各工序的时间参数以及关键线路（图 8. 2. 1-4）。

（2）以手工画草图的方式在双代号界面上画网络图的方式：可以对已有工序增加紧前工序、紧后工序等，还可以直接增加虚工序、删除虚工序、删除工序，软件统一删除形式。软件可以根据虚工序不同情况增加不同的搭接关系（图 8. 2. 1-5）。

2）读取工程概预算数据，自动生成带有工程量和资源分配的施工工序

用定额方式或工程量清单方式编制工程项目概预算报表时 ，一般要逐级对项目

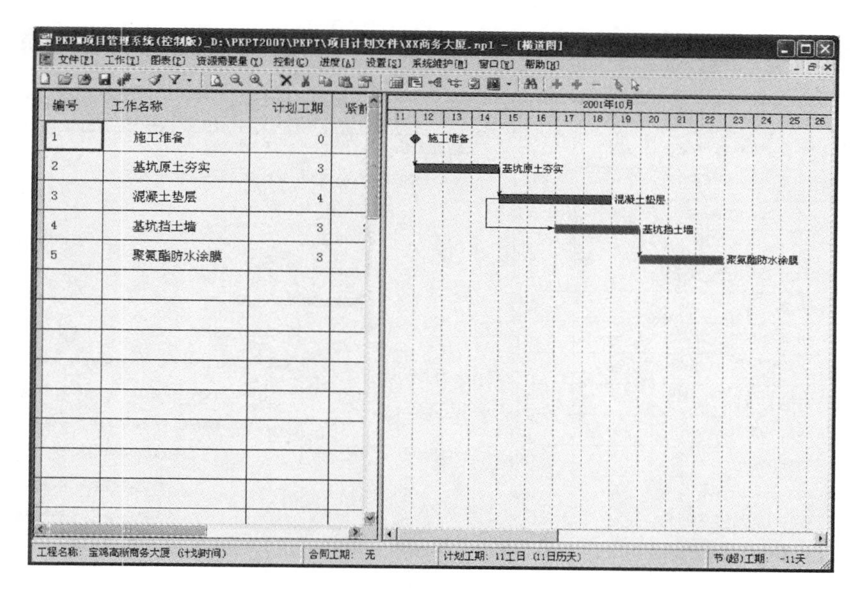

图 8.2.1-4 横道图

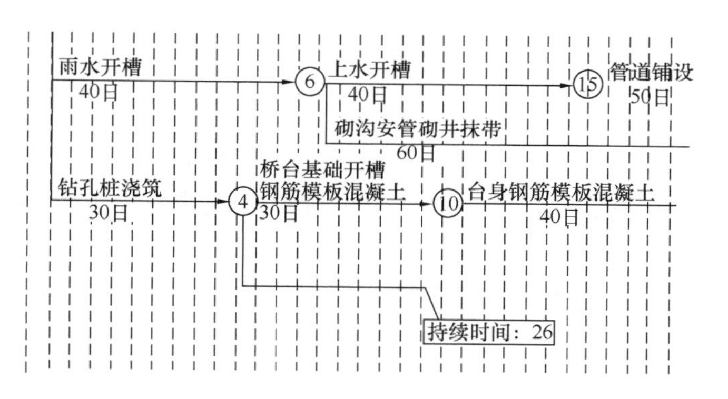

图 8.2.1-5 在“钻孔桩浇筑”后面增加工序

进行分解，最终分解到分部分项工程或者具体的施工部位。由于施工过程的各个工序也常常是分部分项或施工部位，二者可以找到对应关系。因此概预算数据对于编制进度计划工序具有相当的参考价值，尤其是清单计价时，其中的分部分项工程量清单对应的核算对象就是进度计划中的分项工程工序，它包含的定额子目可以当作相应工序的工程量，包含的资源也导入到相应工序上，所以进度计划软件可以按照这种关联关系，读取概预算软件的数据，生成工序。用这种方式作进度计划，不仅大大提高编制效率，其下各个工序还包含了资源含量。

但是有时工序与工程量定额既不是一对多的关系，也不是多对一的关系，而是“多对多”的关系。例如“A 段土方工程”可能包含挖土定额和填土定额，“B 段土方工程”也包含挖土定额和填土定额，A 段和 B 段工程量不一样。做概预算时因为只关心成本，可能将 A 段土方和 B 段土方合并为两条定额处理，即挖土定额和填土定额。所以由概预算定额子目生成工序以后，还需要对其作进一步调整拆分或合并处理。另外，还需要修改工序的持续时间、工序之间的搭接关系等内容，经过多次推敲调整后，才能形成实际可行的进度计划（图 8.2.1-6）。

3）实时计算关键线路和工序参数，横道图，单代号、双代号互相转化

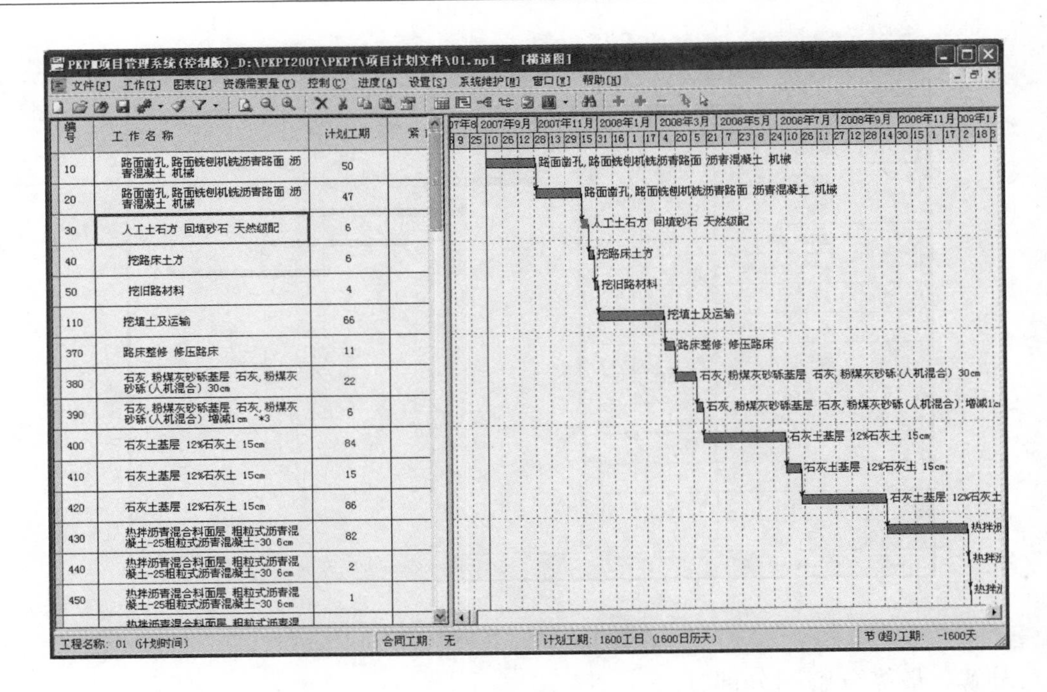

图 8.2.1-6

对计划图国际上常用的是横道图（甘特图）和单代号网络图，国内常用横道图与双代号图。而近年来国际承包工程日益增多，国内工程承包公司需要与国际工程承包公司交流沟通，这就要求软件能够实现这三种图形的相互转换。软件可以根据横道图可以生成单代号图、双代号图。实际上这三种图形就是从不同的角度来看同一个进度计划，虽然表现形式不同，但对应的工序及时间数据是相同的。

4）从施工工程模板库中导入工序，组合生成复杂网络

对于建筑施工企业，长期从事相似类型的工程。例如建造多层住宅楼，每个工程所进行的分部分项工程直到施工工序基本相同，各工序之间的搭接关系也很相近。例如房屋建筑一般施工顺序为：土方工程→地基与基础→主体工程→屋面工程→装修工程等。对于建筑工程来说，每个分部工程里面包含的具体工序也大致相同。因此，企业可以将典型工程编制成施工工程模板库，使用时直接导入，然后根据具体工程的特点，修改工序的工程量或工期，调整某些工序的搭接关系就可以生成所需要的进度计划。也可以几个人分别编制自己负责的进度计划，然后组合为总计划。这样企业可以日积月累，通过工作经验的继承，大大提高计划编制效率。

5）输出资金需求计划、人工需求计划、材料需求计划等各种图表

各项资源需要量计划可用来确定资金的筹集、材料构件的供应时间、调配劳动力和施工机械，按计划控制各项资源的使用量，以保证施工顺利进行。在编制施工进度计划和为每一施工工序分配了资源后，就可以计算出各项资源需要量计划。如果没有挂接施工预算定额库，就需要先定义资源，然后给工序输入资源。如果有定额库，就可以直接在工序上增加资源（图 8.2.1-7）；也可以在工序上绑定定额工程量，然后通

过工料分析功能计算出各时间段人工材料机械需要量。工序上绑定了资源后，软件就可以按照各工序时间参数叠加计算出相关资源需要量计划。软件还可以导出 Excel、DBF 格式的资源需要量计划以及材料供应计划（图 8.2.1-8）。

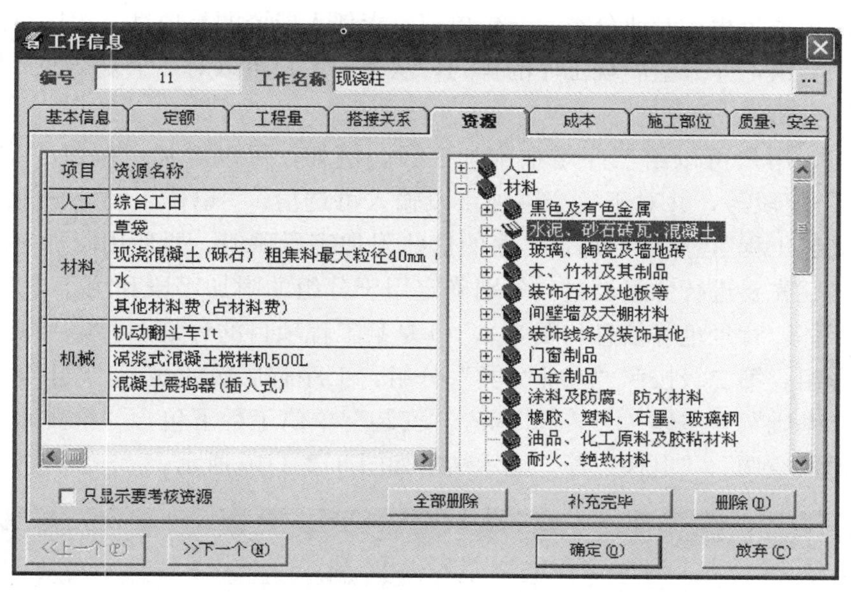

图 8.2.1-7

资源需要量计划

表 打印

资金需要量计划表

2004年06月 至 2005年10月

编号	使用时间	合计	人工费	材料费	机械费	设备费	其它直接费	间接费	备注
1	2004年6月	903.3	506.04	0	397.25	0	0	0	
2	2004年7月	2800.22	1568.73	0	1231.49	0	0	0	
3	2004年8月	2800.22	1568.73	0	1231.49	0	0	0	
4	2004年9月	1759.62	1044.56	0	715.06	0	0	0	
5	2004年10月	345.36	345.36	0	0	0	0	0	
6	2004年11月	28162.82	7084.09	20896.01	182.73	0	0	0	
7	2004年12月	55569.62	14867.41	40314.21	388.01	0	0	0	
8	2005年1月	174029.64	29709.23	138601.69	5718.72	0	0	0	
9	2005年2月	305230.22	44557.33	247287.89	13385.01	0	0	0	
10	2005年3月	340079.62	56763.09	267073.12	16243.41	0	0	0	
11	2005年4月	314945.7	50401.21	248684.54	15859.94	0	0	0	
12	2005年5月	301158.07	44399.65	242441.31	14317.11	0	0	0	
13	2005年6月	114640.19	11987.59	98287.48	4365.12	0	0	0	
14	2005年7月	15538.17	1146.72	13746.7	644.75	0	0	0	
15	2005年8月	3364.23	2558.65	805.07	.51	0	0	0	
16	2005年9月	21788.84	4008.76	17531.17	248.92	0	0	0	
17	2005年10月	6380.48	1003.41	5190.38	186.69	0	0	0	
18									
19	总计	1689496.33	273520.56	1340859.58	75116.2	0	0	0	

第1页

图 8.2.1-8

6）增加工序扩展字段，并在横道图上分组显示

一个完整的工程项目所包含的工序可能很多，整个计划很长，用户常常需要从不

同的方面来分析或展现计划，如需要从单位工程、专业分类、分包单位、责任人或资源等不同方面分析施工工序数据。

分组功能就是给工序增加表现其各种属性的扩展字段，这些工序扩展字段一般就是该工序的单位工程、专业分类、分包单位、责任人或资源等属性。程序可以将工序按照属性来分组，并分组展现工序的排列，从而使用户可以对一个复杂的计划从不同的方面展现分析。

操作时，用户可以给工序增加附加字段，例如，可以增加“单位工程”字段、“专业分类”字段等，并对于每个附加字段输入可选值，“单位工程”分为“土建工程”和“安装工程”，然后给每个工序的这些附加字段赋值。要使用附加字段对工序分组排序，就先要进行分组设置，分别确定用于分组的附加字段和用于排序的字段，显示组的字体，背景色等信息。图 8.2.1-9 是某工程项目的计划图。第一级按照“单位工程”分组，第二级按照“专业分类”分组，工序有层次的显示，“土建”单位工程下包含“基础”、“主体”、“装修”等，“安装”单位工程下包含“给排水”，“建筑电气”，“通风空调”、“电梯”等，显示结果如图 8.2.1-10 所示。

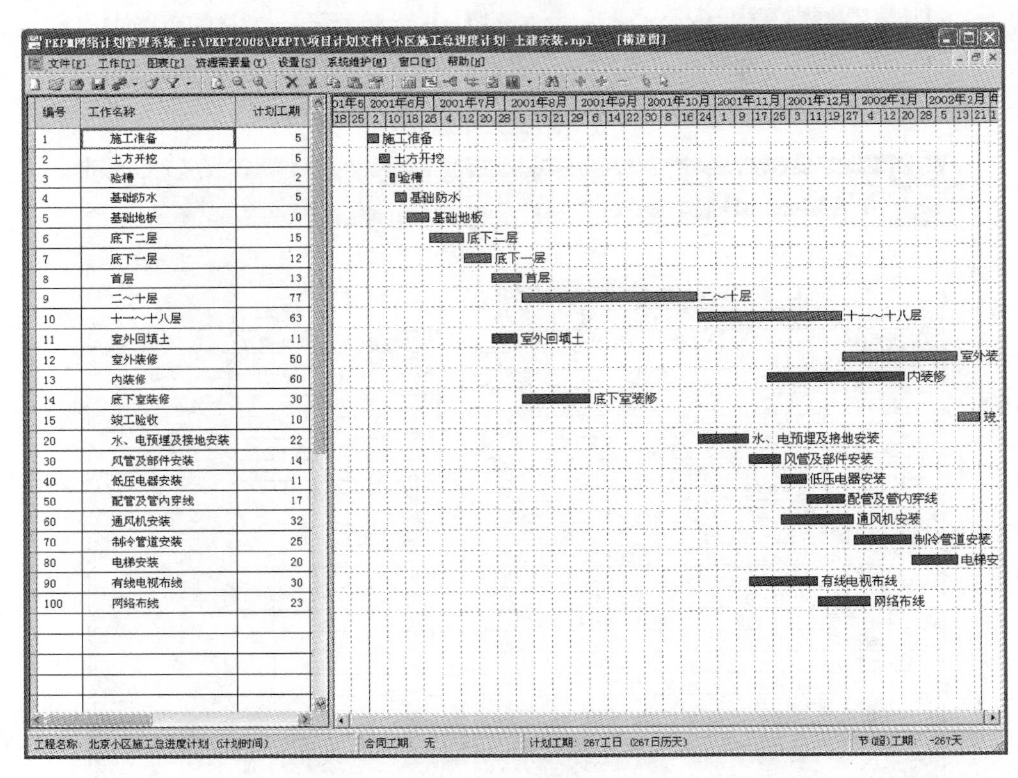

编号	工作名称	计划工期
1	施工准备	5
2	土方开挖	5
3	验槽	2
4	基础防水	5
5	基础地板	10
6	底下二层	15
7	底下一层	12
8	首层	13
9	二～十层	77
10	十一～十八层	63
11	室外回填土	11
12	室外装修	50
13	内装修	60
14	底下室装修	30
15	竣工验收	10
20	水、电预埋及接地安装	22
30	风管及部件安装	14
40	低压电器安装	11
50	配管及管内穿线	17
60	通风机安装	32
70	制冷管道安装	25
80	电梯安装	20
90	有线电视布线	30
100	网络布线	23

图 8.2.1-9

7）工期和资源的优化

人工编制的网络进度计划往往存在这样那样的不足，如资源分布不太均衡，某一段时间的资源消耗超过了资源最大限值等等。这样就有必要对网络计划进行一定的优

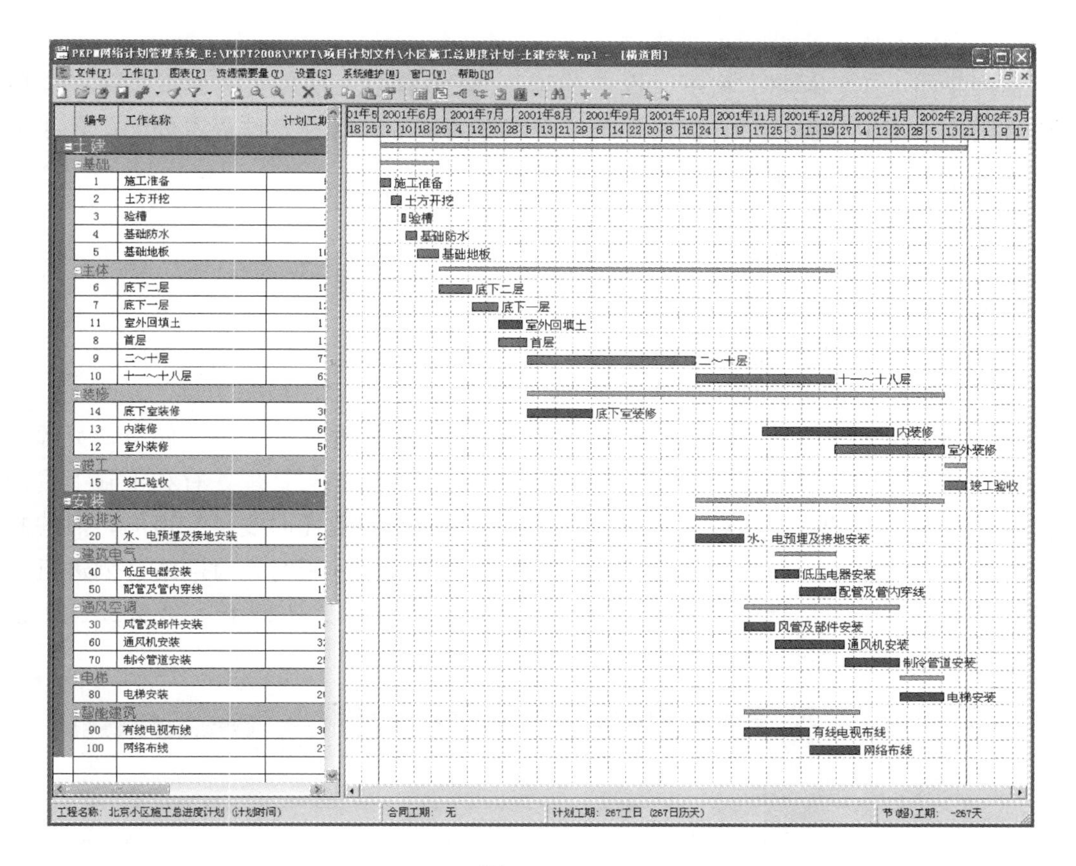

图 8.2.1-10

化调整即网络优化。

网络优化，就是在既定条件下，按照某一衡量指标（工期、资源、成本），利用时差调整来不断改善网络计划的最初方案，寻求最优方案的过程。根据衡量指标的不同，网络优化可以分为工期优化、资源有限优化、资源均衡优化、工期成本优化。施工进度网络优化可以有效缩短工期，减少费用，均衡资源分布，因此施工进度网络优化非常重要。但是，施工进度网络优化通常要经过多次反复试算，计算量非常大，靠人工计算是不现实、不可能的。因此，用计算机进行施工进度网络优化将成为发展的必然。

（1）工期优化

工期优化也称时间优化，就是当初始网络计划的计算工期大于要求工期时，通过压缩关键线路上的工序的持续时间或调整工序关系，以满足工期要求的过程。工期优化应该考虑下列因素：

① 工序的最短持续时间。工序的工程量、工作面、资源供应情况等都会影响工序可以压缩到的最短持续时间。

② 先压缩持续时间较长的工序。一般认为，持续时间较长的工序更容易压缩。

③ 优先选择缩短工作时间所需增加费用较少的工序。

(2) 资源有限，工期最短优化

资源是指人工、材料、机械、设备等等。“资源有限工期最短优化”是指在资源供应有限的前提下，保持每日供给各个工序固定的资源，合理安排资源分配，寻找最短计划工期的过程。资源优先分配的顺序如下：

① 有强制时间限制的工序

② 前一阶段已经开始的工序

③ 按总时差从小到大的顺序分配

④ 按权重从大到小的顺序分配

(3) 工期固定，资源均衡优化

制定项目计划时，总是希望对资源的使用安排尽可能地保持平衡，使每日资源使用量不出现过多的高峰和低谷，从而有利于生产施工的组织与管理，有利于施工费用的节约。大多项目的资源消耗曲线呈阶梯状，理想的资源消耗曲线是一矩形，但编制这种理想的计划是不可能的。对工序作这种优化，一般是利用时差对网络计划进行一些调整，使资源使用尽量平衡。优化目标是资源消耗的方差 R 最小。图 8.2.1-11 是对某工程资源均衡优化后的资源图。

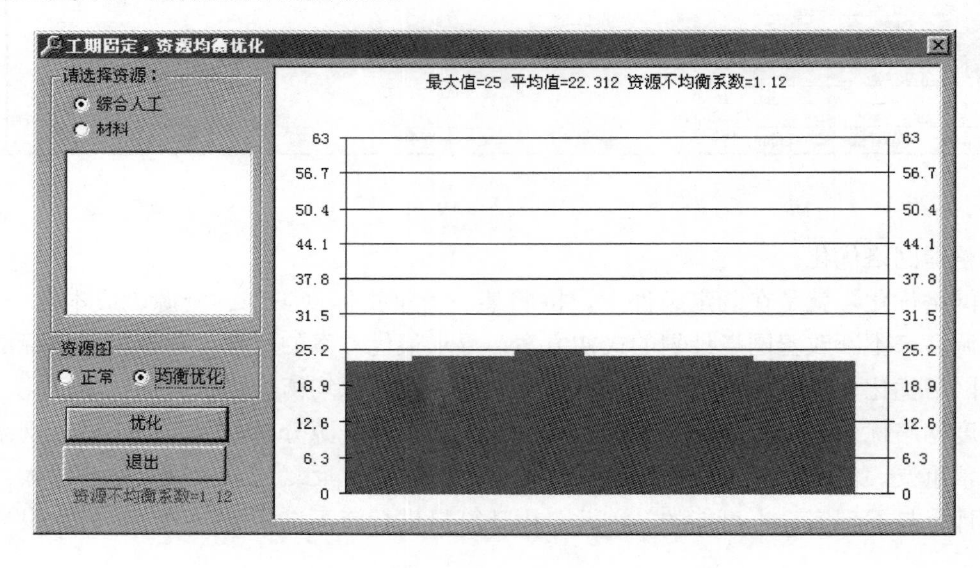

图 8.2.1-11

(4) 工期成本优化

工程项目的成本与工期是相互联系和制约的。生产效率一定的条件下，要缩短工期，就得提高施工速度，工程就必须投入更多的人力、物力和财力，使工程某些方面的费用增加，同时管理费等某些间接费又减少。“工期成本优化”就是要考虑两方面的因素，寻求最佳组合。

工期成本优化的目的在于：

① 寻求直接费与间接费总和即成本最低的最优工期 T_B，以及与此相对应的网络

计划中各工作的进度安排（图 8.2.1-12）。

② 在工期规定的条件下，寻求与此相对应的最低成本，以及网络计划中各工作的进度安排。

要完成上述优化，必须要提供一定的参数，例如各工序的最短时间，资源日最大供应量，间接费变化率等。

目前常见进度软件有的提供了如上全部四种优化功能，有的只提供了其中的部分优化功能。

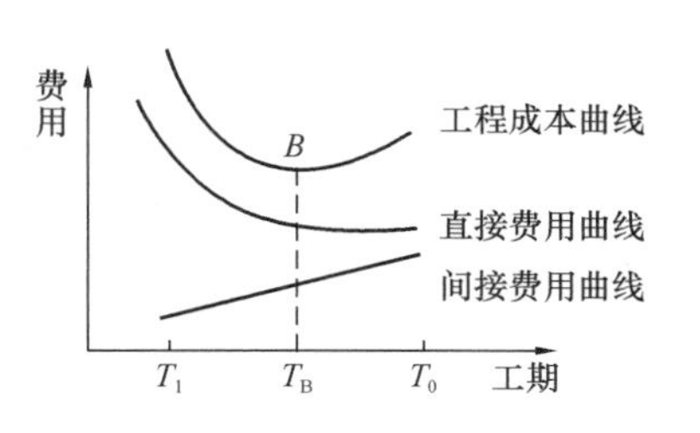

图 8.2.1-12

8）通过计划实际对比以及前锋线法进行进度比较，及时发现偏差并采取纠偏措施

在项目的进展中，有些工作会按时完成，有些会提前完成，有些可能会延期完成，所有这些都会对项目的未完成部分产生影响，因此检查项目中各工作的实际进度与计划进度的差别十分重要。一般进度软件提供两种进度比较方法：横道图比较法和进度前锋线法。横道图比较法是把项目进展中已经完成工作的实际开始结束日期直接标示于计划横道图的下方，进行直观比较的方法（图 8.2.1-13）。

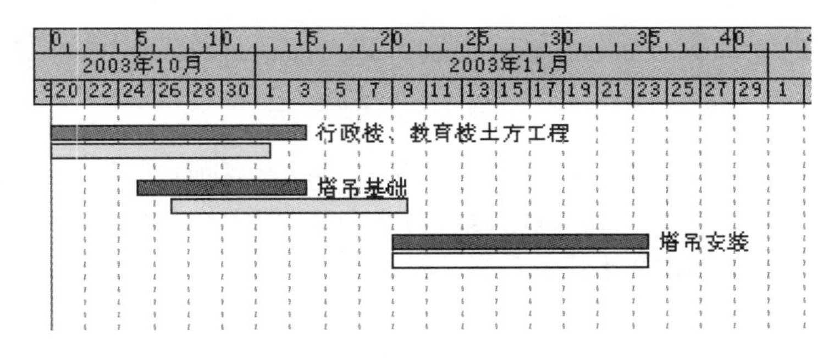

图 8.2.1-13

通过上述比较，为项目管理者明确了实际进度与计划进度之间的偏差，为采取调整措施提出了明确任务。

还有一种进度表示方法：前锋线法。工序完成任务的情况可以用工程量完成率或者工期完成率表示，如果工序在单位时间内完成的工作量是相等的，那么两者是一致的。一般用工期完成率来表示时间进度情况。

根据各工序的完成率，计算出已完成工日，绘制在工序上（图 8.2.1-14），连接各工序已经完成工日横道的末端，形成前锋线。根据当前数据日期、各工序的完成率重新计算工程工期，称前锋线拉直。在项目进行当中，绘制前锋线与前锋线拉直滚动进行。

重新计算后，工期可能超出原来的计划工期，这时就需要调整计划，缩短关键线路上的工作或者修改搭接关系，使其满足计划工期的要求。

9）多人协作编制进度计划以及实现进度控制

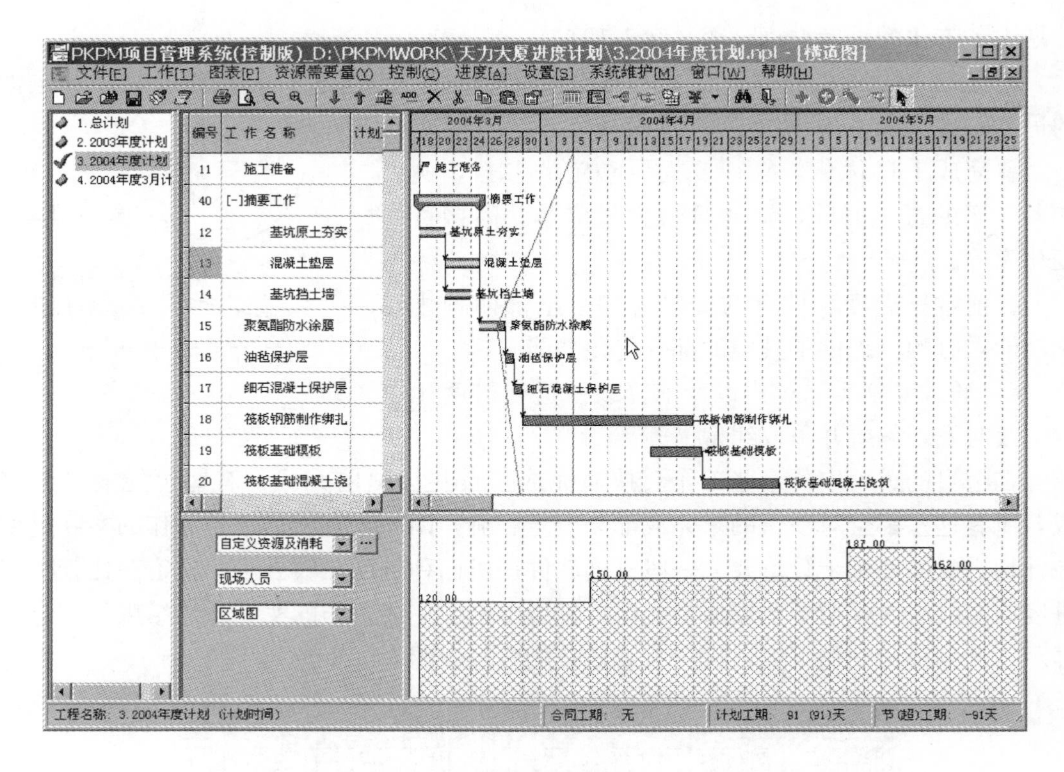

图 8.2.1-14

网络版项目管理软件一般包含客户端和服务器端。各项目数据在服务器上集中保存，多个用户在各自的客户端上编制修改各自负责的网络计划，通过系统定义好的 WBS 编码逐级汇总工期，并生成总的进度计划。

10）输出矢量图形

有的时候可能没有输出设备，需要输出图形然后拿到别处打印，或者需要将网络计划输出为图形以便于在网站上发布或其他软件使用。所以软件除了提供打印功能外，还应该提供输出矢量图形功能。

8.2.2　MICROSOFT PROJECT

MICROSOFT PROJECT 是微软官方发布的一款通用的项目管理软件，软件设计目的在于协助项目经理编制计划、为任务分配资源、跟踪进度、管理预算和分析工作量。它注重软件的可用性、功能和灵活性，能够帮助项目管理者实现时间、资源、成本的计划、控制。利用 Project 2013 用户可以制作出各种实用的计划项目，其中包括活动计划、合并或收购评估、新产品上市、年度报表准备、营销活动计划、创建预算、挣值、客户服务等等。

Project 2013 采用 Metro 风格界面，功能更加强大，性能更加稳定，并内置了多种实用工具，其中包括任务工作表、任务窗体、任务分配状况、日历、日程表、甘特图、网络图、资源图表、资源使用状况、资源工作表、跟踪甘特图等。同时 Project

2013不会使用户置身于一个空白文件中，而是将用户定向到一站式中心，让您开始创建项目；也可以浏览预先创建的模板，从Excel或SharePoint网站导入信息，或者，简单地单击一下“空白项目”以生成简约的甘特图（图8.2.2）。

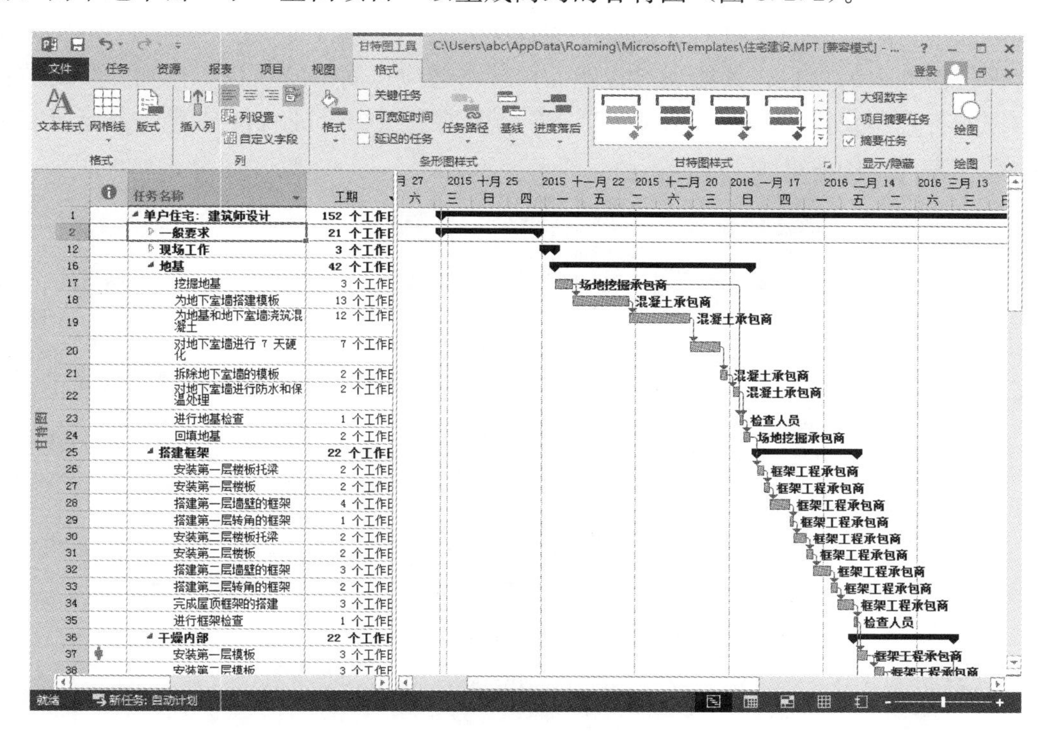

图8.2.2　Project　2013甘特图

8.2.3　清华斯维尔智能项目管理软件

清华斯维尔智能项目管理软件系统将网络计划技术、网络优化技术应用于工程项目的进度管理中，以国内普遍采用的双代号时标网络图作为项目进度管理及控制的主要工具（与欧美国家以单代号网络图作为进度控制主要工具不同）。在此基础上，通过挂接各行业各地区的不同种类定额，实现对资源与成本的精确计算、分析与控制，使用户不仅能从宏观上控制工期与成本，而且还能从微观上协调人力、设备与材料的具体使用，并以此作为调整与优化进度计划，实现利润最大化的依据。

从项目管理知识体系（PMBOK）的角度，软件功能全面涵盖了项目的范围管理、时间管理、人力资源管理、成本管理等四大方面的内容。项目管理工作者利用该软件能够对其最为关心的项目进度、资源、成本三方面内容进行全面的管理与控制，同时利用实际进度前锋线等技术对项目进度进行追踪管理，从而实现项目的动态控制。另外，软件精心设计了内容丰富实用、功能强大的报表系统，从而使项目管理工作者可以多视角、全方位地了解项目各类信息。

8.2.4 Oracle Primavera P3/P6

Oracle Primavera P3/P6 企业项目组合管理软件是用于计划、管理和评估项目、项目群和项目组合并对其进行优先排序的解决方案。该软件提供了一个单一解决方案来管理任何规模的项目，其能通过智能性扩展来适应从简单的项目工作到复杂的项目群协调的各种用户需求。Primavera P3/P6 企业项目组合管理软件是管理企业所有项目的最佳方式（图 8.2.4-1）。

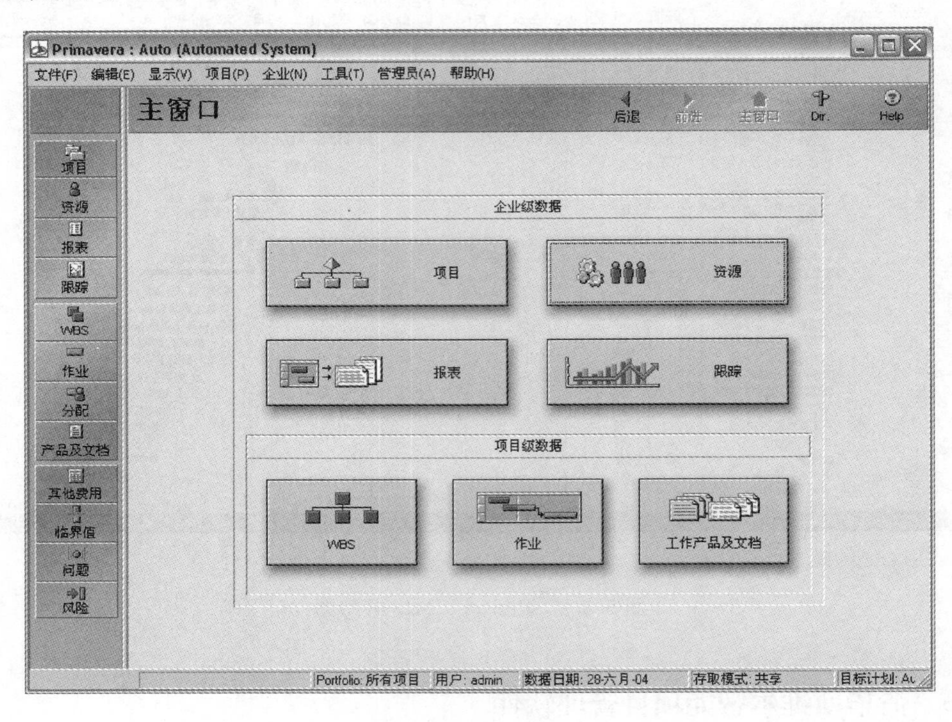

图 8.2.4-1　Oracle Primavera P3/P6（一）

企业必须对市场波动以及项目和项目群情况的变化做出快速反应，同时满足分散的项目小组对信息的可见性和可操作性的需求。对于项目驱动型组织，使用企业项目组合管理（EPPM）解决方案能够以智能方式管理其项目群和项目，不受项目大小和难易程度的限制。

企业项目组合管理解决方案针对所有相关信息提供了端到端的实时可见性，从而实现更好的组合管理决策。为了管理形势变化以及按预算和预期质量及设计按时成功交付项目，企业项目组合管理解决方案还提供了必需的项目管理、协作和控制功能，以帮助公司评估与项目和项目群相关的风险和收益。

1. 项目管理——随时随地访问

Primavera P6 企业项目组合管理使项目团队能够随时随地通过基于 Web 的用户界面访问其项目信息。该软件的管理功能涵盖整个项目周期——从项目启动到项目收尾。项目团队成员能够轻松更新任务状态，解决任何项目问题，管理范围变更，识别项目风险和访问当前的项目文档。

交互式任务甘特图和任务网络视图可帮助计划人员、进度工程师和项目经理模拟和分析项目，然后以图表方式交流准确的、全面的项目进度信息。可定制的项目工作空间和日历视图为团队成员提供了一个直观的视图，来显示其任务分配以及执行任务所需的信息（图 8.2.4-2）。

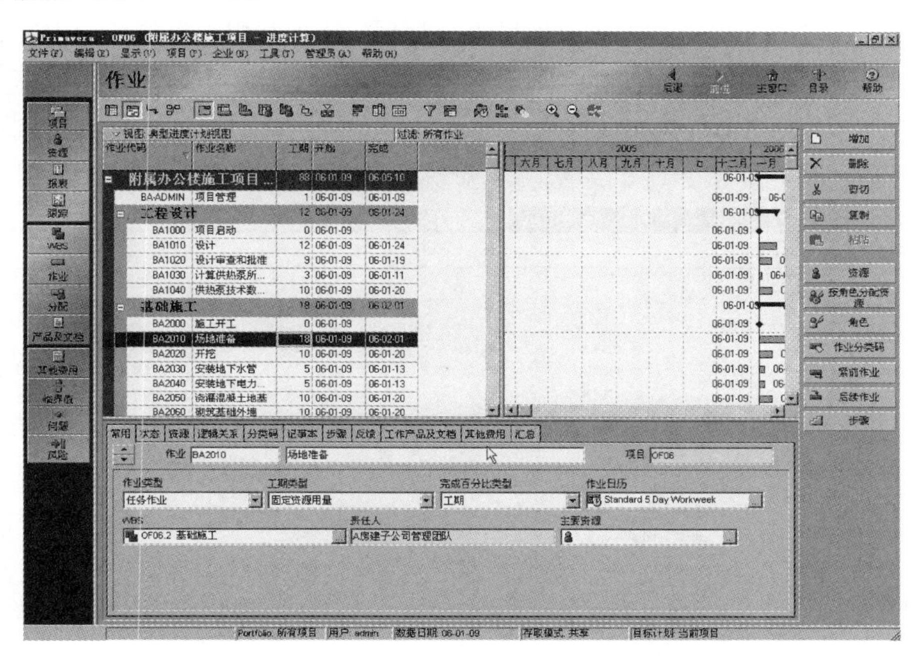

图 8.2.4-2　Oracle Primavera P3/P6（二）

2. 计划与进度安排——轻松执行复杂项目

许多企业都可能在某一时间同时实施数百甚至数千个项目。跨正常业务层级和指挥链的这些项目恰恰代表了企业范围的管理挑战。Primavera P6 企业项目组合管理通过最全面且易用的关键路径进度安排和分析、资源平衡、能力计划、基线分析和工作分解结构（WBS）视图来帮助管理人员应对挑战。这使项目经理能够确定按时完成项目的最佳方案，同时确保满足项目实施期间的所有期限和里程碑目标，适当分配资源，并使成本符合预算。

3. 资源管理——为项目配备适当人员

通过支持自上而下和自下而上的资源请求和人员配备流程，Primavera P6 企业项目组合管理使项目和资源经理能够轻松组配最佳项目团队。它可帮助管理人员选择合适的技能组合，并确定项目团队成员现在及未来的可用性。通过提供对资源和角色利用的图形化分析，项目经理能够轻松传达资源信息和技能信息，同时资源经理能够轻松为每个项目确定具有合适技能组合的最佳资源。结果是：能够更好地利用有限的技能资源，以确保项目成功完成。

4. 协作与内容管理——提高企业绩效

Primavera P6 企业项目组合管理促进了基于团队的协作，可改进决策制定，简化项目协作并提高团队效率。最重要的是，它能轻松地将协作与交流纳入典型的工作流程中，消除了停工执行这些工作所浪费的时间。

该解决方案还支持现场人员与项目经理间的双向交流和反馈，这样，所有项目团队成员都能获得最新项目信息和进度情况，避免了因沟通不畅引起的项目延迟。

此外，通过 Primavera P6 企业项目组合管理，还可利用现有的企业内容管理系统功能，例如 SharePoint、Oracle 通用内容管理（UCM）和 JackRabbit，以满足不断增长的项目文档控制和可访问性需求（图 8.2.4-3）。

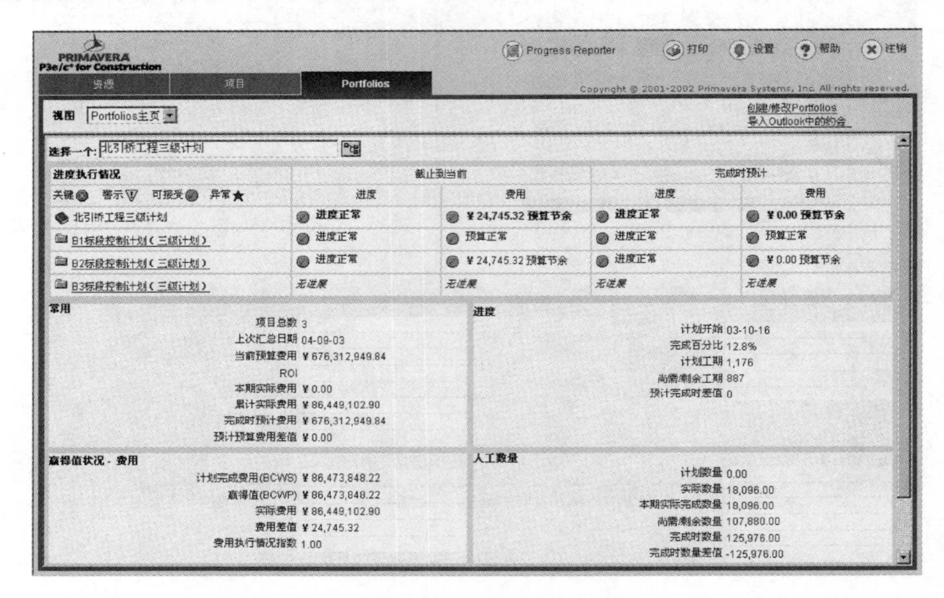

图 8.2.4-3　Oracle Primavera P3/P6（三）

8.3　工程网络计划软件应用实例

8.3.1　多层次计划

在大型工程项目的管理中，项目进度计划系统一般采用编制多个层面的计划来逐步展开进度计划内容（图 8.3.1），由于这些计划是科学地反映了工程施工由粗到细逐步深化的过程，它们之间是有层级关系的。如在工程的前期准备阶段，业主根据初步设计图纸编制一级里程碑计划、总进度纲要和二级总进度规划。随着工程的进展，各承包商及设备供应商可以根据自己的承包内容编制项目进度计划以及分包实施计划，随着工程的深化，还要编制年、月、周进度计划等。本节将以工程项目实施计划为例讲解进度计划的编制过程。使用的软件为中国建筑科学研究院开发的 PKPM 项目管理软件。

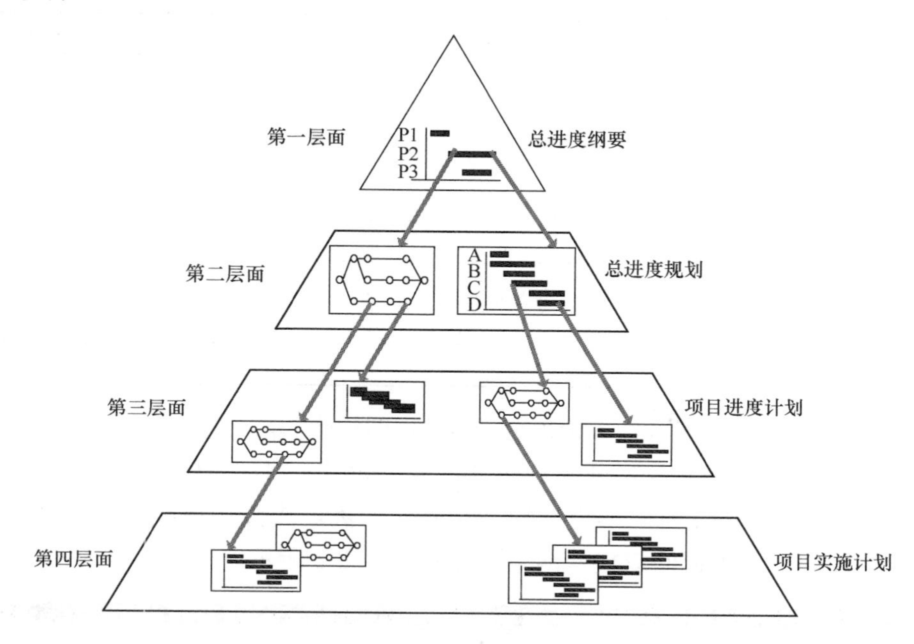

图 8.3.1 多层次计划的关系

8.3.2 应用实例 1

【例 8-1】 某工程项目包括十八层公寓楼（1 号）和三层的物业办公楼（2 号），建筑物高度 56.2m，建筑面积 32685m^2。该工程采用框架剪力墙结构，现浇楼板。经过工程量计算和合理的劳动组织安排，可以确定各项工作的开展顺序、相互关系以及持续时间，如表 8.3.2-1 所示。

表 8.3.2-1

编号	工作名称	计划工期	紧前工作	紧后工作
1	施工准备	5		2；16；
2	1 号土方开挖	5	1；	3；
3	验槽	2	2；	4；
4	基础防水	5	3；	5；
5	基础底板	10	4；	6；
6	地下二层	15	5；	7；
7	地下一层	12	6；	8；11；
8	首层	13	7；	9；14；
9	二～十层	77	8；	10；
10	十一～十八层	63	9；	12；13SS30；
11	室外回填土	11	7；	12；
12	室外装修	50	10；11；	15；

续表

编号	工作名称	计划工期	紧前工作	紧后工作
13	内装修	60	10SS30；	15；
14	地下室装修	30	8；	15；
15	竣工验收	10	12；13；14；20；	
16	2号土方开挖	5	1；	17；
17	地下一层	15	16；	18；
18	一～三层	30	17；	19；
19	装修	30	18；	20；
20	竣工	10	19；	15；

打开PKPM项目管理软件，依次建立项目和计划，输入进度计划相关信息（名称、编号、开始日期等），计划开始日期设定为2009年6月2日，在双代号界面逐个画出施工工序。注意搭接时间不为0的搭接时间距离，应该用虚线（虚工作）表示。PKPM项目管理软件生成的双代号网络图如图8.3.2-1所示。

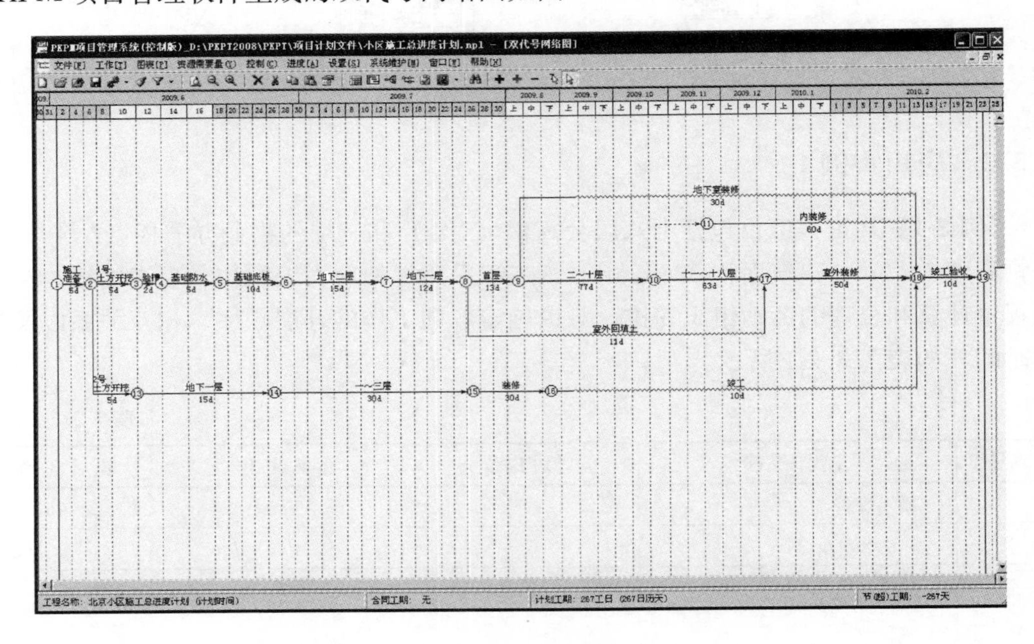

图8.3.2-1　双代号图

上图中工程工期为267天，红色的工序为关键工序，关键工序的总时差为0（表8.3.2-2）。由关键工序组成的线路为关键线路。

各个工序时间参数如下：

表8.3.2-2

工作名称	计划工期	最早开始	最早结束	最迟开始	最迟结束	自由时差	总时差
施工准备	5	2009-6-2	2009-6-6	2009-6-2	2009-6-6	0	0

续表

工作名称	计划工期	最早开始	最早结束	最迟开始	最迟结束	自由时差	总时差
1号土方开挖	5	2009-6-7	2009-6-11	2009-6-7	2009-6-11	0	0
验槽	2	2009-6-12	2009-6-13	2009-6-12	2009-6-13	0	0
基础防水	5	2009-6-14	2009-6-18	2009-6-14	2009-6-18	0	0
基础底板	10	2009-6-19	2009-6-28	2009-6-19	2009-6-28	0	0
地下二层	15	2009-6-29	2009-7-13	2009-6-29	2009-7-13	0	0
地下一层	12	2009-7-14	2009-7-25	2009-7-14	2009-7-25	0	0
首层	13	2009-7-26	2009-8-7	2009-7-26	2009-8-7	0	0
二～十层	77	2009-8-8	2009-10-23	2009-8-8	2009-10-23	0	0
十一～十八层	63	2009-10-24	2009-12-25	2009-10-24	2009-12-25	0	0
室外回填土	11	2009-7-26	2009-8-5	2009-12-15	2009-12-25	142	142
室外装修	50	2009-12-26	2010-2-13	2009-12-26	2010-2-13	0	0
内装修	60	2009-11-23	2010-1-21	2009-12-16	2010-2-13	23	23
地下室装修	30	2009-8-8	2009-9-6	2010-1-15	2010-2-13	160	160
竣工验收	10	2010-2-14	2010-2-23	2010-2-14	2010-2-23	0	0
2号土方开挖	5	2009-6-7	2009-6-11	2009-11-16	2009-11-20	0	162
地下一层	15	2009-6-12	2009-6-26	2009-11-21	2009-12-5	0	162
一～三层	30	2009-6-27	2009-7-26	2009-12-6	2010-1-4	0	162
装修	30	2009-7-27	2009-8-25	2010-1-5	2010-2-3	0	162
竣工	10	2009-8-26	2009-9-4	2010-2-4	2010-2-13	162	162

单代号网络图（图 8.3.2-2）：

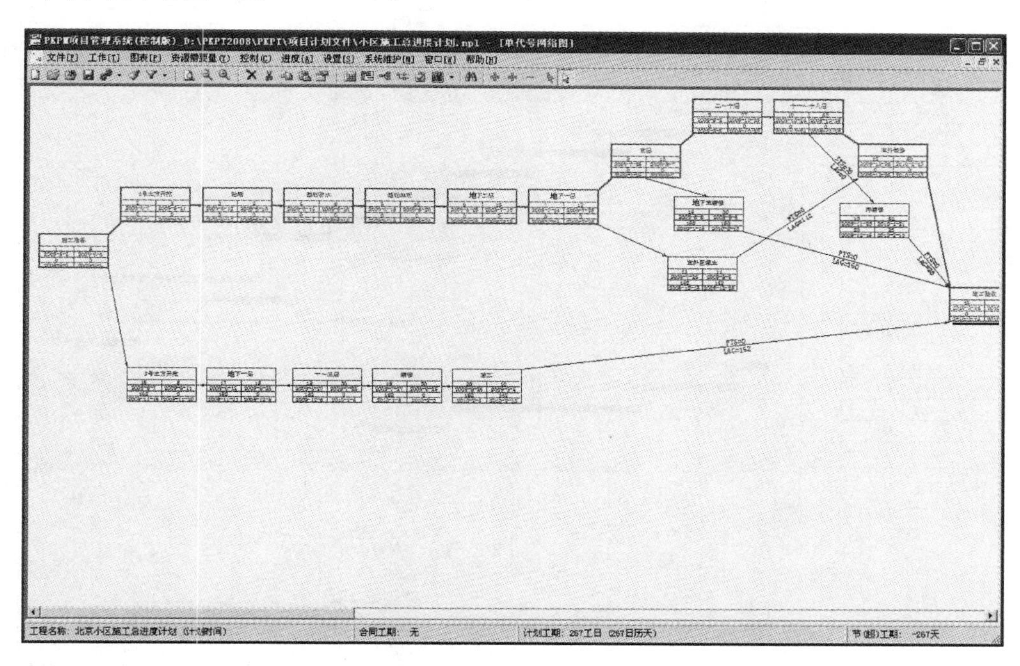

图 8.3.2-2 实例一单代号图

横道图（图 8.3.2-3）：

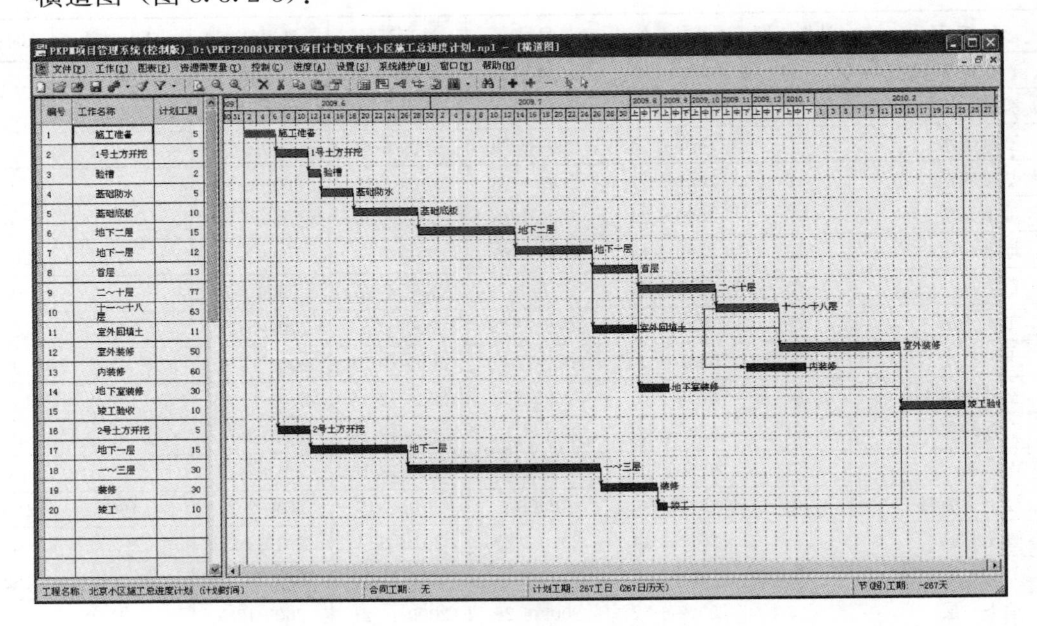

图 8.3.2-3　实例一横道图

带资源分布的横道图（图 8.3.2-4）：

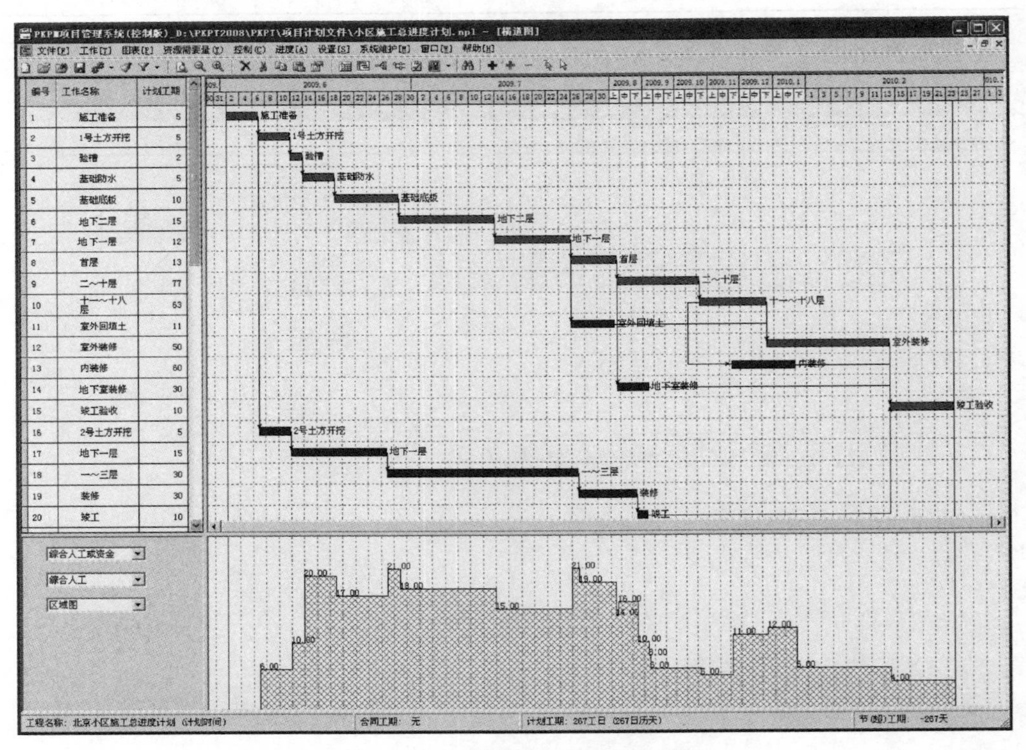

图 8.3.2-4　带资源分布图的横道图

8.3.3 应用实例2

【例 8-2】工程项目内容同实例一，工程计划工期为 267 工日，检查日期为 2009-6-18，这时各个工序的实际开始完成时间以及完成率见表 8.3.3，绘制进度前锋线，并进行进度分析，最后重新预测工程工期。

表 8.3.3

编号	工作名称	计划工期	实际开始	实际结束	完成率
1	施工准备	5	2009-6-2	2009-6-6	100.00%
2	1号土方开挖	5	2009-6-7	2009-6-11	100.00%
3	验槽	2	2009-6-12	2009-6-13	100.00%
4	基础防水	5	2009-6-14		20.00%
5	基础底板	10			0.00%
6	地下二层	15			0.00%
7	地下一层	12			0.00%
8	首层	13			0.00%
9	二～十层	77			0.00%
10	十一～十八层	63			0.00%
11	室外回填土	11			0.00%
12	室外装修	50			0.00%
13	内装修	60			0.00%
14	地下室装修	30			0.00%
15	竣工验收	10			0.00%
16	2号土方开挖	5	2009-6-7	2009-6-11	100.00%
17	地下一层	15	2009-6-12		50.00%
18	一～三层	30			0.00%
19	装修	30			0.00%
20	竣工	10			0.00%

输入在检查日期时各个工序的完成率，设置横道图显示进度前锋线，如图 8.3.3-1 所示。可以看出第 4 个工序“基础防水”完成率为 20%，与检查日期应该完成的工期进度少 3 个工作日，说明进度滞后；第 17 个工序“地下一层”完成率为 50%，与检查日期应该完成的工期进度多 1.5 个工作日，说明进度超前。

点击菜单【进度】→【重新计算进度】(又称前锋线拉直)，软件根据当前检查日期与各工序完成率情况重新计算，结果如下。会发现由于第 4 个工序为关键工序，它的滞后会影响工程工期。工期由原来的 267 工日变为 270 工日。在项目进行当中，绘制前锋线与前锋线拉直滚动进行（图 8.3.3-2）。

重新计算后，工程工期可能超出原来的计划工期或合同工期，这时就需要调整计

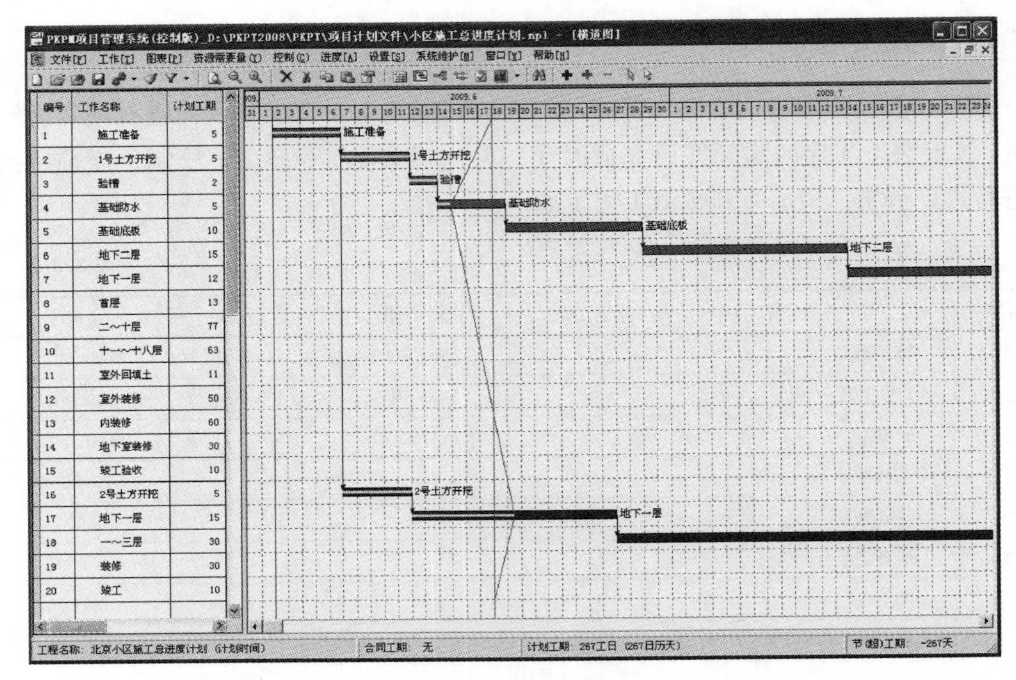

图 8.3.3-1　进度前锋线

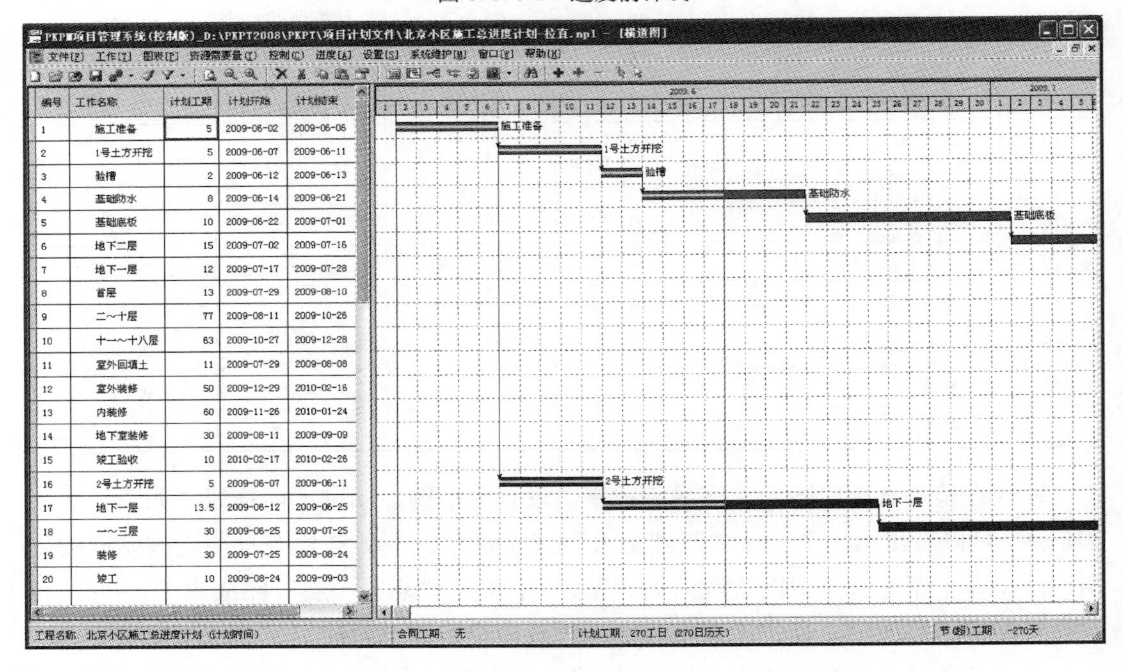

图 8.3.3-2　前锋线拉直

划，缩短关键线路上的工作的持续时间或者修改搭接关系，使其满足计划工期的要求。压缩第 6 个工序“地下二层”的持续时间，由 15 个工作日修改为 12 个工作日，软件重新计算，工程工期为 267 工日，满足计划要求（图 8.3.3-3）。

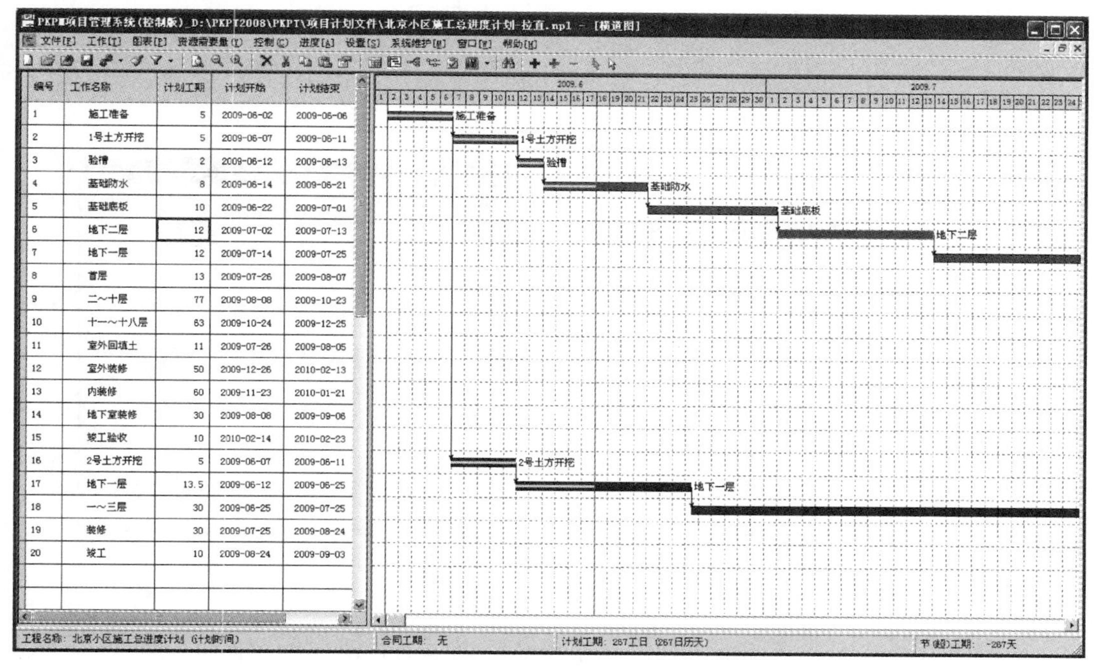

图 8.3.3-3 调整计划

8.3.4 应用实例 3

【例 8-3】 工程项目内容同例 8-1，按照单项工程以及专业分类分组显示横道图。

一个完整的工程项目所包含的工序可能很多，整个计划很长，用户常常需要从不同的方面来分析或展现计划，如需要从单项工程、专业分类、分包单位、责任人或资源等不同方面分析施工工序数据。

PKPM 项目管理软件的分组功能就是给工序增加表现其各种属性的扩展字段，这些工序扩展字段一般就是该工序的单项工程、专业分类、分包单位、责任人或资源等属性。程序可以将工序按照属性来分组，并分组展现工序的排列，从而使用户可以对一个复杂的计划从不同的方面展现分析。

操作时，用户可以给工序增加附加字段，例如，可以增加“单项工程”字段、“专业分类”字段等，并对于每个附加字段输入可选值，然后给每个工序的这些附加字段赋值。要使用附加字段对工序分组排序，就先要进行分组设置，分别确定用于分组的附加字段和用于排序的字段，显示组的字体，背景色等信息。

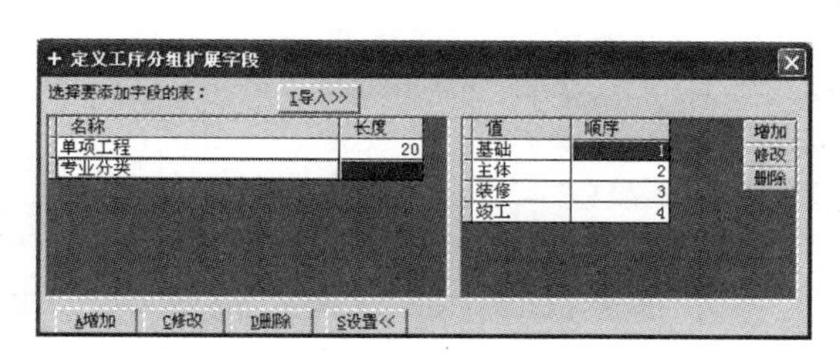

图 8.3.4-1 增加分组扩展信息字段

首先增加分组扩展信息字段：单项工程、专业分类，并设置每个扩展字段的可选内容（图 8.3.4-1）。

依次给各个工序的扩展字段赋值

（从可选内容中选择）（图 8. 3. 4-2）：

用户需要考虑对工序如何分组，第一层按照哪个字段分组，第二层按照哪个字段分组等，然后进行分组设置，设置各个层次显示的字体、颜色、背景色等（图 8. 3. 4-3、图 8. 3. 4-5）。

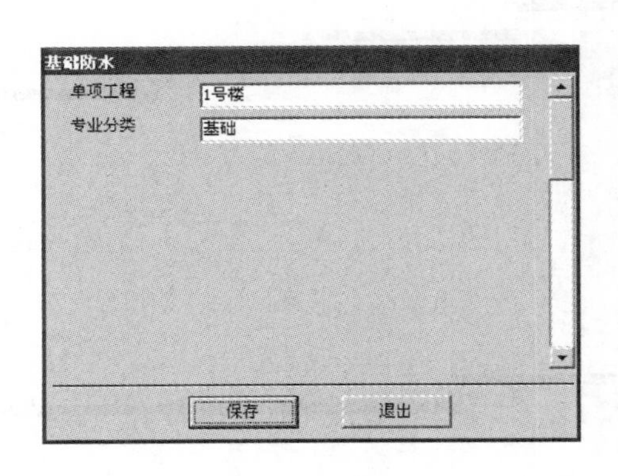

图 8. 3. 4-2　扩展字段赋值

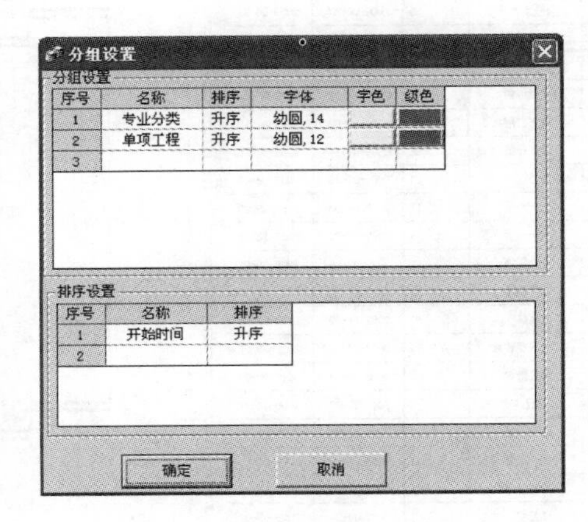

图 8. 3. 4-3　分组设置方式 1

按照“专业分类”，“单项工程”的层次分组顺序显示横道图（图 8. 3. 4-4）：

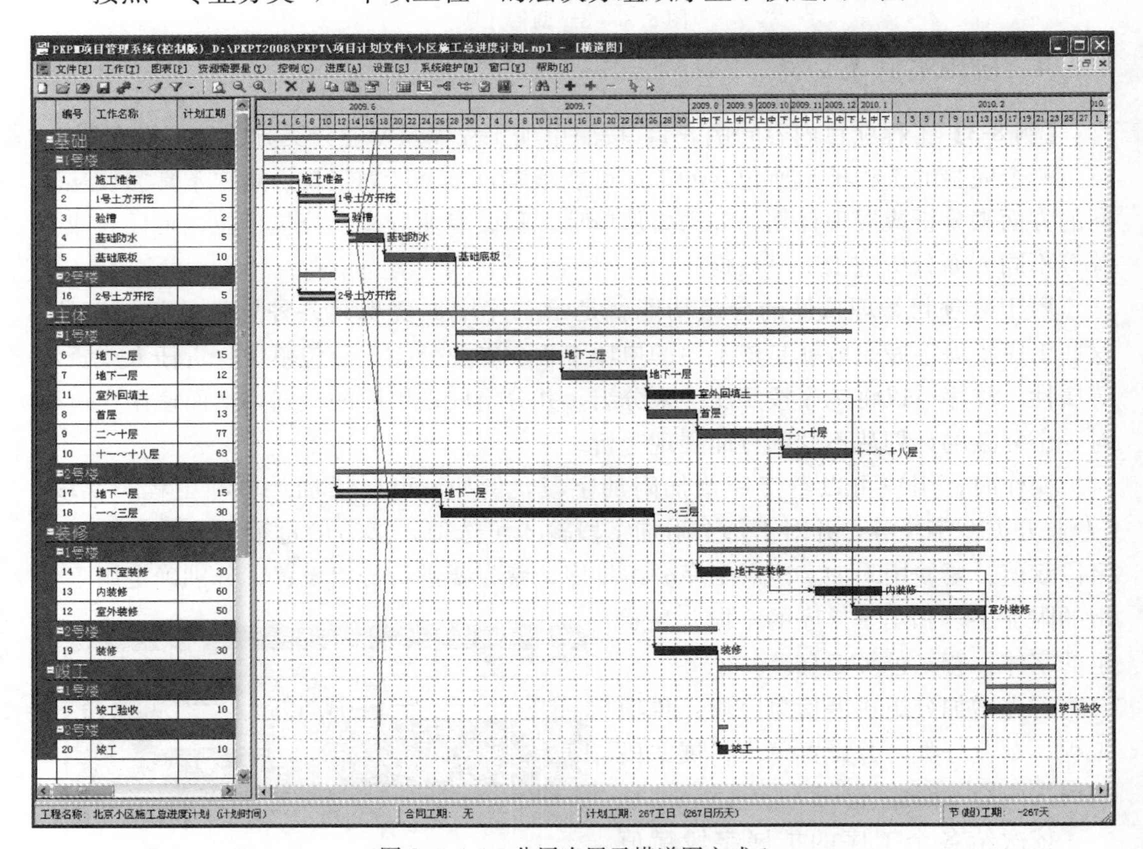

图 8. 3. 4-4　分层次展示横道图方式 1

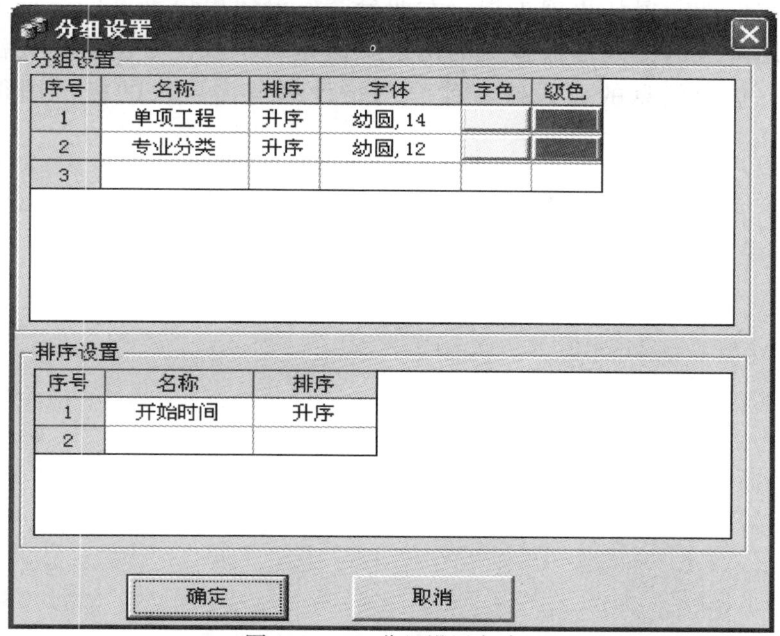

图 8.3.4-5　分组设置方式 2

按照“单项工程”、“专业分类”的层次分组顺序显示横道图（图 8.3.4-6）：

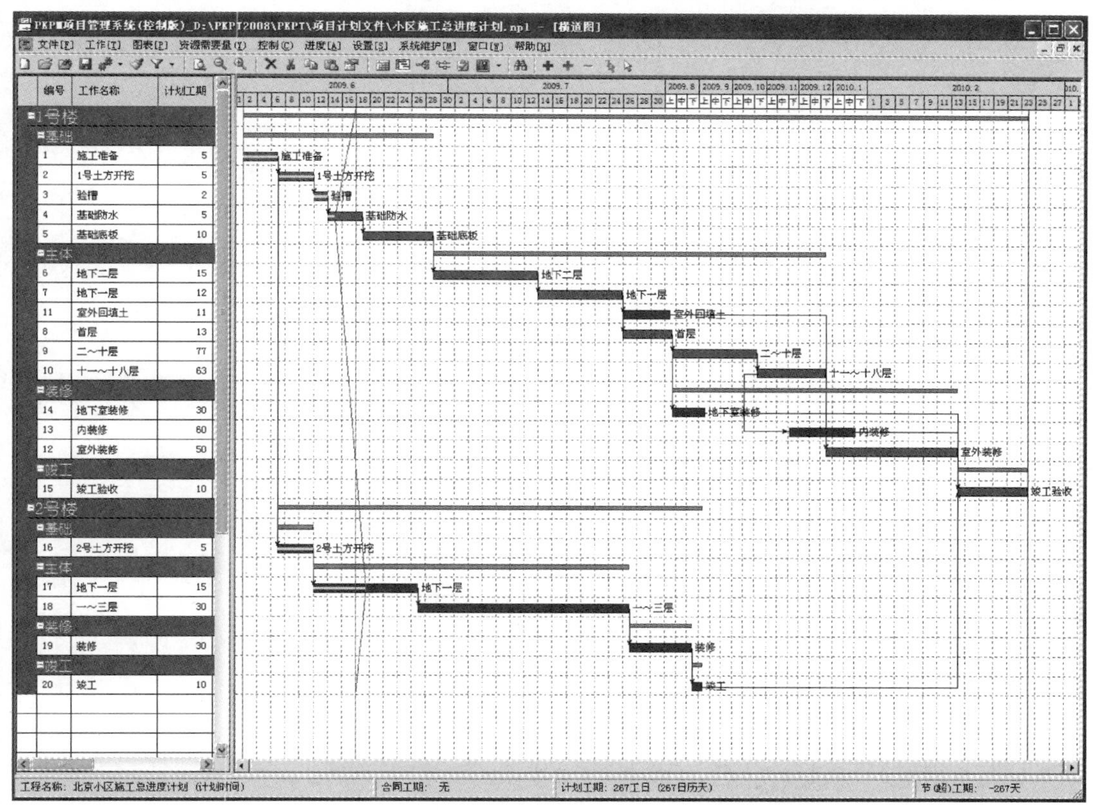

图 8.3.4-6　分层次展示横道图方式 2

Project 软件如需要从单项工程、专业分类、分包单位等不同方面组织施工工序时，会采用降级的方式形成多级的网络，但是对于双代号网络是无法表示多级网络计划的。扩展信息的方式使双代号网络计划与多层次的横道图很好的兼容起来。

附录A　中华人民共和国行业标准《工程网络计划技术规程》JGJ／T 121—2015

工程网络计划技术规程

Technical specification for engineering network planning and scheduling

JGJ/T 121－2015

批准部门：中华人民共和国住房和城乡建设部
施行日期：２０１５年１１月１日

中华人民共和国住房和城乡建设部
公　告

第 766 号

住房城乡建设部关于发布行业标准《工程网络计划技术规程》的公告

现批准《工程网络计划技术规程》为行业标准，编号为 JGJ/T 121－2015，自 2015 年 11 月 1 日起实施。原《工程网络计划技术规程》JGJ/T 121－99 同时废止。

本规程由我部标准定额研究所组织中国建筑工业出版社出版发行。

中华人民共和国住房和城乡建设部

2015 年 3 月 13 日

前　　言

根据住房和城乡建设部《关于印发〈2009年工程建设标准规范制订、修订计划〉的通知》（建标［2009］88号）的要求，编制组经广泛调查研究，认真总结实践经验，参考了有关国际标准和国外先进标准，并在广泛征求意见的基础上，修订了《工程网络计划技术规程》JGJ/T 121-99。

本规程的主要技术内容是：1. 总则；2. 术语和符号；3. 工程网络计划技术应用程序；4. 双代号网络计划；5. 单代号网络计划；6. 网络计划优化；7. 网络计划实施与控制；8. 工程网络计划的计算机应用。

本规程修订的主要技术内容是：1. 增加了"工程网络计划技术应用程序"和"工程网络计划的计算机应用"；2. 将原来的第3章"双代号网络计划"和第5章"双代号时标网络计划"合并成一章"双代号网络计划"；3. 将原来的第4章"单代号网络计划"和第6章"单代号搭接网络计划"合并成"单代号网络计划"。

本规程由住房和城乡建设部负责管理，由江苏中南建筑产业集团有限责任公司负责具体技术内容的解释。执行过程中如有意见或建议，请寄送江苏中南建筑产业集团有限责任公司（地址：江苏省海门市上海路899号中南集团1204技术中心，邮政编码：226100）。

本规程主编单位：江苏中南建筑产业集团有限责任公司
东南大学

本规程参编单位：中国建筑科学研究院
重庆大学
湖南大学
上海宝冶集团有限公司
北京建筑大学
北京工程管理科学学会

本规程主要起草人员：董年才　陆惠民　张　军　陈耀钢　陆建忠　侯海泉
丛培经　郭春雨　惠跃荣　曹小琳　潘晓丽　陈大川
胡英明　赵世强　袁秦标　钱益锋　顾春明　徐鹤松
张　雷　陈洪杰　晏金洲　王欧南　王玉恒　董廷旗
裴敬友

本规程主要审查人员：张晋勋　丰景春　王桂玲　霍瑞琴　朱建君　陈　贵
常利传　余湘乐　刘　旭　陈为民　何明星

目 次

Contents

1 总　　则

1.0.1 为规范网络计划技术在工程建设计划管理中的应用，统一工程网络计划的计算规则和表达方式，制定本规程。

1.0.2 本规程适用于采用肯定型网络计划技术进行进度计划管理的城乡建设工程。

1.0.3 工程网络计划应在确定技术方案与组织方案、工作分解、明确工作之间逻辑关系及各工作持续时间后进行编制。

1.0.4 工程网络计划编制应用除应符合本规程外，尚应符合国家现行有关标准的规定。

2 术语和符号

2.1 术　　语

2.1.1 工程网络计划　engineering network planning and scheduling

以工程项目为对象编制的网络计划。

2.1.2 工程网络计划技术　engineering network planning and scheduling techniques

工程网络计划的编制、计算、应用等全过程的理论、方法和实践活动的总称。

2.1.3 工作　activity

计划任务按需要粗细程度划分而成的、消耗时间或资源的一个子项目或子任务。

2.1.4 虚工作　dummy activity

既不耗用时间，也不耗用资源的虚拟的工作。双代号网络计划中，表示前后工作之间的逻辑关系；单代号网络计划中，表示虚拟的起始工作或结束工作。

2.1.5 箭线　arrow

网络图中一端带箭头的实线。双代号网络计划中，箭线表示一项工作；在单代号网络计划中，箭线表示工作之间的逻辑关系。

2.1.6 虚箭线　dummy arrow

网络图中一端带箭头的虚线。双代号网络计划中，表示虚工作；单代号搭接网络计划中，根据时间参数计算需要而设置。

2.1.7 节点　node

网络图中箭线端部的圆圈或其他形状的封闭图形。在双代号网络计划中，表示工作开始或完成的时刻；在单代号网络计划中，表示一项工作或虚工作。

2.1.8 虚拟节点　dummy node

在单代号网络图中，当有多项起始工作或多项结束工作时，为便于计算而虚设的起点节点或终点节点的统称。

2.1.9 网络图 network diagram

由箭线和节点组成的，用来表示工作流程的有向、有序网状图形。

2.1.10 双代号网络图 activity-on-arrow network

以箭线及其两端节点的编号表示工作的网络图。

2.1.11 单代号网络图 activity-on-node network

以节点及该节点的编号表示工作，以箭线表示工作之间逻辑关系的网络图。

2.1.12 网络计划 network planning and scheduling

在网络图上加注工作的时间参数而编成的进度计划。

2.1.13 单代号搭接网络计划 multi-dependency network

单代号网络计划中，前后工作之间可能有多种时距关系的肯定型网络计划。

2.1.14 双代号时标网络计划 time-scaled network

以时间坐标单位为尺度，表示箭线长度的双代号网络计划。

2.1.15 紧前工作 predecessor activity

紧排在本工作之前的工作。

2.1.16 紧后工作 successor activity

紧排在本工作之后的工作。

2.1.17 起点节点 start node

网络图的第一个节点，表示一项任务的开始。

2.1.18 终点节点 end node

网络图的最后一个节点，表示一项任务的完成。

2.1.19 线路 path

网络图中从起点节点开始，沿箭线方向连续通过一系列箭线（或虚箭线）与节点，最后达到终点节点所经过的通路。

2.1.20 回路 logical loop

从一个节点出发沿箭线方向又回到该节点的线路。

2.1.21 工作持续时间 duration

一项工作从开始到完成的时间。

2.1.22 最早开始时间 early start time

在紧前工作和有关时限约束下，工作有可能开始的最早时刻。

2.1.23 最早完成时间 early finish time

在紧前工作和有关时限约束下，工作有可能完成的最早时刻。

2.1.24 最迟开始时间 late start time

在不影响任务按期完成和有关时限约束下，工作最迟必须开始的时刻。

2.1.25 最迟完成时间 late finish time

在不影响任务按期完成和有关时限约束下，工作最迟必须完成的时刻。

2.1.26 节点最早时间 early event time

双代号网络计划中，以该节点为开始节点的各项工作的最早开始时间。

2.1.27 节点最迟时间 late event time

双代号网络计划中，以该节点为完成节点的各项工作的最迟完成时间。

2.1.28 时距 time difference

单代号搭接网络计划中，工作之间不同顺序关系所决定的各种时间差值。

2.1.29 计算工期 calculated project duration

根据网络计划时间参数计算所得到的工期。

2.1.30 要求工期 specified project duration

任务委托人所提出的指令性工期。

2.1.31 计划工期 planned project duration

在要求工期和计算工期的基础上综合考虑需要和可能而确定的工期。

2.1.32 自由时差 free float

在不影响其紧后工作最早开始和有关时限的前提下，一项工作可以利用的机动时间。

2.1.33 总时差 total float

在不影响工期和有关时限的前提下，一项工作可以利用的机动时间。

2.1.34 关键工作 critical activity

网络计划中机动时间最少的工作。

2.1.35 关键线路 critical path

双代号网络计划中，由关键工作组成的线路或总持续时间最长的线路；单代号网络计划中，由关键工作组成，且关键工作之间的间隔时间为零的线路或总持续时间最长的线路。

2.1.36 资源需用量 resource requirement

网络计划中各项工作在某一单位时间内所需某种资源数量之和。

2.1.37 资源限量 resource availability

单位时间内可供使用的某种资源的最大数量。

2.1.38 直接费用率 direct cost slope

为缩短每一单位工作持续时间所需增加的直接费。

2.1.39 实际进度前锋线 practical progress vanguard line

在时标网络计划图上，将检查时刻各项工作的实际进度所达到的前锋点连接而成的折线。

2.2 符 号

2.2.1 通用指标

C_i ——第 i 次工期缩短增加的总费用；

R_t ——第 t 个时间单位资源需用量；

R_{a} ——资源限量；

T_{p} ——网络计划的计划工期；

T_{c} ——网络计划的计算工期；

T_{r} ——网络计划的要求工期；

T_{h} ——资源需用量高峰期的最后时刻。

2.2.2 双代号网络计划

CC_{i-j} ——工作 $i-j$ 的持续时间缩短为最短持续时间后，完成该工作所需的直接费用；

CN_{i-j} ——在正常条件下，完成工作 $i-j$ 所需直接费用；

D_{i-j} ——工作 $i-j$ 的持续时间；

DC_{i-j} ——工作 $i-j$ 的最短持续时间；

DN_{i-j} ——工作 $i-j$ 的正常持续时间；

ES_{i-j} ——工作 $i-j$ 的最早开始时间；

EF_{i-j} ——工作 $i-j$ 的最早完成时间；

ET_i ——节点 i 的最早时间；

FF_{i-j} ——工作 $i-j$ 的自由时差；

LS_{i-j} ——在计划工期已经确定的情况下，工作 $i-j$ 的最迟开始时间；

LF_{i-j} ——在计划工期已经确定的情况下，工作 $i-j$ 的最迟完成时间；

LT_i ——节点 i 的最迟时间；

TF_{i-j} ——工作 $i-j$ 的总时差；

ΔC_{i-j} ——工作 $i-j$ 的直接费用率；

$\Delta T_{m-n,i-j}$ ——工作 $i-j$ 安排在工作 $m-n$ 之后进行，工期所延长的时间；

$\Delta T_{m'-n',i'-j'}$ ——最佳工作顺序安排所对应的工期延长时间的最小值；

ΔT_{i-j} ——工作 $i-j$ 的时间差值。

2.2.3 单代号网络计划

CC_i ——工作 i 的持续时间缩短为最短持续时间后，完成该工作所需直接费用；

CN_i ——在正常条件下完成工作 i 所需直接费用；

D_i ——工作 i 的持续时间；

DC_i ——工作 i 的最短持续时间；

DN_i ——工作 i 的正常持续时间；

EF_i ——工作 i 的最早完成时间；

ES_i ——工作 i 的最早开始时间；

$LAG_{i,j}$ ——工作 i 和工作 j 之间的间隔时间；

LF_i ——在计划工期已确定的情况下，工作 i 的最迟完成时间；

LS_i ——在计划工期已确定的情况下，工作 i 的最迟开始时间；

FF_i ——工作 i 的自由时差；

TF_i ——工作 i 的总时差；

$FTF_{i,j}$ ——从工作 i 完成到工作 j 完成的时距；

$FTS_{i,j}$ ——从工作 i 完成到工作 j 开始的时距；

$STF_{i,j}$ ——从工作 i 开始到工作 j 完成的时距；

$STS_{i,j}$ ——从工作 i 开始到工作 j 开始的时距；

ΔC_i ——工作 i 的直接费用率；

$\Delta T_{m,i}$ ——工作 i 安排在工作 m 之后进行，工期所延长的时间；

$\Delta T_{m',i'}$ ——最佳工作顺序安排所对应的工期延长时间的最小值；

ΔT_i ——工作 i 的时间差值。

3 工程网络计划技术应用程序

3.1 一 般 规 定

3.1.1 应用工程网络计划技术时，应将工程项目及其相关要素作为一个系统来考虑。

3.1.2 在工程项目计划实施过程中，工程网络计划应作为一个动态过程进行检查与调整。

3.2 应 用 程 序

3.2.1 工程网络计划技术应用程序宜符合表 3.2.1 的规定。

表 3.2.1 工程网络计划技术应用程序

序号	阶　段	主要工作内容
1	准备	确定网络计划目标
		调查研究
2	工程项目工作结构分解	工作分解结构（WBS）
		编制工程实施方案
		编制工作明细表
3	编制初步网络计划	分析确定逻辑关系
		绘制初步网络图
		确定工作持续时间
		确定资源需求
		计算时间参数
		确定关键线路和关键工作
		形成初步网络计划

续表 3.2.1

序号	阶　段	主要工作内容
4	编制正式网络计划	检查与修正
		网络计划优化
		确定正式网络计划
5	网络计划实施与控制	执行
		检查
		调整
6	收尾	分析
		总结

3.2.2 网络计划目标应依据下列内容确定：

1 工程项目范围说明书：详细说明工程项目的可交付成果、为提交这些成果而必须开展的工作、工程项目的主要目标；

2 环境因素：组织文化，组织结构，资源，相关标准、制度等。

3.2.3 网络计划目标应包括下列内容：

1 时间目标；

2 时间-资源目标；

3 时间-费用目标。

3.2.4 调查研究应包括下列内容：

1 工程项目有关的工作任务、实施条件、设计数据等资料；

2 有关的标准、定额、制度等；

3 资源需求和供应情况；

4 资金需求和供应情况；

5 有关的工程建设经验、统计资料及历史资料；

6 其他有关的工程技术经济资料。

3.2.5 调查研究可采用下列方法：

1 实际观察、测量与询问；

2 会议调查；

3 阅读资料；

4 计算机检索；

5 预测与分析等。

3.2.6 工程项目工作结构分解应符合下列规定：

1 应根据工程项目管理和网络计划的要求，依据工程项目范围，将工程项目分解为较小的、易于管理的基本单元。

2 工作结构分解的层次和范围，应根据工程项目的具体情况来决定。

3 工程项目结构分解的成果可用工作分解结构图或表及分解说明书表达。

3.2.7　工程实施方案或施工方案应依据工程项目工作结构分解的成果进行编制，并应包括下列主要内容：

1　确定工作顺序；

2　确定工作方法；

3　选择需要的资源；

4　确定重要的工作管理组织；

5　确定重要的工作保证措施；

6　确定采用的网络图类型。

3.2.8　逻辑关系类型应包括工艺关系和组织关系。

3.2.9　网络计划逻辑关系应依据下列内容确定：

1　已编制的工程实施方案；

2　项目已分解的工作；

3　收集到的有关工程信息；

4　编制计划人员的专业工作经验和管理工作经验等。

3.2.10　逻辑关系分析宜按下列工作步骤进行：

1　确定每项工作的紧前工作或紧后工作及搭接关系；

2　按表 3.2.10 的规定进行逻辑关系分析。

表 3.2.10　工作逻辑关系分析表

工作编码	工作名称	逻辑关系			工作持续时间			
		紧前工作或紧后工作	搭接		三时估计法			持续时间 D
			相关关系	时距	最短估计时间 a	最长估计时间 b	最可能估计时间 m	
1101	C	A	—	—	5	10	6	6.5

注：1101—工作编码；A，C—工作；5，10，6—工作最短、最长、最可能估计时间；6.5—三时估计法计算得到的工作持续时间。

3.2.11　初步网络图的绘制应符合下列规定：

1　应依据本规程表 3.2.10 中的工作名称、逻辑关系、已选定的网络图类型和本规程第 4 章、第 5 章的相关规定，绘制网络图。

2　绘制的网络图应方便使用，方便工作的组合、分图与并图。

3.2.12　确定工作持续时间应依据下列内容：

1　工作的任务量；

2　资源供应能力；

3　工作组织方式；

4　工作能力及生产效率；

5　选择的计算方法。

3.2.13　确定工作持续时间可采用下列方法：

1　参照以往工程实践经验估算；

2　经过试验推算；

3　按定额计算，计算公式为：

$$D=\frac{Q}{R\cdot S} \tag{3.2.13-1}$$

式中：D——工作持续时间；

Q——工作任务总量；

R——资源数量；

S——工效定额。

4　采用“三时估计法”，计算公式为：

$$D=\frac{a+4m+b}{6} \tag{3.2.13-2}$$

式中：D——期望持续时间估计值；

a——最短估计时间；

b——最长估计时间；

m——最可能估计时间。

3.2.14　网络计划时间参数计算应符合下列规定：

1　网络计划时间参数应包括：工作的最早开始时间、最早完成时间、最迟开始时间、最迟完成时间、总时差、自由时差；节点最早时间、节点最迟时间；间隔时间；计算工期、要求工期、计划工期；

2　网络计划时间参数宜采用计算机软件进行计算。

3.2.15　网络计划的关键线路应按本规程第 4.5 节和第 5.5 节的规定确定。

3.2.16　初步网络计划的检查与修正应符合下列规定：

1　对初步网络计划的检查应包括下列内容：

1）计算工期与要求工期；

2）资源需用量与资源限量；

3）费用支出计划。

2　初步网络计划的修正可采用下列方法：

1）当计算工期不能满足预定的时间目标要求时，可适当压缩关键工作的持续时间、改变工作实施方案；

2）当资源需用量超过供应限制时，可延长非关键工作持续时间，使资源需用量降低；在总时差允许范围内和其他条件允许的前提下，可灵活安排非关键工作的起止时间，使资源需用量降低。

3.2.17　正式网络计划的确定应符合下列规定：

1　网络计划说明书应包括下列内容：

1）编制说明；

2）主要计划指标一览表；

3）执行计划的关键说明；

4）需要解决的问题及主要措施；

5）说明工作时差分配范围；

6）其他需要说明的问题。

2 应依据网络计划的优化结果，制定拟付诸实施的正式网络计划，并应报请审批。

3.2.18 网络计划任务完成后，应进行分析。分析应包括下列内容：

1 各项目标的完成情况；

2 计划与控制工作中的问题及其原因；

3 计划与控制中的经验；

4 提高计划与控制工作水平的措施。

3.2.19 计划与控制工作的总结应符合下列规定：

1 总结报告应以书面形式提交；

2 总结报告应进行归档。

4 双代号网络计划

4.1 一 般 规 定

4.1.1 双代号网络图中，工作应以箭线表示（图 4.1.1）。箭线应画成水平直线、垂直直线或折线，水平直线投影的方向应自左向右。

4.1.2 双代号网络图的节点应用圆圈表示，并应在圆圈内编号。节点编号顺序应从左至右、从小到大，可不连续，但严禁重复。

4.1.3 双代号网络图中，一项工作应只有唯一的一条箭线和相应的一对节点编号，箭尾的节点编号应小于箭头的节点编号。

4.1.4 双代号网络图中，虚工作应以虚箭线表示。

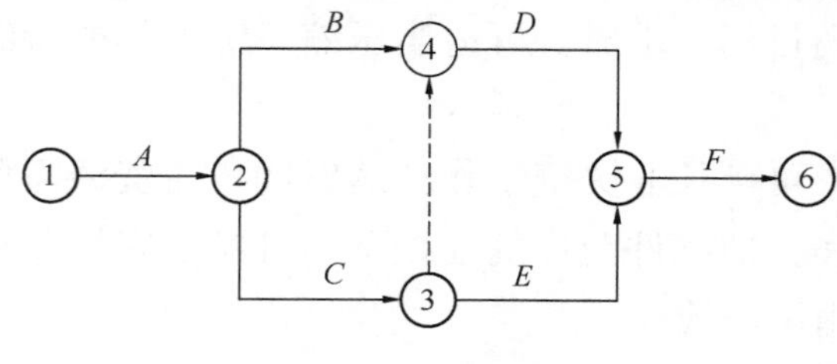

图 4.1.1 双代号网络图

①，②，③，④，⑤，⑥—网络图的节点；

A，*B*，*C*，*D*，*E*，*F*—工作

4.1.5 双代号网络计划中，工作名称应标注在箭线上方，持续时间应标注在箭线下方（图 4.1.5）。

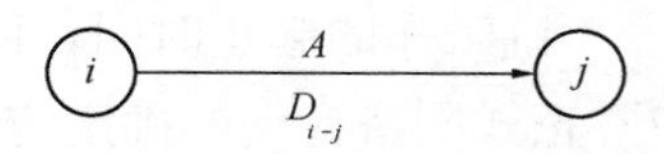

图 4.1.5 双代号网络图工作表示方法

A—工作；D_{i-j}—持续时间

4.2　绘　图　规　则

4.2.1　双代号网络图应正确表达工作之间已定的逻辑关系。

4.2.2　双代号网络图中，不得出现回路。

4.2.3　双代号网络图中，不得出现带双向箭头或无箭头的连线。

4.2.4　双代号网络图中，不得出现没有箭头节点或没有箭尾节点的箭线。

4.2.5　当双代号网络图的起点节点有多条外向箭线或终点节点有多条内向箭线时，对起点节点和终点节点可使用母线法绘图。

4.2.6　绘制网络图时，箭线不宜交叉；当交叉不可避免时，可用过桥法、断线法或指向法。

4.2.7　双代号网络图中应只有一个起点节点；在不分期完成任务的网络图中，应只有一个终点节点；其他所有节点均应是中间节点。

4.3　时　间　参　数　计　算

4.3.1　按工作计算法计算时间参数应符合下列规定：

1　计算工作时间参数应在确定各项工作的持续时间之后进行。虚工作可视同工作进行计算，其持续时间应为零。

2　工作时间参数的计算结果应分别标注（图4.3.1）。

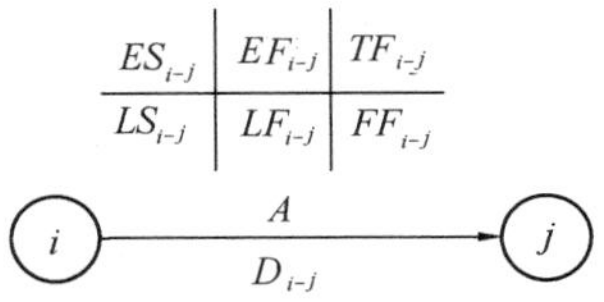

ES_{i-j}	EF_{i-j}	TF_{i-j}
LS_{i-j}	LF_{i-j}	FF_{i-j}

图4.3.1　工作计算法的标注

ES_{i-j}—工作最早开始时间；
EF_{i-j}—工作最早完成时间；
LS_{i-j}—工作最迟开始时间；
LF_{i-j}—工作最迟完成时间；
TF_{i-j}—总时差；
FF_{i-j}—自由时差；A—工作；
D_{i-j}—持续时间

3　工作最早开始时间的计算应符合下列规定：

1) 工作 $i-j$ 的最早开始时间（ES_{i-j}）应从网络计划的起点节点开始顺着箭线方向依次逐项计算。

2) 以起点节点 i 为箭尾节点的工作 $i-j$，当未规定其最早开始时间时应按下式计算：

$$ES_{i-j}=0 \tag{4.3.1-1}$$

式中：ES_{i-j}——工作 $i-j$ 的最早开始时间。

3) 其他工作的最早开始时间（ES_{i-j}）应按下式计算：

$$ES_{i-j}=\max\{ES_{h-i}+D_{h-i}\} \tag{4.3.1-2}$$

式中：D_{h-i}——工作 $i-j$ 的各项紧前工作 $h-i$ 的持续时间；

ES_{h-i}——工作 $i-j$ 的各项紧前工作 $h-i$ 的最早开始时间。

4　工作 $i-j$ 的最早完成时间（EF_{i-j}）应按下式计算：

$$EF_{i-j}=ES_{i-j}+D_{i-j} \tag{4.3.1-3}$$

5　网络计划的计算工期（T_c）应按下式计算：

$$T_c = \max\{EF_{i-n}\} \quad (4.3.1\text{-}4)$$

式中：EF_{i-n}——以终点节点（$j=n$）为箭头节点的工作 $i-n$ 的最早完成时间。

6　网络计划的计划工期（T_p）应按下列情况确定：

1）当已规定要求工期（T_r）时：

$$T_p \leqslant T_r \quad (4.3.1\text{-}5)$$

2）当未规定要求工期（T_r）时：

$$T_p = T_c \quad (4.3.1\text{-}6)$$

7　工作最迟完成时间的计算应符合下列规定：

1）工作 $i-j$ 的最迟完成时间（LF_{i-j}）应从网络计划的终点节点开始，逆着箭线方向依次逐项计算；

2）以终点节点（$j=n$）为箭头节点的工作，最迟完成时间（LF_{i-n}），应按下式计算：

$$LF_{i-n} = T_p \quad (4.3.1\text{-}7)$$

3）其他工作的最迟完成时间（LF_{i-j}）应按下式计算：

$$LF_{i-j} = \min\{LF_{j-k} - D_{j-k}\} \quad (4.3.1\text{-}8)$$

式中：LF_{j-k}——工作 $i-j$ 的各项紧后工作 $j-k$ 的最迟完成时间；

D_{j-k}——工作 $i-j$ 的各项紧后工作 $j-k$ 的持续时间。

8　工作 $i-j$ 的最迟开始时间（LS_{i-j}）应按下式计算：

$$LS_{i-j} = LF_{i-j} - D_{i-j} \quad (4.3.1\text{-}9)$$

9　工作 $i-j$ 的总时差（TF_{i-j}）应按下列公式计算：

$$TF_{i-j} = LS_{i-j} - ES_{i-j} \quad (4.3.1\text{-}10)$$

或

$$TF_{i-j} = LF_{i-j} - EF_{i-j} \quad (4.3.1\text{-}11)$$

10　工作 $i-j$ 的自由时差（FF_{i-j}）的计算应符合下列规定：

1）当工作 $i-j$ 有紧后工作 $j-k$ 时，其自由时差应按下式计算：

$$FF_{i-j} = \min\{ES_{j-k}\} - EF_{i-j} \quad (4.3.1\text{-}12)$$

式中：ES_{j-k}——工作 $i-j$ 的紧后工作 $j-k$ 的最早开始时间。

2）以终点节点（$j=n$）为箭头节点的工作，其自由时差应按下式计算：

$$FF_{i-n} = T_p - EF_{i-n} \quad (4.3.1\text{-}13)$$

4.3.2　按节点计算法计算时间参数应符合下列规定：

1　节点时间参数计算结果应分别标注（图 4.3.2）。

2　节点最早时间的计算应符合下列规定：

1）节点 i 的最早时间（ET_i），应从网络计划的起点节点开始，顺着箭线方向依次逐项计算；

2）起点节点 i 的最早时间，当未规定最早时间时，应按下式计算：

$$ET_i = 0\ (i=1) \quad (4.3.2\text{-}1)$$

3）其他节点 j 的最早时间（ET_j）应按下式计算：

$$ET_j = \max\{ET_i + D_{i-j}\} \quad (4.3.2\text{-}2)$$

式中：D_{i-j}——工作 $i-j$ 的持续时间。

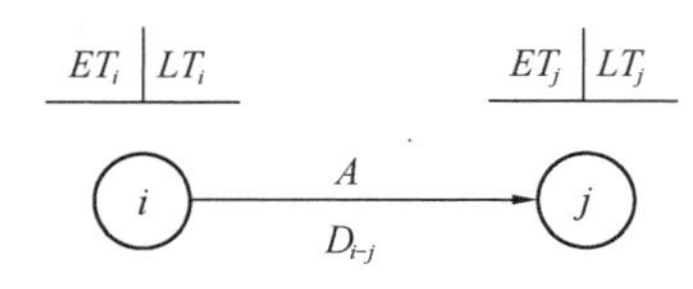

图 4.3.2 节点计算法的标注

ET_i—节点 i 最早时间；LT_i—节点 i 最迟时间；ET_j—节点 j 最早时间；LT_j—节点 j 最迟时间；A—工作；D_{i-j}—持续时间

3 网络计划的计算工期（T_c）应按下式计算：

$$T_c = ET_n \quad (4.3.2\text{-}3)$$

式中：ET_n——终点节点 n 的最早时间。

4 节点最迟时间的计算应符合下列规定：

1）节点 i 的最迟时间（LT_i）应从网络计划的终点节点开始，逆着箭线方向依次逐项计算；

2）终点节点 n 的最迟时间（LT_n）应按下式计算：

$$LT_n = T_p \quad (4.3.2\text{-}4)$$

3）其他节点的最迟时间（LT_i）应按下式计算：

$$LT_i = \min\{LT_j - D_{i-j}\} \quad (4.3.2\text{-}5)$$

式中：LT_j——工作 $i-j$ 的箭头节点 j 的最迟时间。

5 工作 $i-j$ 的最早开始时间（ES_{i-j}）应按下式计算：

$$ES_{i-j} = ET_i \quad (4.3.2\text{-}6)$$

6 工作 $i-j$ 的最早完成时间（EF_{i-j}）应按下式计算：

$$EF_{i-j} = ET_i + D_{i-j} \quad (4.3.2\text{-}7)$$

7 工作 $i-j$ 的最迟完成时间（LF_{i-j}）应按下式计算：

$$LF_{i-j} = LT_j \quad (4.3.2\text{-}8)$$

8 工作 $i-j$ 的最迟开始时间（LS_{i-j}）应按下式计算：

$$LS_{i-j} = LT_j - D_{i-j} \quad (4.3.2\text{-}9)$$

9 工作 $i-j$ 的总时差（TF_{i-j}）应按下式计算：

$$TF_{i-j} = LT_j - ET_i - D_{i-j} \quad (4.3.2\text{-}10)$$

10 工作 $i-j$ 的自由时差（FF_{i-j}）应按下式计算：

$$FF_{i-j} = ET_j - ET_i - D_{i-j} \quad (4.3.2\text{-}11)$$

4.4 双代号时标网络计划

4.4.1 双代号时标网络计划应符合下列规定：

1 双代号时标网络计划应以水平时间坐标为尺度表示工作时间，时标的时间单位应根据需要在编制网络计划之前确定，可为小时、天、周、旬、月、季或年。

2 双代号时标网络计划应以实箭线表示工作，以虚箭线表示虚工作，以波形线表示工作的自由时差。

3 双代号时标网络计划中所有符号在时间坐标上的水平投影位置，都必须与其时间参数相对应。节点中心必须对准相应的时标位置。虚工作必须以垂直方向的虚箭线表示，有自由时差时应用波形线表示。

4.4.2 双代号时标网络计划的编制应符合下列规定：

1 双代号时标网络计划宜按最早时间编制。

2 编制双代号时标网络计划之前，应先按已确定的时间单位绘出时标计划表。时标可标注在时标计划表的顶部或底部。时标的长度单位必须注明。可在顶部时标之上或底部时标之下加注日历的对应时间。时标计划表格式宜符合表4.4.2的规定。

表4.4.2 时标计划表

计算坐标体系	0	1	2	3	4	5			…					n
工作日坐标体系	1	2	3	4	5	6								n
日历坐标体系														
时标网络计划														

注：时标计划表中部的刻度线宜为细线。为使图面清晰，此线也可不画或少画。

3 间接法绘制时标网络计划可按下列步骤进行：

1) 绘制出无时标网络计划；

2) 计算各节点的最早时间；

3) 根据节点最早时间在时标计划表上确定节点的位置；

4) 按要求连线，某些工作箭线长度不足以达到该工作的完成节点时，用波形线补足。

4 直接法绘制时标网络计划可按下列步骤进行：

1) 将起点节点定位在时标计划表的起始刻度线上；

2) 按工作持续时间在时标计划表上绘制起点节点的外向箭线；

3) 其他工作的开始节点必须在所有紧前工作都绘出以后，定位在这些紧前工作最早完成时间最大值的时间刻度上；某些工作的箭线长度不足以到达该节点时，用波形线补足；箭头画在波形线与节点连接处；

4) 从左至右依次确定其他节点位置，直至网络计划终点节点，绘图完成。

4.4.3 双代号时标网络计划时间参数的确定应符合下列规定：

1 双代号时标网络计划的计算工期，应为计算坐标体系中终点节点与起点节点所在位置的时标值之差。

2 按最早时间绘制的双代号时标网络计划，箭尾节点中心所对应的时标值为工作的最早开始时间；当箭线不存在波形线时，箭头节点中心所对应的时标值为工作的最早完成时间；当箭线存在波形线时，箭线实线部分的右端点所对应的时标值为工作的最早完成时间。

3 工作的自由时差应为工作的箭线中波形线部分在坐标轴上的水平投影长度。

4 双代号时标网络计划工作总时差的计算应自右向左进行，并应符合下列规定：

1) 以终点节点（$j=n$）为箭头节点的工作，总时差（TF_{i-j}）应按下式计算：

$$TF_{i-n} = T_{\mathrm{p}} - EF_{i-n} \tag{4.4.3-1}$$

2）其他工作 $i-j$ 的总时差应按下式计算：

$$TF_{i-j} = \min\{TF_{j-k} + FF_{i-j}\} \tag{4.4.3-2}$$

式中：TF_{j-k}——工作 $i-j$ 的紧后工作 $j-k$ 的总时差。

5 双代号时标网络计划中工作的最迟开始时间和最迟完成时间，应按下列公式计算：

$$LS_{i-j} = ES_{i-j} + TF_{i-j} \tag{4.4.3-3}$$

$$LF_{i-j} = EF_{i-j} + TF_{i-j} \tag{4.4.3-4}$$

4.5 关键工作和关键线路

4.5.1 关键工作和关键线路的确定应符合下列规定：

1 总时差最少的工作应为关键工作。

2 自始至终全部由关键工作组成的线路或线路上各工作持续时间之和最长的线路应为关键线路，并宜用粗线、双线或彩色线标注。

3 当不需要计算各项工作的时间参数，只确定网络计划的计算工期或关键线路时，可采用节点标号法，计算出各节点的最早时间，从而快速确定计算工期和关键线路：

1）按本规程第 4.3.2 条第 2 款计算各节点的最早时间（ET_j），即节点标号值。

2）用节点标号值及其源节点对节点进行双标号；当有多个源节点时，应将所有源节点标注出来。

3）网络计划的计算工期（T_{c}）即为网络计划终点节点的标号值，并可按下式计算：

$$T_{\mathrm{c}} = ET_n \tag{4.5.1}$$

式中：ET_n——终点节点 n 的最早时间。

4）按已标注出的各节点标号值的来源，从终点节点向起点节点逆向搜索，标号值最大的节点相连，即可确定关键线路。

4.5.2 双代号时标网络计划中，自起点节点至终点节点不出现波形线的线路，应确定为关键线路。关键线路上的工作即为关键工作。

5 单代号网络计划

5.1 一 般 规 定

5.1.1 单代号网络图中，工作之间的逻辑关系应以箭线表示（图 5.1.1）。箭线应画成水平直线、折线或斜线。箭线水平投影的方向应自左向右。

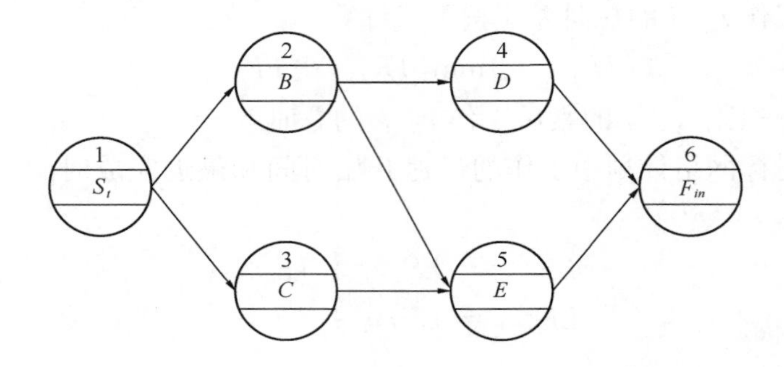

图 5.1.1 单代号网络图

1，2，3，4，5，6—节点编号；B，C，D，E—工作；S_t—虚拟起点节点；F_{in}—虚拟终点节点

5.1.2 单代号网络图中，工作应以圆圈或矩形表示。

5.1.3 单代号网络图的节点应编号。编号应标注在节点内，其号码可间断，但不得重复。箭线的箭尾节点编号应小于箭头节点编号。一项工作应有唯一的一个编号。

5.1.4 单代号网络计划中，一项工作应包括节点编号、工作名称、持续时间（图 5.1.4）。

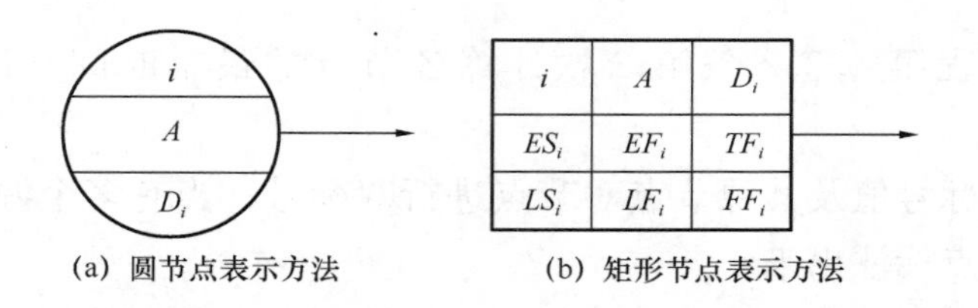

(a) 圆节点表示方法　(b) 矩形节点表示方法

图 5.1.4 单代号网络图工作的表示方法

i—节点编号；A—工作；D_i—持续时间；ES_i—最早开始时间；EF_i—最早完成时间；
LS_i—最迟开始时间；LF_i—最迟完成时间；TF_i—总时差；FF_i—自由时差

5.1.5 工作之间的逻辑关系应包括工艺关系和组织关系，在网络图中均应表现为工作之间的先后顺序。

5.2 绘 图 规 则

5.2.1 单代号网络图应正确表达已定的逻辑关系。

5.2.2 单代号网络图中，不得出现回路。

5.2.3 单代号网络图中，不得出现双向箭头或无箭头的连线。

5.2.4 单代号网络图中，不得出现没有箭尾节点的箭线和没有箭头节点的箭线。

5.2.5 绘制网络图时，箭线不宜交叉。当交叉不可避免时，可采用过桥法或指向法绘制。

5.2.6 单代号网络图应只有一个起点节点和一个终点节点；当网络图中有多项起点

节点或多项终点节点时，应在网络图的两端分别设置一项虚拟节点，作为该网络图的起点节点（S_t）和终点节点（F_{in}）。

5.3　时间参数计算

5.3.1　单代号网络计划的时间参数计算应在确定各项工作持续时间之后进行。

5.3.2　单代号网络计划的时间参数应分别标注（图 5.3.2）。

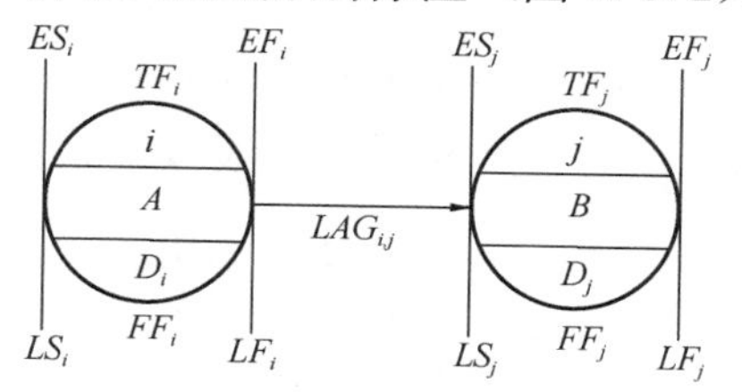

(a) 时间参数标注形式一

i	A	D_i
ES_i	EF_i	TF_i
LS_i	LF_i	FF_i

$LAG_{i,j}$ →

j	B	D_j
ES_j	EF_j	TF_j
LS_j	LF_j	FF_j

(b) 时间参数标注形式二

图 5.3.2　单代号网络计划时间参数的标注

i，j—节点编号；A，B—工作；D_i，D_j—持续时间；
ES_i，ES_j—最早开始时间；EF_i，EF_j—最早完成时间；
LS_i，LS_j—最迟开始时间；LF_i，LF_j—最迟完成时间；
TF_i，TF_j—总时差；FF_i，FF_j—自由时差；$LAG_{i,j}$—间隔时间

5.3.3　工作最早开始时间的计算应符合下列规定：

1　工作 i 的最早开始时间（ES_i）应从网络计划的起点节点开始顺着箭线方向依次逐项计算；

2　当起点节点 i 的最早开始时间（ES_i）无规定时，应按下式计算：

$$ES_i = 0 \tag{5.3.3-1}$$

3　其他工作 i 的最早开始时间（ES_i）应按下式计算：

$$ES_i = \max\{ES_h + D_h\} = \max\{EF_h\} \tag{5.3.3-2}$$

式中：ES_h——工作 i 的各项紧前工作 h 的最早开始时间；

D_h——工作 i 的各项紧前工作 h 的持续时间；

EF_h——工作 i 的各项紧前工作 h 的最早完成时间。

5.3.4　工作最早完成时间（EF_i）应按下式计算：

$$EF_i = ES_i + D_i \tag{5.3.4}$$

5.3.5　网络计划计算工期（T_c）应按下式计算：

$$T_c = EF_n \tag{5.3.5}$$

式中：EF_n——终点节点 n 的最早完成时间。

5.3.6 网络计划的计划工期（T_p），应按下列情况确定：

1 当已规定要求工期（T_r）时：

$$T_p \leqslant T_r \quad (5.3.6\text{-}1)$$

2 当未规定要求工期（T_r）时：

$$T_p = T_c \quad (5.3.6\text{-}2)$$

5.3.7 相邻两项工作 i 和 j 之间的间隔时间（$LAG_{i,j}$）的计算应符合下列规定：

1 当终点节点为虚拟节点时，其间隔时间应按下式计算：

$$LAG_{i,n} = T_p - EF_i \quad (5.3.7\text{-}1)$$

2 其他节点之间的间隔时间应按下式计算：

$$LAG_{i,j} = ES_j - EF_i \quad (5.3.7\text{-}2)$$

5.3.8 工作总时差的计算应符合下列规定：

1 工作 i 的总时差（TF_i）应从网络计划的终点节点开始，逆着箭线方向依次逐项计算；

2 终点节点所代表工作 n 的总时差（TF_n）应按下式计算：

$$TF_n = T_p - EF_n \quad (5.3.8\text{-}1)$$

3 其他工作 i 的总时差（TF_i）应按下式计算：

$$TF_i = \min\{TF_j + LAG_{i,j}\} \quad (5.3.8\text{-}2)$$

5.3.9 工作自由时差的计算应符合下列规定：

1 终点节点所代表的工作 n 的自由时差（FF_n）应按下式计算：

$$FF_n = T_p - EF_n \quad (5.3.9\text{-}1)$$

2 其他工作 i 的自由时差（FF_i）应按下式计算：

$$FF_i = \min\{LAG_{i,j}\} \quad (5.3.9\text{-}2)$$

5.3.10 工作最迟完成时间的计算应符合下列规定：

1 终点节点所代表的工作 n 的最迟完成时间（LF_n）应按下式计算：

$$LF_n = T_p \quad (5.3.10\text{-}1)$$

2 其他工作 i 的最迟完成时间（LF_i）应按下列公式计算：

$$LF_i = \min\{LS_j\} \quad (5.3.10\text{-}2)$$

或

$$LF_i = EF_i + TF_i \quad (5.3.10\text{-}3)$$

式中：LS_j——工作 i 的各项紧后工作 j 的最迟开始时间。

5.3.11 工作 i 的最迟开始时间（LS_i）应按下列公式计算：

$$LS_i = LF_i - D_i \quad (5.3.11\text{-}1)$$

或

$$LS_i = ES_i + TF_i \tag{5.3.11-2}$$

5.4 单代号搭接网络计划

5.4.1 单代号搭接网络计划中，工作的时距应标注在箭线旁（图 5.4.1），节点的标注应与单代号网络图相同。

5.4.2 单代号搭接网络图的绘制应符合本规程第 5.1 节和第 5.2 节的规定，应以时距表示搭接关系。

5.4.3 单代号搭接网络计划时间参数计算，应在确定工作持续时间和工作之间的时距之后进行。

5.4.4 单代号搭接网络计划中的时间参数应分别标注（图 5.4.4）。

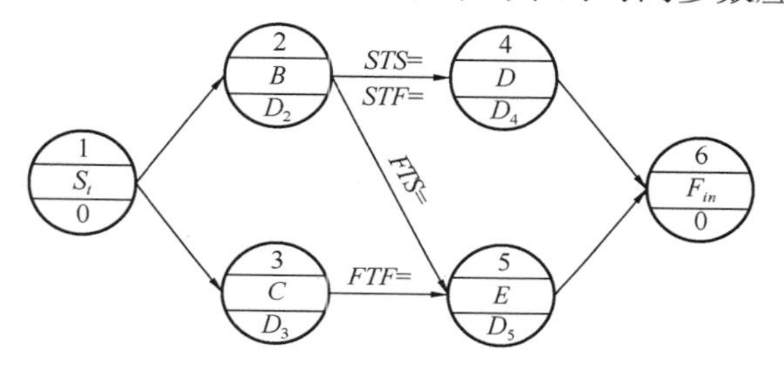

图 5.4.1 单代号搭接网络计划

1，2，3，4，5，6—节点编号；B，C，D，E—工作；S_t—虚拟起点节点；F_{in}—虚拟终点节点；D_2，D_3，D_4，D_5—持续时间；STS—开始到开始时距；STF—开始到完成时距；FTS—完成到开始时距；FTF—完成到完成时距

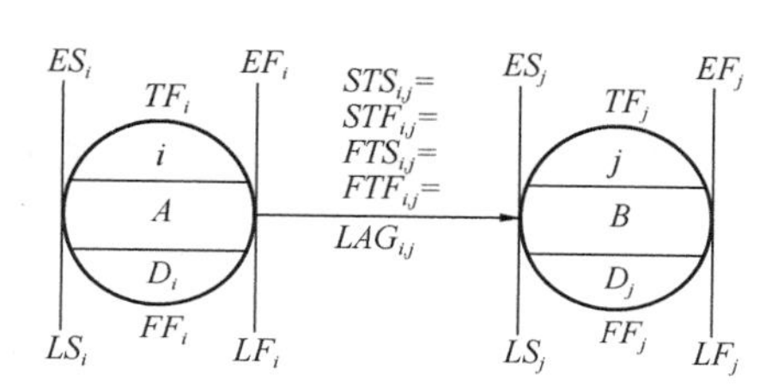

图 5.4.4 单代号搭接网络计划时间参数标注形式

i，j—节点编号；A，B—工作；D_i，D_j—持续时间；ES_i，ES_j—最早开始时间；EF_i，EF_j—最早完成时间；LS_i，LS_j—最迟开始时间；LF_i，LF_j—最迟完成时间；TF_i，TF_j—总时差；FF_i，FF_j—自由时差；$LAG_{i,j}$—间隔时间；$STS_{i,j}$—开始到开始时距；$STF_{i,j}$—开始到完成时距；$FTS_{i,j}$—完成到开始时距；$FTF_{i,j}$—完成到完成时距

5.4.5 工作最早开始时间的计算应符合下列规定：

1 计算工作最早开始时间应从起点节点开始依次进行，只有紧前工作计算完毕，才能计算本工作；

2 计算工作最早开始时间应按下列步骤进行：

1）凡与起点节点相连的工作，最早开始时间应按下式计算：

$$ES_i = 0 \tag{5.4.5-1}$$

2）其他工作 j 的最早开始时间，应根据时距按下列公式计算：

i，j 两项工作的时距为 $STS_{i,j}$ 时

$$ES_j = ES_i + STS_{i,j} \tag{5.4.5-2}$$

i，j 两项工作的时距为 $FTF_{i,j}$ 时

$$ES_j = ES_i + D_i + FTF_{i,j} - D_j$$

$$=EF_i + FTF_{i,j} - D_j \quad (5.4.5\text{-}3)$$

i，j 两项工作的时距为 $STF_{i,j}$ 时

$$ES_j = ES_i + STF_{i,j} - D_j \quad (5.4.5\text{-}4)$$

i，j 两项工作的时距为 $FTS_{i,j}$ 时

$$ES_j = ES_i + D_i + FTS_{i,j}$$

$$= EF_i + FTS_{i,j} \quad (5.4.5\text{-}5)$$

式中：ES_j ——工作 i 的紧后工作的最早开始时间；

D_i、D_j ——i、j 两项工作的持续时间；

$STS_{i,j}$ ——i、j 两项工作开始到开始时距；

$FTF_{i,j}$ ——i、j 两项工作完成到完成时距；

$STF_{i,j}$ ——i、j 两项工作开始到完成时距；

$FTS_{i,j}$ ——i、j 两项工作完成到开始时距。

3　当最早开始时间为负值时，应将该工作与起点节点用虚箭线相连接，并取其时距（STS）为零。

4　工作 j 的最早完成时间（EF_j）应按下式计算：

$$EF_j = ES_j + D_j \quad (5.4.5\text{-}6)$$

5.4.6　当有两项或两项以上紧前工作时，应按本规程第 5.4.5 条分别计算其最早开始时间，并取最大值。

5.4.7　当中间工作的最早完成时间大于终点节点的最早完成时间时，应将该工作与终点节点用虚箭线相连接，并取其时距（FTF）为零。

5.4.8　搭接网络计划计算工期（T_c）应为终点节点的最早完成时间。

5.4.9　相邻两项工作 i 和 j 之间在满足时距外，间隔时间（$LAG_{i,j}$）应按下列公式计算：

i，j 两项工作的时距为 $STS_{i,j}$ 时

$$LAG_{i,j} = ES_j - ES_i - STS_{i,j} \quad (5.4.9\text{-}1)$$

i，j 两项工作的时距为 $FTF_{i,j}$ 时

$$LAG_{i,j} = EF_j - EF_i - FTF_{i,j} \quad (5.4.9\text{-}2)$$

i，j 两项工作的时距为 $STF_{i,j}$ 时

$$LAG_{i,j} = EF_j - ES_i - STF_{i,j} \quad (5.4.9\text{-}3)$$

i，j 两项工作的时距为 $FTS_{i,j}$ 时

$$LAG_{i,j} = ES_j - EF_i - FTS_{i,j} \quad (5.4.9\text{-}4)$$

当相邻两项工作之间存在两种时距及以上的搭接关系时，应分别计算出间隔时间并取最小值。

5.4.10　当某项工作的最迟完成时间大于计划工期时，应将该工作与终点节点用虚箭线相连，并重新计算其最迟完成时间。

5.5　关键工作和关键线路

5.5.1　总时差最小的工作应确定为关键工作。

5.5.2　自始至终全部由关键工作组成且关键工作间的间隔时间为零的线路或总持续时间最长的线路确定为关键线路，并宜用粗线、双线或彩色线标注。

6　网络计划优化

6.1　一　般　规　定

6.1.1　网络计划的优化目标应包括工期目标、费用目标和资源目标。优化目标应按计划项目的需要和条件选定。

6.1.2　网络计划的优化应按选定目标，在满足既定约束条件下，通过不断改进网络计划，寻求满意方案。

6.1.3　编制完成的网络计划应满足预定的目标要求，否则应做出调整。当经多次修改方案和调整计划均不能达到预定目标时，对预定目标应重新审定。

6.1.4　网络计划的优化不得影响工程的质量和安全。

6.2　工　期　优　化

6.2.1　当计算工期超过要求工期时，可通过压缩关键工作的持续时间来满足工期要求。

6.2.2　工期优化的计算，应按下列步骤进行：

1　计算并找出初始网络计划的计算工期、关键工作及关键线路；

2　按要求工期计算应缩短的时间；

3　确定各关键工作能缩短的持续时间；

4　按本规程第 6.2.3 条规定选择关键工作，压缩持续时间，并重新计算网络计划的计算工期。当被压缩的关键工作变成了非关键工作，则应延长其持续时间，使之仍为关键工作；

5　当计算工期仍超过要求工期时，则重复本条（1～4）款的步骤，直到满足工期要求或工期已不能再缩短为止；

6　当所有关键工作的持续时间都已达到其能缩短的极限而工期仍不能满足要求时，应符合本规程第 1.0.3 条的规定对计划的技术方案、组织方案进行调整或对要求工期重新审定。

6.2.3　选择缩短持续时间的关键工作，应优先考虑有作业空间、充足备用资源和增加费用最小的工作。

6.3 资 源 优 化

6.3.1 网络计划宜按“资源有限，工期最短”和“工期固定，资源均衡”进行资源优化。

6.3.2 “资源有限，工期最短”的优化，宜逐个检查各个时段的资源需用量，当出现资源需用量（R_t）大于资源限量（R_a）时，应进行计划调整。

调整计划时，应对超过资源限量时段内的工作做新的顺序安排，并计算工期的变化。工期变化的计算应符合下列规定：

1 双代号网络计划应按下列公式计算：

$$\Delta T_{m-n,i-j} = EF_{m-n} - LS_{i-j} \quad (6.3.2\text{-}1)$$

$$\Delta T_{m'-n',i'-j'} = \min\{\Delta T_{m-n,i-j}\} \quad (6.3.2\text{-}2)$$

式中：$\Delta T_{m-n,i-j}$——在超过资源限量的时段中，工作 $i-j$ 排在工作 $m-n$ 之后工期的延长；

$\Delta T_{m'-n',i'-j'}$——在各种安排顺序中，工期延长最小值。

2 单代号网络计划应按下列公式计算：

$$\Delta T_{m,i} = EF_m - LS_i \quad (6.3.2\text{-}3)$$

$$\Delta T_{m',i'} = \min\{\Delta T_{m,i}\} \quad (6.3.2\text{-}4)$$

式中：$\Delta T_{m,i}$——在超过资源限量的时段中，工作 i 排在工作 m 之后工期的延长；

$\Delta T_{m'-i'}$——在各种顺序安排中，工期延长最小值。

6.3.3 “资源有限，工期最短”的优化，应按下列步骤调整工作的最早开始时间。

1 计算网络计划各个时段的资源需用量；

2 从计划开始日期起，逐个检查各个时段资源需用量，当计划工期内各个时段的资源需用量均能满足资源限量的要求，网络计划优化即完成，否则必须进行计划调整；

3 超过资源限量的时段，按式（6.3.2-1）计算 $\Delta T_{m'-n',i'-j'}$，或按式（6.3.2-3）计算 $\Delta T_{m',i'}$ 值，并确定新的顺序；

4 绘制调整后的网络计划，重复本条（1～3）款的步骤，直到满足要求。

6.3.4 “工期固定，资源均衡”的优化可用削高峰法，利用时差降低资源高峰值，获得资源消耗量尽可能均衡的优化方案。

6.3.5 削高峰法应按下列步骤进行：

1 计算网络计划各个时段的资源需用量；

2 确定削高峰目标，其值等于各个时段资源需用量的最大值减去一个单位资源量；

3 找出高峰时段的最后时间（T_h）及相关工作的最早开始时间（ES_{i-j} 或 ES_i）和

总时差（TF_{i-j} 或 TF_i）；

4　按下列公式计算有关工作的时间差值（ΔT_{i-j}或 ΔT_i）：

1）双代号网络计划：

$$\Delta T_{i-j} = TF_{i-j} - (T_h - ES_{i-j}) \tag{6.3.5-1}$$

2）单代号网络计划：

$$\Delta T_i = TF_i - (T_h - ES_i) \tag{6.3.5-2}$$

应优先以时间差值最大的工作（$i'-j'$ 或 i'）为调整对象，令

$$ES_{i'-j'} = T_h \tag{6.3.5-3}$$

或

$$ES_{i'} = T_h \tag{6.3.5-4}$$

5　当峰值不能再减少时，即得到优化方案。否则，重复本条（1～4）款的步骤。

6.4　工期-费用优化

6.4.1　工期-费用优化，应计算出到不同工期下的直接费用，并考虑相应的间接费用的影响，通过迭加求出工程总费用最低时的工期。

6.4.2　工期-费用优化应按下列步骤进行：

1　按工作的正常持续时间确定关键工作、关键线路和计算工期；

2　各项工作的直接费用率应按下列公式计算：

1）对双代号网络计划：

$$\Delta C_{i-j} = \frac{CC_{i-j} - CN_{i-j}}{DN_{i-j} - DC_{i-j}} \tag{6.4.2-1}$$

式中：ΔC_{i-j}——工作 $i-j$ 的直接费用率；

CC_{i-j}——工作 $i-j$ 的持续时间缩短为最短持续时间后，完成该工作所需的直接费用；

CN_{i-j}——在正常条件下，完成工作 $i-j$ 所需直接费用；

DC_{i-j}——工作 $i-j$ 的最短持续时间；

DN_{i-j}——工作 $i-j$ 的正常持续时间。

2）对单代号网络计划：

$$\Delta C_i = \frac{CC_i - CN_i}{DN_i - DC_i} \tag{6.4.2-2}$$

式中：ΔC_i——工作 i 的直接费用率；

CC_i——将工作 i 持续时间缩短为最短持续时间后，完成该工作所需的直接费用；

CN_i——在正常条件下完成工作 i 所需的直接费用；

DN_i——工作 i 的正常持续时间；

DC_i——工作 i 的最短持续时间。

3　找出直接费用率最低的一项或一组关键工作，作为缩短持续时间的对象；

4　缩短找出的一项或一组关键工作的持续时间，缩短值必须符合不能压缩成非关键工作和缩短后持续时间不小于最短持续时间的原则；

5　计算相应增加的直接费用；

6　根据间接费的变化，计算工程总费用（C_i）；

7　重复本条（3～6）款的步骤，计算到工程总费用（C_i）最低为止。

7　网络计划实施与控制

7.1　一　般　规　定

7.1.1　对网络计划的实施应进行定期检查。检查周期的长短应根据计划工期的长短和管理的需要由项目经理决定。

7.1.2　当网络计划检查结果与计划发生偏差，应采取相应措施进行纠偏，使计划得以实现。采取措施仍不能纠偏时，应对网络计划进行调整。调整后应形成新的网络计划，并应按新计划执行。

7.2　网 络 计 划 检 查

7.2.1　检查网络计划应收集网络计划的实际执行情况，并应按下列方法进行记录。

1　当采用时标网络计划时，绘制实际进度前锋线记录计划的实际执行情况。前锋线可用特别线型标画；不同检查时刻绘制的相邻前锋线可采用点划线或不同颜色标画。

2　当采用非时标网络计划时，宜在网络图上直接用文字、数字，或列表记录计划的实际执行情况。

7.2.2　网络计划的检查宜包括下列主要内容：

1　关键工作进度；

2　非关键工作进度及尚可利用的时差；

3　关键线路的变化。

7.2.3　对网络计划执行情况的检查结果，应进行下列分析判断：

1　计划进度与实际进度严重不符时，应对网络计划进行调整。

2　对时标网络计划，利用已画出的实际进度前锋线，分析计划执行情况及其变化趋势，对未来的进度作出预测判断，找出偏离计划目标的原因。

3　对非时标网络计划，按表 7.2.3 的规定记录计划的实施情况，并对计划中的未完工作进行计算判断。

表 7.2.3 网络计划检查结果分析表

工作编号	工作名称	检查时尚需作业时间	按计划最迟完成前尚需时间	总时差		自由时差		情况分析
				原有	目前尚有	原有	目前尚有	
6—8	*H*	3	4	2	1	2	1	拖后 1 周，但不影响工期

7.2.4 网络计划执行情况的检查与分析，可采用进度偏差（*SV*）和进度绩效指数（*SPI*）。

$$SV = BCWP - BCWS \tag{7.2.4-1}$$

式中：*SV*——进度偏差；

BCWP——已完工作预算费用；

BCWS——计划工作预算费用。

当进度偏差（*SV*）为负值时，进度延误；当进度偏差（*SV*）为正值时，进度提前。

$$SPI = \frac{BCWP}{BCWS} \tag{7.2.4-2}$$

式中：*SPI*——进度绩效指数。

当进度绩效指数（*SPI*）小于 1 时，进度延误；当进度绩效指数（*SPI*）大于 1 时，进度提前。

7.3 网络计划调整

7.3.1 网络计划调整可包括下列内容：

1 调整关键线路；

2 利用时差调整非关键工作的开始时间、完成时间或工作持续时间；

3 增减工作项目；

4 调整逻辑关系；

5 重新估计某些工作的持续时间；

6 调整资源投入。

7.3.2 调整关键线路时，可选用下列方法：

1 实际进度比计划进度提前，当不需要提前工期时，应选择资源占用量大或直接费用率高的后续关键工作，适当延长其持续时间，以降低其资源强度或费用；当需要提前工期时，应将计划的未完成部分作为一个新计划，重新计算时间参数并确定关键工作，按新计划实施；

2 实际进度比计划进度延误，当工期允许延长时，应将计划的未完成部分作为一个新计划，重新计算时间参数并确定关键工作，按新计划实施；当工期不允许延长时，应在未完成的关键工作中，选择资源强度小或直接费用率低的，缩短其持续时间，并把计划的未完成部分作为一个新计划，按工期优化方法进行调整。

7.3.3 非关键工作的调整应在其时差范围内进行，每次调整后应计算时间参数，判断调整对计划的影响。进行调整可采用下列方法：

1 将工作在最早开始时间与最迟完成时间范围内移动；

2 延长工作持续时间；

3 缩短工作持续时间。

7.3.4 增、减工作项目时，应对局部逻辑关系进行调整，并重新计算时间参数，判断对原网络计划的影响。当对工期有影响时，应采取措施，保证计划工期不变。

7.3.5 当改变施工方法或组织方法时，应调整逻辑关系，并应避免影响原定计划工期和其他工作。

7.3.6 当发现某些工作的原持续时间有误或实现条件不充分时，应重新估算其持续时间，并应重新计算时间参数。

7.3.7 当资源供应发生异常时，应采用资源优化方法对计划进行调整或采取应急措施，使其对工期影响最小。

8 工程网络计划的计算机应用

8.1 一 般 规 定

8.1.1 工程网络计划的编制、检查、调整宜采用计算机软件进行。

8.1.2 工程网络计划的计算机应用应符合国家现行标准《信息技术 元数据注册系统（MDR）》GB/T 18391.1～18391.6、《建筑施工企业管理基础数据标准》JGJ/T 204的有关规定。

8.2 计算机软件的基本要求

8.2.1 计算机软件应具有各种网络计划的编制、绘图、计算、优化、检查、调整、分析、总结和输出打印功能。

8.2.2 计算机软件应实时计算时间参数，并以适当的形式展示时间信息。

8.2.3 计算机软件宜具有单代号网络计划、双代号网络计划、时标网络计划图形相互转化的功能，将网络计划转化成按最早时间或最迟时间绘制的横道图计划。

8.2.4 计算机软件在横道图、单代号网络图与双代号网络图中计算的时间参数应一致。

8.2.5 计算机软件宜有绘制实际进度前锋线功能以及实际时间、计划时间比较功能。

8.2.6 计算机软件宜有在工作上指定资源，并计算、统计、输出资源需要量计划的功能。

8.2.7 计算机软件宜具有与其他软件进行数据交换的接口。

8.2.8 软件实现的网络计划图宜用不同的线型（粗细、颜色、形状等）表示不同的工作。

8.2.9 软件宜保存网络计划的修改变更痕迹，记录变更的原因，实现与以前的对比或溯源。

本规程用词说明

1 为便于在执行本规程条文时区别对待，对要求严格程度不同的用词说明如下：

1） 表示很严格，非这样做不可的：
正面词采用“必须”，反面词采用“严禁”；

2） 表示严格，在正常情况下均应这样做的：
正面词采用“应”，反面词采用“不应”或“不得”；

3） 表示允许稍有选择，在条件许可时首先应这样做的：
正面词采用“宜”，反面词采用“不宜”；

4） 表示有选择，在一定条件下可以这样做的，采用“可”。

2 条文中指明应按其他有关标准执行的写法为：“应符合……的规定”或“应按……执行”。

引 用 标 准 名 录

1 《信息技术 元数据注册系统（MDR）》GB/T 18391.1～18391.6

2 《建筑施工企业管理基础数据标准》JGJ/T 204

中华人民共和国行业标准

工程网络计划技术规程

JGJ/T 121 - 2015

条 文 说 明

修　订　说　明

《工程网络计划技术规程》JGJ/T 121 - 2015 经住房和城乡建设部 2015 年 3 月 13 日以第 766 号公告批准、发布。

本规程是在《工程网络计划技术规程》JGJ/T 121 - 99 的基础上修订而成的，上一版的主编单位是中国建筑学会建筑统筹管理分会，参编单位是北京统筹与管理科学学会、北京建筑工程学院、重庆建筑大学、湖南大学、上海宝钢冶金建设公司、北京中建建筑科学研究院、苏州市建筑科学研究院和中国水利学会施工专业委员会系统工程专门委员会，主要起草人员是杨劲、崔起鸾、丛培经、魏绥臣、王堪之、李庆华、冯桂煊、詹锡奇。

本规程修订的主要内容是：为使工程网络计划的编制更具有规范性及可操作性，以及考虑到计算机技术在工程管理及网络计划编制中的普遍应用，增加了“工程网络计划技术应用程序”和“工程网络计划的计算机应用”；考虑到上一版《工程网络计划技术规程》JGJ/T 121 - 99 中的第 3 章“双代号网络计划”和第 5 章“双代号时标网络计划”，以及第 4 章“单代号网络计划”和第 6 章“单代号搭接网络计划”除了在图形表达方式上有所不同，其他内容基本类似，为了使新规程的表达更具整体性以及章节更为精简。将原规程第 3 章和第 5 单章内容合并成第 4 章“双代号网络计划”，将原规程第 4 章和第 6 章合并成第 5 章“单代号网络计划”。

本规程修订过程中，修订组进行了广泛的调查研究，总结了我国工程建设的实践经验，同时参考了国外先进技术法规、技术标准，许多单位和学者进行了卓有成效的研究，为本次修订提供了极有价值的参考资料。

为便于广大设计、施工、科研、学校等单位有关人员在使用本规程时能正确理解和执行条文规定，《工程网络计划技术规程》修订组按章、节、条顺序编制了本规程的条文说明，对条文规定的目的、依据以及执行中需要注意的有关事项进行了说明，但是条文说明不具备与规程正文同等的效力，仅供使用者作为理解和把握规程规定的参考。

目 次

3 工程网络计划技术应用程序

3.1 一 般 规 定

3.1.1、3.1.2 这两条明确了编制“工程网络计划技术应用程序”一般原则。工程项目管理是以工程项目为对象，依据其特点和规律，对工程项目的运作进行计划、组织、控制和协调管理，以实现工程项目目标的过程。编制“工程网络计划技术应用程序”就是为了更好地进行工程项目管理；网络计划技术是项目管理中最关键的技术方法，其应用程序的标准化可以大大提高应用的可操作性以及应用效果。

3.2 应 用 程 序

3.2.1 本条将工程网络计划技术应用的一般程序划分为6个阶段20个步骤，工程网络计划应用程序的阶段划分有利于强化工程项目管理。

3.2.6 本条阐述了工程项目工作结构分解（WBS）的有关规定。

WBS要根据工程项目管理和网络计划的要求，并视工程项目的具体情况决定分解的层次和任务范围。WBS的成果可用工作分解结构图（图1）或表及分解说明表达。

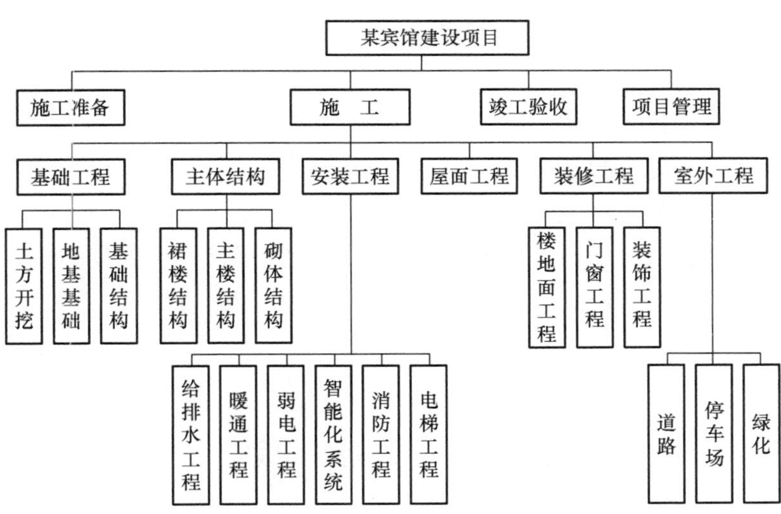

图1 某工程项目的工作结构分解图

3.2.8～3.2.10 本条阐述了网络计划中逻辑关系的类型、确定逻辑关系的依据以及工作逻辑关系分析表的格式。

工作间的逻辑关系包括工艺关系和组织关系。生产性工作之间由工艺过程决定的、非生产性工作之间由工作程序决定的先后顺序关系称为工艺关系。工作之间由于组织安排需要或资源（劳动力、原材料、施工机具等）调配需要而规定的先后顺序关系称为组织关系。

3.2.11 本条明确了编制初步网络图的过程及要求。

绘制初步网络计划图，首先应选择进度计划的表达形式。目前，用来表达工程进度计划的网络图有双代号网络图和单代号网络图。

3.2.14、3.2.15 双代号网络计划的时间参数既可以按工作计算，也可以按节点计算。单代号网络计划时间参数通常按工作计算。对于大型网络计划的时间参数计算宜用计算机软件进行计算。根据网络计划时间参数计算的结果，找出计划中的关键工作和关键线路。

3.2.16 编制网络计划一般要经过多次调整或修正，才能满足工期目标和费用目标；对于最终达到目标要求的网络计划，应确定为正式网络计划。

初步编制的网络进度计划往往存在这样那样的不足，如资源分布不太均衡，某一段时间的资源消耗超过了资源最大限值等等。这样就有必要对网络计划进行一定的优化调整即网络优计划化。

3.2.17、3.2.18 网络计划优化，就是在既定条件下，按照某一衡量指标（工期、资源、成本），利用时差调整来不断改善网络计划的最初方案，寻求最优方案的过程。根据衡量指标的不同，网络计划优化可以分为工期优化、资源有限优化、资源均衡优化、工期—成本优化。网络计划优化可以有效缩短工期，减少费用，均衡资源分布。因此工程网络计划优化非常重要。但是，工程网络计划优化通常要经过多次反复试算，计算量非常大，靠人工计算是不现实的。因此，用计算机进行工程网络计划优化将成为发展的趋势。

依据网络计划的优化结果制定拟付诸实施的正式网络计划。

3.2.19 网络计划实施与控制

工程网络计划实施过程是一个动态的过程，检查、调整会按照一定的周期滚动进行，一直到工程项目实施完成，只有这样实施中持续检查、控制和调整，才能实现事中控制，真正使计划与实际比较吻合，并最终实现计划的目标。

4 双代号网络计划

4.1 一 般 规 定

4.1.1～4.1.3 双代号网络图的基本符号是圆圈、箭线及编号。圆圈表示节点，圆圈内的数字表示节点编号，节点表示某项工作开始或结束的瞬间。箭线表示一项工作，箭线下方的数字表示某项工作的持续时间。箭线的箭尾节点表示该工作的开始，箭线的箭头节点表示该工作的结束。箭线长度并不表示该工作所占用时间的长短。箭线可以画成直线、折线和斜线。必要时，也可以画成曲线。但应以水平直线为主。箭线水平投影的方向应自左向右，表示工作进行的方向。因此，除了虚工作，一般箭线均不宜画成垂直线。节点编号的顺序是：箭尾节点编号在前，箭头节点编号在后；凡是箭尾节点未编号，箭头节点不能编号。

4.1.4、4.1.5 双代号网络图中，虚箭线的唯一功能是用以正确表达相关工作的逻辑关系。它不消耗资源，持续时间为零，所以又称为虚工作。例如，从一个节点开始到另一个节点结束的若干项平行的工作，就需要用增加虚箭线的办法［图 2（a）和图 2（b）］。又如，有四项工作，A、B 同时开始，D 在 A、B 均完成后才进行，C 仅在 A 后进行，增加一个虚箭线就能正确表达相关工作的逻辑关系［图 2（c）］。在这个例子中，虚箭线联系 A 和 D，隔断 B 和 C。为使网络图简洁，网络图中不宜有多余的虚箭线。

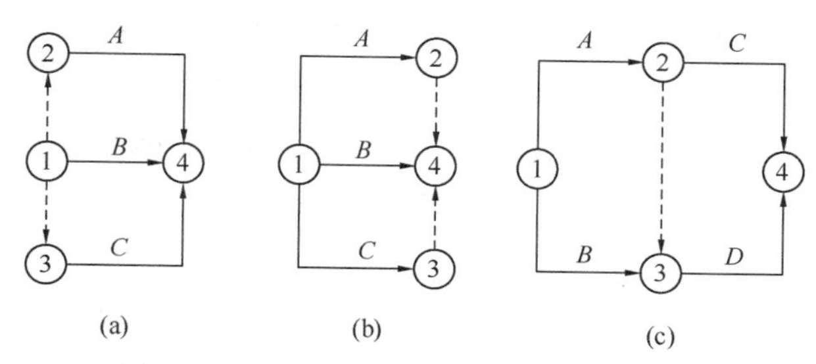

图 2 双代号网络图中虚箭线的应用示意图

4.2 绘 图 规 则

4.2.1～4.2.5 双代号网络图必须正确表达已定的逻辑关系，也就是工作计划的图像化与施工方案的实践性是一致的。这五条绘图规则就是保证网络图有向、有序，定义具有唯一性。如循环回路则会使计划工作无结果；两个节点间的连线出现双箭头或无箭头则工作顺序不明确；反之，任何箭线缺少一个节点，在网络图中都没有实际意义；在网络图中可采用母线法进行绘制。母线法即是经一条共用的垂直线段，将多条箭线引入或引出同一个节点，使图形简洁的绘图方法，母线法的应用（图 3）。

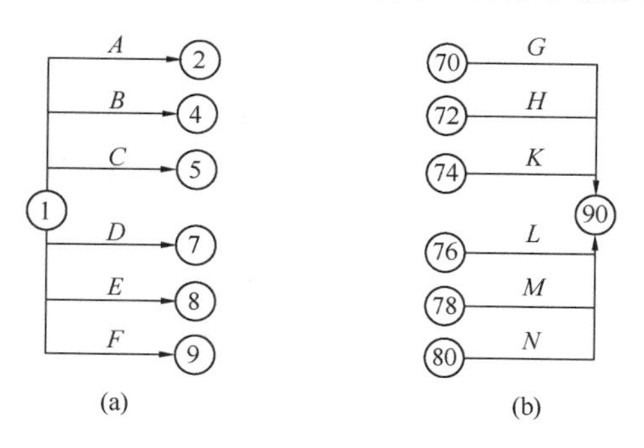

图 3 母线法绘制

4.2.6 绘制网络图时，尽可能在构图时避免交叉。当交叉不可避免且交叉少时，宜采用过桥法进行绘制。过桥法即是用过桥符号表示箭线交叉，避免引起混乱的绘图方法；当箭线交叉过多时宜使用指向法（图 4）。采用指向法时应注意节点编号指向的大小关系，保持箭尾节点的编号小于箭头节点的编号。为了避免出现箭尾节点的编号大于箭头节点的编号的情况，指向法一般只在网络图已编号后才用。

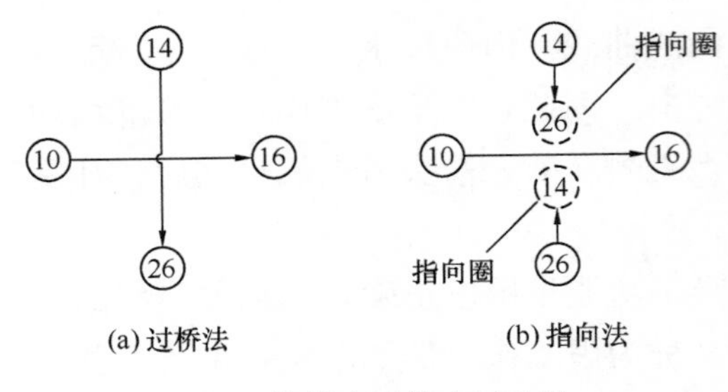

图 4　箭线交叉的表示方法

4.2.7　双代号网络图是由许多条线路组成的、环环相套的封闭的图形。只允许有一个起点节点，该节点只有外向箭线，外向箭线即是从某个节点引出的箭线；只允许有一个终点节点，该节点只有内向箭线，内向箭线即是指向某个节点的箭线；而其他所有节点均是中间节点（既有内向箭线又有外向箭的节点）。双代号网络图必须严格遵守这一条。

4.3　时间参数计算

4.3.1　按工作计算法计算时间参数

工作计算法是指在双代号网络计划中直接计算各项工作时间参数的方法。

1～6　主要规定双代号网络计划按工作计算法计算工作的最早开始时间、最早完成时间以及网络计划计算工期的计算、计划工期的确定方法和步骤。

现以图 5 为例进行说明，计算结果见图 6。

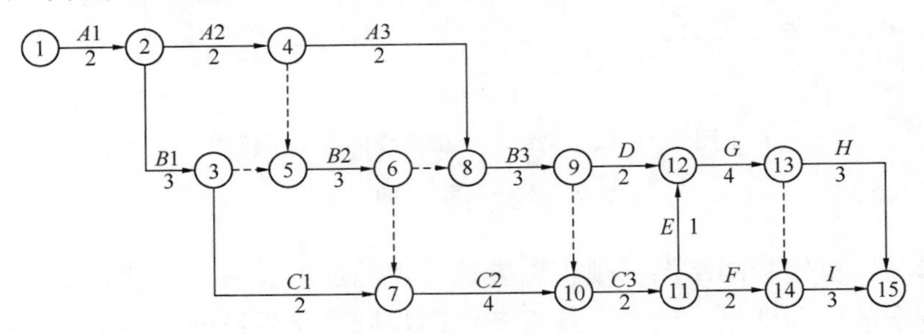

图 5　双代号网络计划

1） 工作 1-2 的最早开始时间（ES_{1-2}）从网络计划的起点节点开始，顺着箭线方向依次逐项计算；因未规定其最早开始时间（ES_{1-2}），故按公式（4.3.1-1）确定：

$$ES_{1-2}=0$$

其他工作的最早开始时间（ES_{i-j}）按公式（4.3.1-2）计算：

$$ES_{2-3}=ES_{1-2}+D_{1-2}=0+2=2$$

$$ES_{2-4}=ES_{1-2}+D_{1-2}=0+2=2$$

$$ES_{3-5}=ES_{2-3}+D_{2-3}=2+3=5$$

$$ES_{4-5}=ES_{2-4}+D_{2-4}=2+2=4$$

$$ES_{5-6}=\max\{ES_{3-5}+D_{3-5},ES_{4-5}+D_{4-5}\}$$

$$=\max\{5+0,4+0\}=\max\{5,4\}=5$$

……

依次类推，算出其他工作的最早开始时间。

2）工作的最早完成时间就是本工作的最早开始时间（ES_{i-j}）与本工作的持续时（D_{i-j}）之和。按公式（4.3.1-3）计算：

$$EF_{1-2}=ES_{1-2}+D_{1-2}=0+2=2$$

$$EF_{2-3}=ES_{2-3}+D_{2-3}=2+3=5$$

$$EF_{2-4}=ES_{2-4}+D_{2-4}=2+2=4$$

$$EF_{3-5}=ES_{3-5}+D_{3-5}=5+0=5$$

$$EF_{4-5}=ES_{4-5}+D_{4-5}=4+0=4$$

$$EF_{5-6}=ES_{5-6}+D_{5-6}=5+3=8$$

……

依次类推，算出其他工作的最早完成时间。

3）网络计划的计算工期（T_c）取以终节点15为箭头节点的工作13—15和工作14—15的最早完成时间的最大值，按公式（4.3.1-4）计算：

$$T_c=\max\{EF_{13-15}, EF_{14-15}\}=\max\{22, 22\}=22$$

4）网络计划计算未规定要求工期，故其计划工期（T_p）按公式（4.3.1-6）取其计算工期：

$$T_p=T_c=22$$

7、8 规定了双代号网络计划按工作计算法计算工作的最迟完成时间和最迟开始时间的方法。现仍以图5为例说明。

1）网络计划结束工作 $i—j$ 的最迟完成时间按公式（4.3.1-7）计算：

$$LF_{13-15}=T_p=22$$

$$LF_{14-15}=T_p=22$$

2）网络计划其他工作 $i—j$ 的最迟完成时间均按公式（4.3.1-8）计算：

$$LF_{13-14}=\min\{LF_{14-15}-D_{14-15}\}=22-3=19$$

$$LF_{12-13}=\min\{LF_{13-15}-D_{13-15},LF_{13-14}-D_{13-14}\}$$

$$=\min\{22-3,19-0\}=19$$

……

依次类推，算出其他工作的最迟完成时间。

3）网络计划所有工作 $i—j$ 的最迟开始时间均按公式（4.3.1-9）计算：

$$LS_{14-15}=LF_{14-15}-D_{14-15}=22-3=19$$

$$LS_{13-15}=LF_{13-15}-D_{13-15}=22-3=19$$

……

依次类推，算出其他工作的最迟开始时间。

9、10　规定了双代号网络图按工作计算法计算工作的总时差和自由时差的方法。现仍以图 5 为例说明。

1）网络所有工作 $i-j$ 的总时差可按公式（4.3.1-10）或公式（4.3.1-11）计算：

$$TF_{1-2}=LS_{1-2}-ES_{1-2}=0-0=0$$

$$TF_{2-3}=LS_{2-3}-ES_{2-3}=2-2=0$$

……

依次类推，算出其他工作的总时差。

2）网络中工作 $i-j$ 的自由时差可按公式（4.3.1-12）、公式（4.3.1-13）计算：

$$FF_{1-2}=ES_{2-3}-EF_{1-2}=2-2=0$$

$$FF_{2-3}=ES_{3-5}-EF_{2-3}=5-5=0$$

……

依次类推，算出其他工作的自由时差。

在上述计算中，虚箭线中的自由时差归其紧前工作所有。

3）网络计划中的结束工作 $i-j$ 的自由时差按公式（4.3.1-14）或公式（4.3.1-15）计算。

$$FF_{13-15}=T_{\mathrm{p}}-EF_{13-15}=22-22=0$$

$$FF_{14-15}=T_{\mathrm{p}}-EF_{14-15}=22-22=0$$

计算结果见图 6。

4.3.2　按节点计算法计算时间参数

节点计算法是指在双代号网络计划中先计算节点时间参数，再计算各项工作时间参数的方法。

1～5　主要规定双代号网络图按节点计算法计算节点的最早时间、最迟时间以及网络计划计算工期的计算、计划工期的确定方法和步骤。现仍以图 5 为例进行说明，计算结果见图 7。

1）节点 1 的最早时间（ET_1）因未规定其最早时间，故按公式（4.3.2-1），其最早开始时间（ET_1）等于零，即：

$$ET_1=0$$

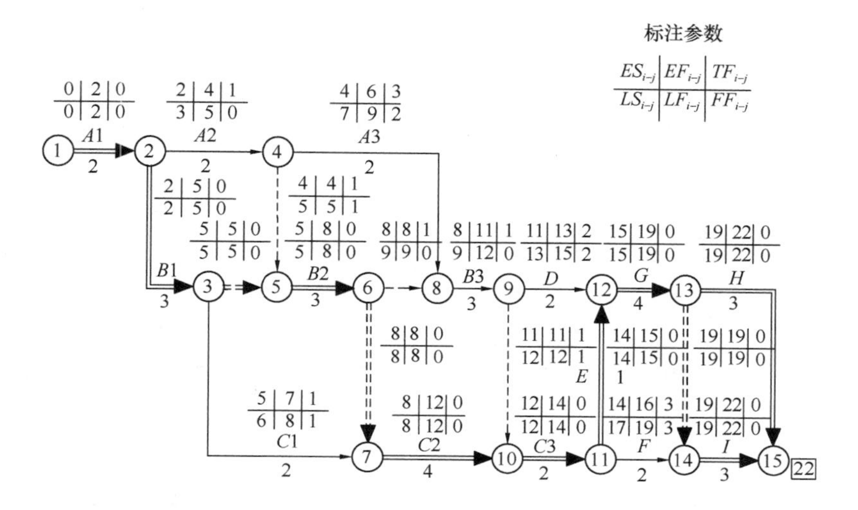

图6　工作计算法计算结果

2）其他节点的最早时间（ET_j）按公式（4.2.2-2）计算：

$$ET_2 = ET_1 + D_{1-2} = 0 + 2 = 2$$

$$ET_3 = ET_2 + D_{2-3} = 2 + 3 = 5$$

$$ET_4 = ET_2 + D_{2-4} = 2 + 2 = 4$$

$$ET_5 = \max\{ET_2 + D_{2-3}, ET_2 + D_{2-4}\}$$

$$= \max\{5, 4\} = 5$$

……

依次类推，算出节点6至15节点的最早时间。

3）网络计划的计算工期（T_c）的计算按公式（4.2.2-3）计算：

$$T_c = ET_{15} = 22$$

网络计划的计划工期（T_p）按第4.3.1条第6款的规定：

$$T_p = T_c = 22$$

4）节点最迟时间从网络计划的终点节点开始，逆着箭线的方向依次逐项计算。节点15为终点节点，因未规定计划工期，故其最迟时间（LT_{15}）等于网络计划的计划工期（T_p）：

$$LT_{15} = T_p = 22$$

其他节点最迟时间（LT_i）按公式（4.3.2-5）计算：

$$LT_{14} = LT_{15} - D_{14-15} = 22 - 3 = 19$$

$$LT_{13} = \min\{LT_{14} - D_{13-14}, LT_{15} - D_{13-15}\}$$

$$= \min\{19 - 0, 22 - 3\}$$

$$=\min\{19,19\}=19$$

……

依次类推，算出节点 10 至节点 1 的最迟时间。

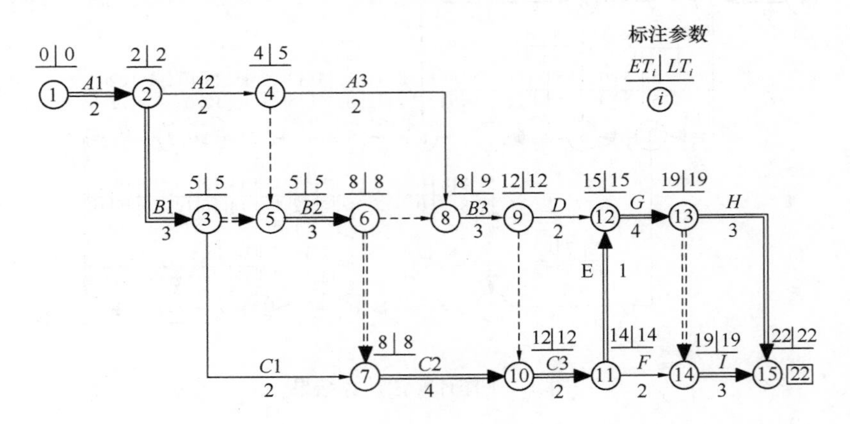

图 7　节点计算法计算结果

6～11　主要规定双代号网络计划在计算节点时间参数后，计算工作的最早开始时间、最早完成时间、最迟完成时间、最迟开始时间以及工作的总时差和自由时差。

网络计划中各工作的最早开始时间和最早完成时间，最迟开始时间和最迟完成时间，总时差和自由时差以及节点最早时间和最迟时间之间的关系，可用图 8 加以说明。

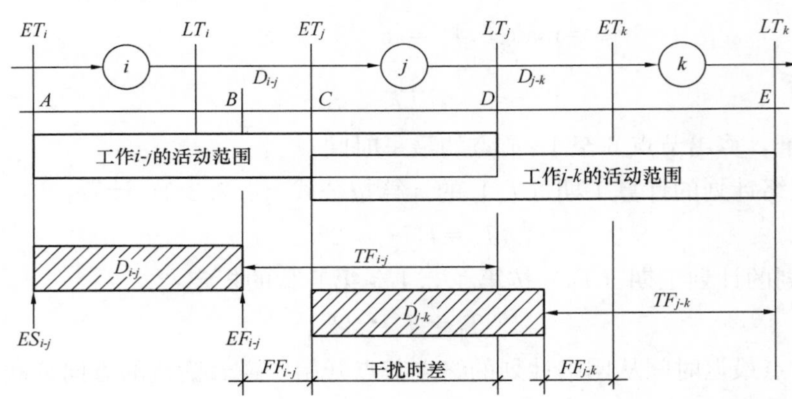

图 8　网络计划各时间参数间关系示意图

图 8 中，每个节点都标出最早时间和最迟时间。工作 $i-j$ 可动用的时间范围应该从这一工作箭尾节点的最早时间 ET_i 一直到该工作箭头节点的最迟时间 LT_j；如图中的 AD 时间段。在这段时间内，扣除工作的持续时间 D_{i-j}，余下的时间就是该工作的总时差 TF_{i-j}，图中 BD 时间段就是工作 $i-j$ 的总时差。如果动用了工作 $i-j$ 的全部总时差，紧后工作 $j-k$ 就不可能在最早时间 ES_{j-k} 进行了，因而影响紧后工作的最早开始时间。但是紧后工作 $j-k$ 的总时差的计算方法与工作 $i-j$ 的总时差的

计算方法相同，即从时间段 CE 中扣除工作 $j-k$ 的持续时间 D_{j-k}，这样势必有一时间段是重复的，如图8所示中的 CD 时间段。这一时间段称为“松弛时间”或“干扰时差”。这一时间段既可作为紧前工作的总时差，也可作为紧后工作的总时差。如果紧前工作动用了总时差，紧后工作的总时差必须重新分配。当然，紧前工作的总时差也可以传给其后续工作利用。

自由时差是箭头节点的最早时间（即紧后工作的最早开始时间）与该工作最早完成时间之差，如图8所示中的 BC 时间段。因而不会出现重复的时间段，也就不会影响紧后工作的最早开始时间，也不会影响总工期。但是，一项工作的自由时差只能由本工作利用，不能传给后续工作利用。

4.4　双代号时标网络计划

4.4.1　双代号时标网络计划的有关规定

1　双代号时标网络计划是以水平时间坐标为尺度表示工作时间的网络计划，这种网络计划图简称为时标图。时间坐标即是按一定时间单位表示工作进度时间的坐标轴，它的时间单位是根据该网络计划的需要而确定的。由于时标图兼有横道图的直观性和网络图的逻辑性，在工程实践中应用比较普遍。在编制实施网络计划时，其应用面甚至大于无时标网络计划，因此，其编制方法和使用方法受到应用者的普遍重视。

学术界曾存在着用双代号网络计划还是用单代号网络计划、按最早时间还是按最迟时间绘制时标网络计划的争论。在实践中，由于使用双代号网络计划编制时标网络计划为多数，所以在本规程中只对双代号时标网络计划作出了规定。

在双代号时标网络计划中，“水平时间坐标”即横坐标，时标单位是指横坐标上的刻度代表的时间量。一个刻度可以是等于或多于1个时间单位的整倍数，但不应小于1个时间单位。

2～3　是根据在我国多年来使用时标网络计划中所采用符号的主流规定的。有时虚箭线中有自由时差，亦应用波形线表示。无论哪一种箭线，均应在其末端绘出箭头。工作有自由时差时，按图9所示的方式表达，波形线紧接在实箭线的末端；虚工作中有时差时，按图10所示方式表达，不得在波形线之后画实线。

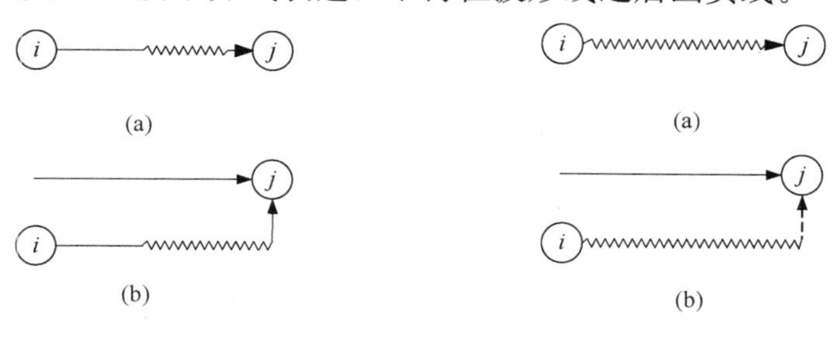

图9　工作有自由时差时波形线画法

图10　虚工作有自由时差时波形线画法

在图画上，节点无论大小均应看成一个点，其中心必须对准相应的时标位置，它在时间坐标上的水平投影长度应看成为零。

4.4.2　双代号时标网络计划的编制

1　本条是从实际应用的角度作出的规定。按最早时间编制双代号时标网络计划，其时差位于各项工作的最早完成时间之后，这就给时差的应用带来了灵活性，并使时差有实际应用的价值。如果按最迟时间绘制时标网络计划，其时差出现在各项工作的最迟开始时间之前，这种情况下，如果把时差利用了再去完成工作，则工作便再没有利用时差的可能性，使一项本来有时差的工作，因时差用尽、拖到最迟必须开始时才开始，而变成了“关键工作”。所以按最迟时间编制时标网络计划的做法不宜使用，在本规程中不提倡按最迟时间编制双代号时标网络计划。

2　本条规定了时标计划表的标准格式。时标计划表格式规范化，有利于使用单位统一印制以节省工作时间，也有利于图面清晰、表达准确和识图。日历中还可标注月历。时标一般标注在时标表的顶部或底部，为清楚起见，有时也可在时标表的上下同时标注。

3　编制双代号时标网络计划宜先绘制无时标网络计划草图，然后按以下两种方法之一进行：

1）先计算网络计划的时间参数，再根据时间参数按草图在时标计划表上进行绘制；

2）不计算网络计划的时间参数，直接按草图在时标计划表上绘制。

4　用先计算后绘制的方法时，应先将所有节点按其最早时间定位在时标计划表上，再用规定线型绘出工作及其自由时差，形成时标网络计划图。

5　不经计算直接按草图绘制时标网络计划，应按下列方法逐步进行：

1）将起点节点定位在时标计划表的起始刻度线上；

2）按工作持续时间在时标计划表上绘制起点节点的外向箭线；

3）除起点节点以外的其他节点必须在其所有内向箭线绘出以后，定位在这些内向箭线中最早完成时间最大处的箭线末端。其他内向箭线长度不足以到达该节点时，应用波形线补足；

4）用上述方法自左至右依次确定其他节点位置，直至终点节点定位绘完。

双代号时标网络计划是先按草图计算时间参数后再绘制，还是直接按草图在时标表上绘制，由编制者按自己的习惯选择。前一种方法的优点是，编制时标网络计划后可以与草图的计算结果进行对比校核；后一种方法的优点是省去计算，节省计算的时间。结合这两种方法，可采用仅计算节点最早时间而快速地确定关键线路的“标号法”，然后将各节点按照最早时间和草图的布局定位在网络图的相应位置上，再按照规定线形连接各节点即可准确地绘出时标网络计划。这既不需要计算各项工作的时间参数，节省了大量时间，又避免了直接绘制的盲目性。

4.4.3　双代号时标网络计划参数的确定

1　本条规定了时标网络计划计算工期的确定方法。计算工期应是其终点节点与起点节点所在位置（计算坐标体系）的时标值之差。

2　本条规定了判定工作的最早开始时间与最早完成时间的方法。按最早时间绘制的双代号时标网络计划，每一项工作都按最早开始时间确定其箭尾位置。起点节点定位在时标表的起始刻度线上，表示每一项工作的箭线在时间坐标上的水平投影长度都与其持续时间相对应，因此代表该工作的实线右端（当有自由时差时）或箭头（当无自由时差时）对应的时标值就是该工作的最早完成时间，终点节点表示所有工作全部完成，它所对应的时标值也就是该网络计划的总工期。

3　本条规定了判定自由时差的方法。在双代号时标网络计划中，波形线的右端节点所对应的时标值，是波形线所在工作的紧后工作的最早开始时间，波形线的起点对应的时标值是本工作的最早完成时间。因此，按照自由时差的定义，“波形线在坐标轴上的水平投影长度”就是本工作的自由时差。

4　由于工作总时差受计算工期制约，因此它应当自右向左推算，工作的总时差只有在其所有紧后工作的总时差被判定后才能判定。

5　本条的计算公式（4.4.3-3）和公式（4.4.3-4）是用总时差的计算公式（4.3.1-10）和公式（4.3.1-11）推导出来的，故在计算完总时差后，即可计算其最迟开始时间（LS_{i-j}）和最迟完成时间（LF_{i-j}）。

4.5　关键工作和关键线路

4.5.1　双代号网络计划中，总时差最小的工作是关键工作。关键工作组成的线路或线路上各工作持续时间之和最长的线路就是关键线路。

本条第 3 款新增内容：“标号法”快速确定关键线路的方法。以图 5 为例，说明用标号法确定计算工期和关键线路的过程。

1) 网络计划起点节点的标号值为零，按公式（4.3.2-1）计算节点①的标号值为：

$$b_1=0$$

2) 其他节点的标号值应根据公式（4.3.2-2）按节点编号从小到大的顺序逐个计算：

$$b_j = ET_j = \max\{ET_i + D_{i-j}\}$$

式中：b_j——工作 $i-j$ 的完成节点的标号值。

本例中，节点②、节点③、节点④、节点⑤的标号值分别为：

$$b_2 = b_1 + D_{1-2} = 0+2 = 2$$

$$b_3 = b_2 + D_{2-3} = 2+3 = 5$$

$$b_4 = b_2 + D_{2-4} = 2+2 = 4$$

$$b_5 = \max\{b_3 + D_{3-5}, b_4 + D_{4-5}\} = \max\{5+0, 4+0\} = 5$$

当计算出节点的标号后，用其标号值及其源节点对该节点进行双标号。所谓源节点，就是用来确定本节点标号值的节点。例如在本例中，节点⑤的标号值是由节点③所确定，故节点⑤的源节点就是节点③。如果源节点有多个，应将所有源节点标出。

3）网络计划的计算工期就是网络计划终点节点的标号值。例如本例中，其计算工期就等于终点节点⑮的标号值 22。

4）根据线路应从网络计划的终点节点开始，逆箭线方向按源节点确定。例如在本例中，从终点节点⑮开始，逆箭线方向按源节点可以找出关键线路为①—②—③—⑤—⑥—⑦—⑩—⑪—⑫—⑬—⑮ 和 ①—②—③—⑤—⑥—⑦—⑩—⑪—⑫—⑬—⑭—⑮。

网络计划关键线路见图 11。

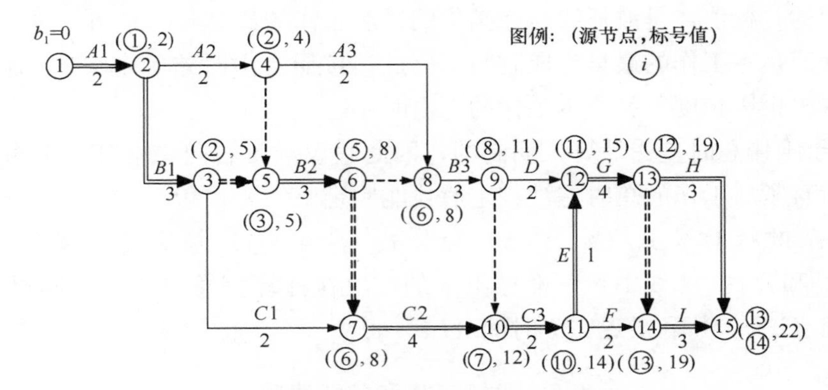

图 11　标号法确定关键工作和关键线路

5　单代号网络计划

5.1　一　般　规　定

5.1.1　本条文规定的箭线画法，是为了便于在节点上标注时间参数，如图 5.3.2 (a) 所示的时间参数标注形式，若有竖向箭线，就会影响 TF_i 和 FF_i 的标注。但如用图 5.3.2 (b) 所示的标注形式则可用竖向箭线。

5.1.2　单代号网络图中，工作的工作名称、持续时间和工作代号应标注在节点内。工作的时间参数，对于用圆圈来表示的节点，则宜标注在节点外，如图 5.3.2 (a) 所示；对于用方框来表示的节点，宜标注在节点内，如图 5.3.2 (b) 所示。

5.1.3　单代号网络图的节点必须编号，编号的数码按箭线方向由小到大编排，编号顺序不一定按 1、2、3、4……的自然数列，中间可以间断，如可按 0、5、10、15……的顺序编号。网络图第一个节点的编号不一定是 0，也可用 1、5、10、100 等数码。

5.1.5　工作之间的工艺关系是指生产工艺上客观存在的先后顺序，如只有支好模板，绑好钢筋后才能浇混凝土，反之则不符合生产规律。组织关系是根据施工组织方案，人为安排的先后工作顺序，如组织流水施工时，工作队则按顺序由一个施工段转移到另一个施工段去工作，这就是组织上的逻辑关系。

5.2 绘图规则

5.2.1～5.2.4 单代号网络图是有向有序图，要严格按照各项工作之间的逻辑关系来绘制，这4条绘图规则是保证网络图按既定的工作顺序来排列。双向箭头或无箭头连线无法判断工作进行方向；没有箭尾节点的节点不知紧前工作，没有箭头节点的节点则不知紧后工作。

5.2.5 本规程中的指向法，一般用于交叉箭线较多、两相邻工作在网络图平面布置上相距又较远的情况下。如采用过桥法能较好地处理交叉箭线，则尽量不用指向法。

5.2.6 在单代号网络图中增设虚拟的起点节点和终点节点，这是为了使整个图形封闭，并有利于计算时间参数。若单代号网络图中只有一项无内向箭线的工作，就不必增设虚拟的起点节点；若只有一项无外向箭线的工作，就不必增设虚拟的终点节点。

5.3 时间参数计算

5.3.1 各项工作的持续时间是计算网络计划时间参数的基础，没有各项工作的持续时间，就无法计算网络计划的其他时间参数。

5.3.2 单代号网络计划中时间参数标注方法以往各不相同。为统一起见，本条规定了以圆圈为节点的和以方框为节点的两种时间参数的标注方式。

5.3.3～5.3.11 这几条中，主要规定单代号网络计划计算时间参数的方法。具体的计算步骤有两种。

第一种步骤是：先计算各项工作的最早开始时间和最早完成时间，再计算相邻工作的间隔时间，根据间隔时间计算各项工作的自由时差和总时差，再根据总时差计算各项工作的最迟开始时间和最迟完成时间。

第二种步骤是：先计算各项工作的最早开始时间和最早完成时间，再计算各项工作的最迟完成和最迟开始时间，再计算总时差和自由时差。

5.4 单代号搭接网络计划

5.4.1、5.4.2 单代号搭接网络中，节点的标注与单代号网络相同，只是增加了相关工作之间的时距。时距是搭接网络计划中相邻工作的时间差值，由于相邻工作各有开始和结束时间，故基本时距有四种情况：即结束到开始时距（*FTS*）；开始到开始时距（*STS*）；结束到结束时距（*FTF*）；开始到结束时距（*STF*）。

要注意的是，搭接网络计划的工期不一定取决于与终点相联系的工作的完成时间，而可能取决于中间工作的完成时间。

5.4.3 只有确定了各项工作的持续时间和各项工作之间的时距以后，才能够进行单代号搭接网络计划的时间参数计算。

5.4.5～5.4.10 这几条规定了单代号搭接网络计划时间参数计算方法。在时间参数计算过程中，要特别注意：

1 在计算工作的最早开始时间和最早完成时间时，如出现工作的最早开始时间为负值，则应将该工作与起点联系起来。如果中间工作的最早完成时间大于最后工作的最早完成时间，必须把该工作与终点节点联系起来。

2 在计算工作的最迟开始时间和最迟结束时间时，如出现中间工作的最迟完成时间大于总工期时，则应用虚箭线将其与终点节点联系起来。

5.5 关键工作和关键线路

5.5.1、5.5.2 单代号网络计划中，总时差最小的工作是关键工作。关键线路应是从起点节点到终点节点均为关键工作，且所有相邻两关键工作之间的间隔时间均为零。

6 网络计划优化

6.2 工期优化

6.2.1 网络计划编制后，常遇到的问题是计算工期大于要求工期。出现这种情况时，可通过压缩关键工作的持续时间来满足工期要求。

6.2.2、6.2.3 工期优化方法能帮助项目管理者有目的地去压缩那些能缩短工期的工作的持续时间，解决此类问题的方法有：顺序法、加权平均法和选择法。本规程采用的是“选择法”进行工期优化。

6.3 资源优化

6.3.2、6.3.3 “资源有限，工期最短”是指由于某种资源的供应受到限制，致使工程施工无法按原计划实施，甚至会使工期超过计划工期，在此情况下应尽可能使工期最短来进行优化调整。

“资源有限，工期最短”的优化一般可按下列步骤进行：

1 根据初始网络计划，绘制早时标网络计划或横道图计划，并计算出网络计划在实施过程中每个时间单位的资源需用量。

2 从计划开始日期起，逐个检查每个时段（资源需用量相同的时间段）资源需用量是否超过所供应的资源限量，如果在整个工期范围内每个时段的资源需用量均能满足资源限量的要求，则就可得到可行优化方案；否则，必须转入下一步进行网络计划的调整。

3　分析超过资源限量的时段，如果在该时段内有几项工作平行作业，则采取将一项工作安排在与平行的另一项工作之后进行的方法，以降低该时段的资源需用量。

对于两项平行作业的工作 m 和工作 n 来说，为了降低相应的资源需用量，现将工作 n 安排在工作 m 之后进行，如图 12 所示。

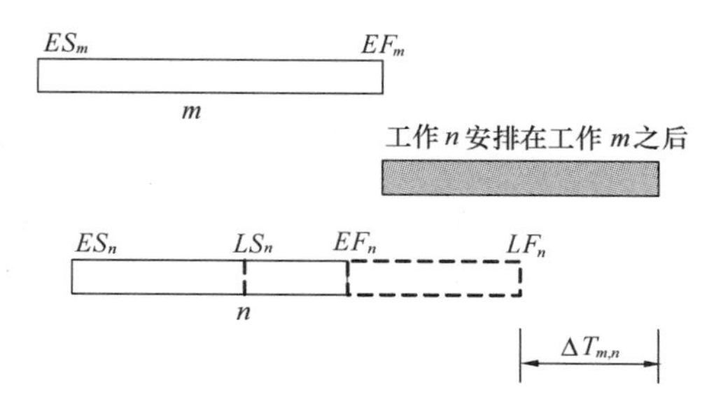

图 12　m，n 两项工作的排序

此时，网络计划的工期延长值按公式（6.3.1-3）计算，即：

$$\Delta T_{m,n} = EF_m + D_n - LF_n = EF_m - (LF_n - D_n) = EF_m - LS_n$$

式中：$\Delta T_{m,n}$——将工作 n 安排在工作 m 之后进行，网络计划的工期延长值；

EF_m——工作 m 的最早完成时间；

LF_n——工作 n 的最迟完成时间；

LS_n——工作 n 的最迟开始时间。

这样，在有资源冲突的时段中，对平行作业的工作进行两两排序，即可得出若干个 $\Delta T_{m,n}$，选择其中最小的 $\Delta T_{m,n}$，将相应的工作 n 安排在工作 m 之后进行，既可降低该时段的资源需用量，又使网络计划的工期延长时间最短。

4　对调整后的网络计划重新计算每个时间单位的资源需用量。

5　重复上述 2～4，直至网络计划整个工期范围内每个时间单位的资源需用量均满足资源限量为止。

6.3.4、6.3.5　“工期固定，资源均衡”的优化是在保持工期不变的情况下，使资源分布尽量均衡，即在资源需用量的动态曲线上，尽可能不出现短时期的高峰和低谷，力求每个时段的资源需用量接近于平均值。

“削高峰法”进行“工期固定，资源均衡”优化的方法与步骤如下：

1　计算网络计划每个“时间单位”资源需用量；

2　确定削高峰目标，其值等于每个“时间单位”资源需用量的最大值减一个单位资源量；

3　找出高峰时段的最后时间（T_h）及有关工作的最早开始时间（ES_{i-j} 或 ES_i）和总时差（TF_{i-j} 或 TF_i）；

4　按下列公式计算有关工作的时间差值（ΔT_{i-j} 或 $\Delta T)_i$：

1）对双代号网络计划：

$$\Delta T_{i-j} = TF_{i-j} - (T_h - ES_{i-j})$$

2）对单代号网络计划：

$$\Delta T_i = TF_i - (T_h - ES_i)$$

应优先以时间差值最大的工作（i' - j' 或 i'）为调整对象，令

$$ES_{i'-j'} = T_h$$

或

$$ES_{i'} = T_h$$

5 当峰值不能再减少时，即得到优化方案。否则，重复以上（1～4）款的步骤。

6.4 工期-费用优化

6.4.1 工期-费用优化是通过对不同工期时的工程总费用的比较分析，从中寻求工程总费用最低时的最优工期。

6.4.2 工期-费用优化

1 当网络计划中只有一条关键线路时，找出直接费用率最小的一项关键工作，作为缩短持续时间的对象；当有多条关键线路时，找出组合直接费用率最小的一组关键工作，作为缩短持续时间的对象。

2 对选定的压缩对象（一项关键工作或一组关键工作），比较其直接费用率或组合直接费用率与工程间接费用率的大小：

1）如果被压缩对象的直接费用率或组合直接费用率小于工程间接费用率，说明压缩关键工作的持续时间会使工程总费用减少，故应缩短关键工作的持续时间。

2）如果被压缩对象的直接费用率或组合直接费用率等于工程间接费用率，说明压缩关键工作的持续时间不会使工程总费用增加，故应缩短关键工作的持续时间。

3）如果被压缩对象的直接费用率或组合直接费用率大于工程间接费用率，说明压缩关键工作的持续时间会使工程总费用增加，此时应停止缩短关键工作的持续时间，在此之前的方案即为优化方案。

3 当需要缩短关键工作的持续时间，其缩短值的确定必须符合下列两条原则：

1）缩短后工作的持续时间不能小于其最短持续时间；

2）缩短持续时间的关键工作不能变成非关键工作。

4 计算关键工作持续时间缩短后相应增加的总费用。

5 重复本条（3～6）款的步骤，直到计算工期满足要求工期或被压缩对象的直接费用率或组合直接费用率大于工程间接费用率为止。

7 网络计划实施与控制

7.2 网 络 计 划 检 查

7.2.1 检查网络计划首先要收集反映网络计划实际执行情况的有关信息，按照一定的方法进行记录。按本条规定，记录方法有以下几种：

1 用实际进度前锋线记录计划执行情况

在时标网络计划图上标画前锋线的关键是标定工作的实际进度前锋的位置。其标定方法有两种：

1）按已完成的工作实物量的比例来标定。时标图上箭线的长度与相应工作的持续时间对应，也与其工程实物量的多少成正比。检查计划时某工作的工程实物量完成了几分之几，其前锋线就从表示该工作的箭线起点自左至右标在箭线长度几分之几的位置。

2）按尚需时间来标定。有些工作的持续时间是难以按工程实物量来计算的，只能根据经验用其他办法估算出来。要标定检查时间时的实际进度前锋线位置，可采用原来的估计办法，估算出从该时刻起到该工作全部完成尚需要的时间，从表示该工作的箭线末端反过来自右至左标出前锋位置。

图 13 是一份时标网络计划用前锋线进行检查记录的实例。该图有 4 条前锋线分别记录了 6 月 25 日、6 月 30 日、7 月 5 日和 7 月 10 日的 4 次检查结果。

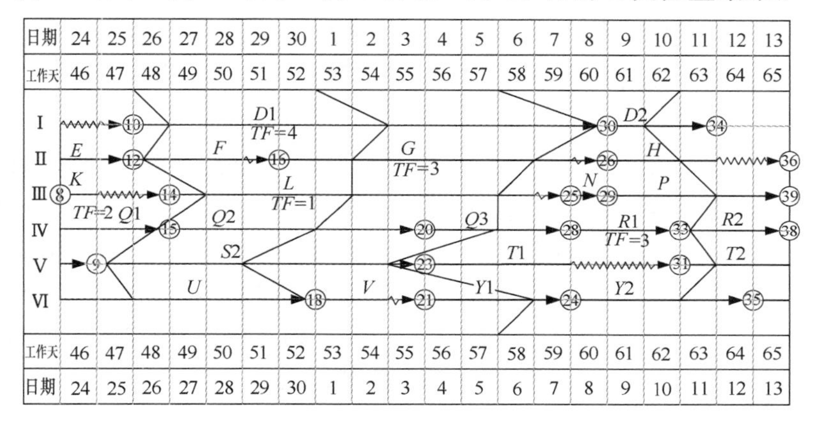

图 13　实际进度前锋线示例

2　在图上用文字或适当的符号记录

当采用无时标网络计划时，可采用直接在图上用文字或适当符号记录、列表记录等记录方式。图 14 是双代号网络计划的检查实例，检查第 5 天的计划执行情况，虚

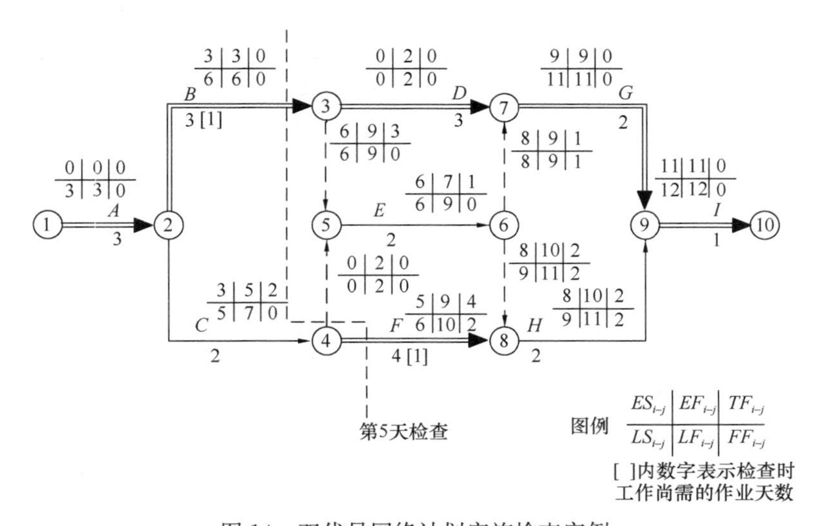

图 14　双代号网络计划实施检查实例

线代表其实际进度。

7.2.2、7.2.3 规定了对网络计划检查结果分析、判断的内容，即对工作的实际进度作出正常、提前或延误的判断；对未来进度状况进行预测，作出网络计划的计划工期可按期实现、提前实现或拖期的判断。

7.3 网络计划调整

7.3.1 本条规定了对网络计划的调整内容。

网络计划的调整是在其检查分析发现矛盾之后进行的。通过调整，解决矛盾，有什么矛盾就调整什么。可以只调整文中6项内容之一项，也可以同时调整多项，还可以将几项结合起来进行调整，例如将工期与资源、工期与成本、工期资源及成本结合起来调整，以求综合效益最佳。只要能达到预期目标，调整越少越好。

7.3.2 本条规规定了对关键线路进行调整的方法。针对实际进度提前或落后两种情况作了规定。

1 当关键线路的实际进度比计划进度提前时，首先要确定是否对原计划工期予以缩短。如果不拟缩短，则可利用这个机会降低资源强度或费用，方法是选择后续关键工作中资源占用量大的或直接费用高的予以适当延长，延长的时间不应超过已完成的关键工作提前的时间量；如果要使提前完成的关键线路的效果变成整个计划工期的提前完成，则应将计划的未完成部分作为一个新计划，重新进行计算与调整，按新的计划执行，并保证新的关键工作按新计算的时间完成。

2 当关键线路的实际进度比计划进度落后时，计划调整的任务是采取措施把落后的时间抢回来。于是应在未完成的关键线路中选择资源强度小的予以缩短，重新计算未完成部分的时间参数，按新参数执行。这样做有利于减少赶工费用。

7.3.3 本条对非关键工作的时差调整作了规定。

1 时差调整的目的是充分利用资源，降低成本、满足施工需要；

2 时差调整不得超出总时差值；

3 每次调整均需进行时间参数计算，从而观察每次调整对计划全局的影响。

调整的方法共三种：即在总时差范围内移动工作、延长非关键工作的持续时间及缩短工作持续时间。三种方法的前提均是降低资源强度。

7.3.4 本条对增减工作项目作了规定。

1 增减工作项目均不应打乱原网络计划总的逻辑关系，以便使原计划得以实施。因此，由于增减工作项目，只能改变局部的逻辑关系，此局部改变不影响总的逻辑关系。增加工作项目，只是对原遗漏或不具体的逻辑关系进行补充，减少工作项目，只是对提前完成了的工作项目或原不应设置而设置了的工作项目予以消除。只有这样，才是真正的调整，而不是重编计划。

2 增减工作项目之后，应重新计划时间参数，以分析此调整是否对原网络计划工期有影响，如有影响，应采取措施使之保持不变。

7.3.5 本条对网络计划逻辑关系的调整作了规定。

逻辑关系改变的原因必须是施工方法或组织方法改变。但一般说来，只能调整组织关系，而工艺关系不宜进行调整，以免打乱原计划，调整逻辑关系是以不影响原定计划工期和其他工作的顺序为前提的。调整的结果绝对不应形成对原计划的否定。

7.3.6 本条对工作持续时间的调整作了规定。调整的原因是原计划有误或实现条件不充分。调整的方法是重新估算。调整后应对网络计划的时间参数重新计算，观察对总工期的影响。

7.3.7 本条规定资源调整应在资源供应发生异常时进行。所谓发生异常，即因供应满足不了需要（中断或强度降低），影响到计划工期的实现。资源调整的前提是保证工期或使用工期适当，故应进行工期规定资源有限或资源强度降低工期适当的优化，从而达到使调整取得好的效果的目的。

8 工程网络计划的计算机应用

8.1 一 般 规 定

8.1.1、8.1.2 工程网络计划计算机软件作为编制网络计划的辅助工具，首先应符合本标准前面章节的有关规定，还要符合其他相关国家、行业标准；经过国家权威部门鉴定的软件才能保证可靠性、正确性。

8.2 计算机软件的基本要求

8.2.1 工程网络计划计算机软件应该尽量满足工程人员的实际需要，实现本规程的主要功能要求，包括网络计划的编制、绘图、计算、优化、检查、调整、分析、总结等功能。

8.2.2 计算机软件的优点在于速度快，用户在输入或修改工作信息的同时，计算机就在实时计算、绘图，这样方便检查修改。在修正初步网络计划时，只有实时计算，才能随时掌握整个工程的工期是否满足工期目标。

8.2.3、8.2.4 单代号网络图、双代号网络图、横道图都是计划的表现形式，包含的核心信息是工作以及工作之间的搭接关系。因此，它们之间是可以转化的。各计划图表中同一个工作的时间参数必须一致。

对工期较长，工序持续时间的差别较大的时标网络图，可以采用不均匀时间标尺，如图 15 所示；不均匀时间标尺的时间刻度、单位可以不同。这样就避免了较短的工作挤成一个节点的情况。

8.2.5 由于前锋线对实际进度作了形象的记录，通过前锋线可以反映出哪些工作超前，哪些工作滞后，是一种简单实用的进度检查表示方法，如图 16 所示。软件宜有此功能。

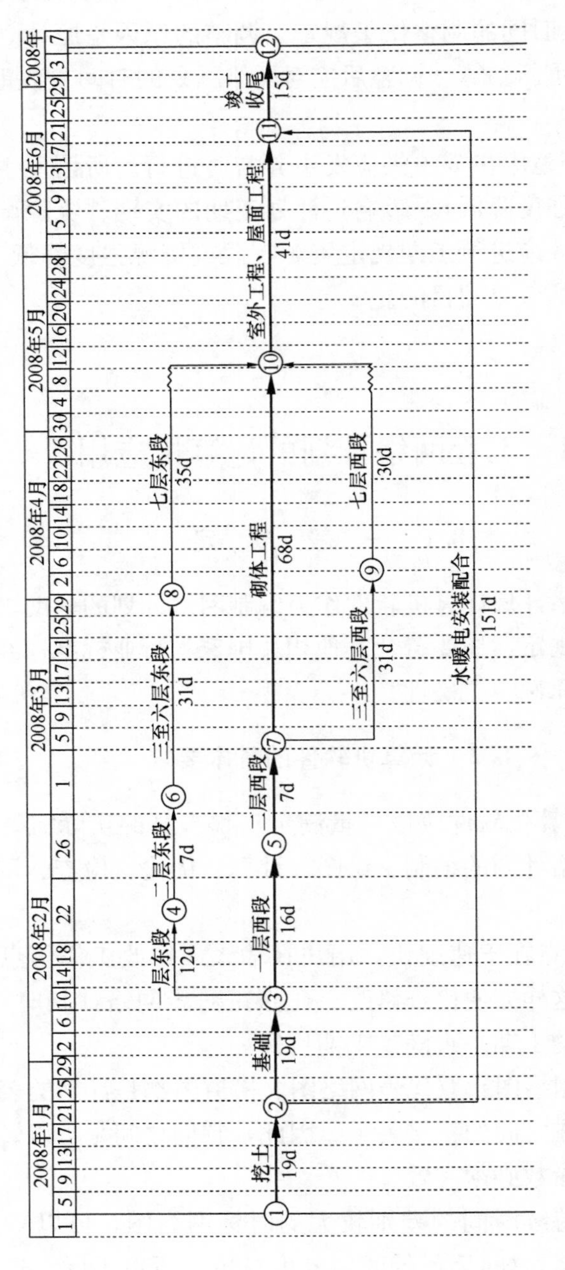

图 15 时标网络计划不均匀时间标尺应用示意图

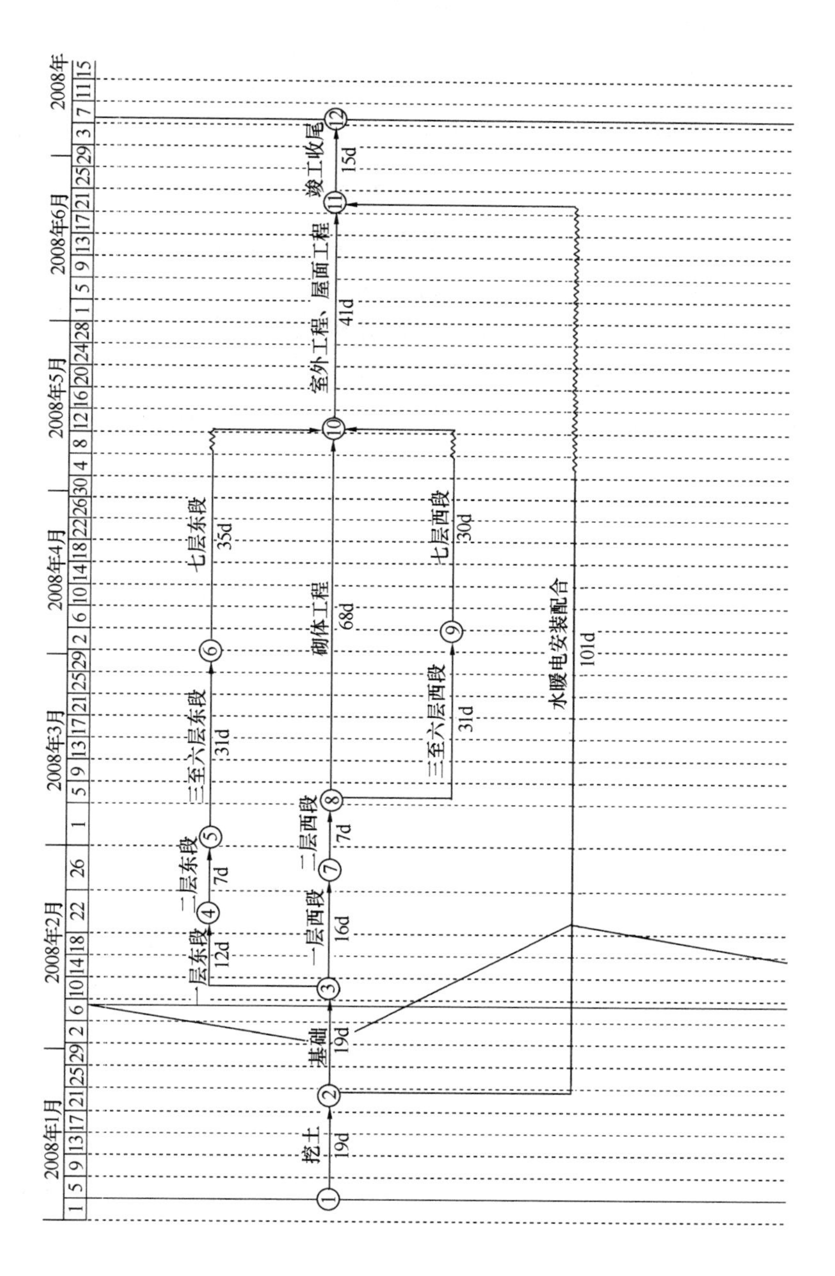

图 16 时标网络计划前锋线应用示意图

实际时间、计划时间比较功能是进度管理中常用的手段之一，通过比较图可以直观的了解当前进度执行情况，如图 17 所示。软件宜有此功能。

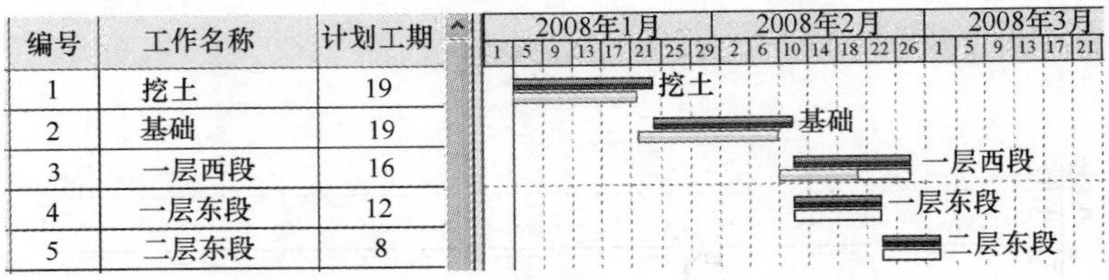
编号
工作名称
计划工期
1
挖土
19
2
基础
19
3
一层西段
16
4
一层东段
12
5
二层东段
8
2008年1月
2008年2月
2008年3月
1 5 9 13 17 21 25 29 2 6 10 14 18 22 26 1 5 9 13 17 21
挖土
基础
一层西段
一层东段
二层东段

图 17　实际进度与计划进度比较示意图

8.2.6　各项资源需要量计划可用来确定资金的筹集、并按计划供应材料、构件、调配劳动力和施工机械，按计划控制各项资源的使用量，以保证施工顺利进行。在编制了网络计划，并为每一工作分配了资源后，计算机就可以计算出每个时间单位每种资源的需要量，据此可以编制各项资源的需要量计划。

8.2.7　软件为了有更广的适应性，应能够与 Project、P3 等项目管理软件有良好的数据交换接口。

附录B　中华人民共和国国家标准《网络计划技术　第1部分：常用术语》GB/T 13400.1—2012

网络计划技术
第1部分：常用术语

Network planning techniques—
Part 1：General terms

GB/T 13400.1-2012

发布日期：2012年12月31日
施行日期：2013年6月1日

目　次

前　　言

GB/T 13400《网络计划技术》，包括以下三个部分：

——第1部分：常用术语；

——第2部分：网络图画法的一般规定；

——第3部分：在项目管理中应用的一般程序。

本部分为GB/T 13400的第1部分。

本部分按照GB/T 1.1—2009给出的规则起草。

本部分代替GB/T 13400.1—1992《网络计划技术 常用术语》，与GB/T 13400.1—1992相比，主要技术变化如下：

——名称变更：从《网络计划技术 常用术语》变更为《网络计划技术 第1部分：常用术语》；

——结构调整：将原标准的"基本术语""网络计划技术""网络图""网络计划"等4节结构调整为"与网络计划相关的术语"等5节结构。

——增加了"双代号时标网络图""单代号搭接网络图""关键节点""里程碑""波形线""切割线法""挣值法""时限网络计划法"等8条术语。取消了"仿真网络计划法""集合节点""分支节点"等3条术语。

本部分由中国标准化研究院提出并归口。

本部分主要起草单位：中国标准化研究院、北京工程管理科学学会、中国科学院研究生院。

本部分主要起草人：洪岩、詹伟、李小林、张婀娜、甘绍熺、丛培经。

本部分所代替标准的历次版本发布情况为：

——GB/T 13400.1—1992。

引　　言

网络计划技术是人们在管理实践中创造的、用于计划管理以保证实现预定目标的管理技术。它是一种科学有效的管理方法，被广泛应用于各行各业的计划管理工作以及项目管理的规划、实施、控制诸阶段。其最大特点是能为项目管理提供多种计划信息，从而有助于管理人员合理地组织任务实施，做到统筹规划、明确重点、优化资源，实现项目目标。

在我国，网络计划技术于20世纪60年代得到推广和应用，至80年代开始与项目管理相结合，逐渐成为其核心技术及重要组成部分，并得到了很大的发展，积累了丰富的经验。为规范网络计划技术的术语和定义，特制定本部分。

网络计划技术
第1部分：常用术语

1 范围

GB/T 13400的本部分规定了网络计划技术的常用术语及其定义。

本部分适用于各行业工程建设及科学研究等领域的计划管理工作。

2 术语

2.1 与网络计划相关的术语

2.1.1 定义

2.1.1.1

网络计划 network plan

在网络图（2.3.1.1）中加注工作（2.3.2.1）的时间参数等而形成的进度计划。

注：以时限（2.4.27）为约束条件时，可编制时限网络计划。

2.1.1.2

网络计划技术 network planning techniques

用网络计划（2.1.1.1）对任务的工作（2.3.2.1）进度进行安排和控制，以保证实现预定目标的计划管理技术。

2.1.2 分类

2.1.2.1 基于工作代号的分类

2.1.2.1.1

单代号网络计划 activity-on-node network plan；A-O-N network plan

以单代号网络图（2.3.1.4）表示的网络计划（2.1.1.1）。

2.1.2.1.2

双代号网络计划 activity-on-arrow network plan；A-O-A network plan

以双代号网络图（2.3.1.2）表示的网络计划（2.1.1.1）。

2.1.2.2 基于性质分类

2.1.2.2.1

肯定型网络计划 deterministic network plan

工作（2.3.2.1）、工作之间的逻辑关系（2.3.3.1）以及工作持续时间（2.4.1）都肯定的网络计划（2.1.1.1）。

2.1.2.2.2

非肯定型网络计划 un-deterministic network plan

工作（2.3.2.1）、工作之间的逻辑关系（2.3.3.1）和工作持续时间（2.4.1）中任一项或多项不肯定的网络计划（2.1.1.1）。

2.1.2.3 基于目标分类

2.1.2.3.1

单目标网络计划 single-destination network plan

只有一个终点节点（2.3.4.11）的网络计划（2.1.1.1）。

2.1.2.3.2

多目标网络计划 multi-destination network plan

终点节点（2.3.4.11）不只一个的网络计划（2.1.1.1）。

2.1.2.4 基于层次分类

2.1.2.4.1

分级网络计划 hierarchal network plan

根据不同管理层次的需要逐级细化的网络计划（2.1.1.1）。

2.1.2.4.2

总网络计划 master nework plan

以整个项目为对象编制的网络计划（2.1.1.1）。

2.1.2.4.3

局部网络计划 sub-network plan

以项目的某一部分为对象编制的网络计划（2.1.1.1）。

2.2 与网络计划方法相关的术语

2.2.1

关键线路法 critical path method；CPM

计划中所有工作（2.3.2.1）都按既定的逻辑关系（2.3.3.1）全部完成，对每项工作只估计一个确定的持续时间，对关键工作（2.3.2.5）进行重点管理的网络计划方法。

2.2.2

计划评审技术 program evaluation and review technique；PERT

计划中所有工作（2.3.2.1）都按既定的逻辑关系（2.3.3.1）全部完成，但工作的持续时间不确定，应进行估算，对按期完成计划的可能性做出评价的网络计划方法。

2.2.3

图示评审技术 graphical evaluation and review technique；GERT

计划中工作（2.3.2.1）是确定的，但工作之间的逻辑关系（2.3.3.1）和工作持续时间（2.4.1）都不确定，而按随机变量进行分析的网络计划方法。

2.2.4

风险评审技术 venture evaluation and review technique；VERT

计划中工作（2.3.2.1）、工作之间的逻辑关系（2，3.3.1）和工作持续时间（2.4.1）都不确定，可同时就费用、时间、效能三方面作综合分析并对可能发生的风险作概率估计的网络计划方法。

2.2.5

决策网络计划法 decision network；DN

计划中某些工作（2.3.2.1）是否进行，要依据其紧前工作的实施结果作决策，并估计相应的任务完成时间及其实现概率的网络计划方法。

2.2.6

搭接网络计划法 multi-time difference network

网络计划（2.1.1.1）中，前后工作之间可能有多种时距（2.4.18）的肯定型网络计划（2.1.2.2.1）方法。

2.2.7

流水网络计划法 flow process network

体现流水作业组织原理的网络计划方法。

2.2.8

时限网络计划法 time limitation network

依据时限（2.4.27）安排的网络计划方法。

2.3 与网络图相关的术语

2.3.1 网络图的定义及种类

2.3.1.1

网络图 network diagram

由箭线（2.3.4.1）和节点（2.3.4.6）组成的，用来表示工作（2.3.2.1）流程的有向、有序网状图形。

2.3.1.2

双代号网络图 activity-on-arrow network diagram；A-O-A network diagram

箭线式网络图

以箭线（2.3.4.1）或其两端节点（2.3.4.6）的编号表示工作（2.3.2.1）的网络图（2.3.1.1）。

2.3.1.3

双代号时标网络图 activity-on-arrow with time-scale；A-O-A with time-scale

以预设的时间坐标为尺度表示箭线（2.3.4.1）长度的双代号网络图（2.3.1.2）。

2.3.1.4

单代号网络图 activity-on-node network diagram；A-O-N network diagram

节点式网络图

以节点（2.3.4.6）或该节点编号（2.3.4.7）表示工作（2.3.2.1）的网络图（2.3.1.1）。

2.3.1.5

单代号搭接网络图 activity-on-node with multi-time difference；A-O-N with multi-time difference

能表示出搭接关系的单代号网络图（2.3.1.4）。

2.3.2 网络图的构成

2.3.2.1

工作 activity

工序

活动

计划任务按需要粗细程度划分而成的、耗用时间或也耗用资源（2.5.3）的一个子项目或子任务。

2.3.2.2

虚工作 dummy activity

双代号网络图（2.3.1.2）中，既不耗用时间，也不耗用资源（2.5.3）的虚拟工作（2.3.2.1），表示工作之间逻辑关系（2.3.3.1），具有联系、区分和断路作用。

2.3.2.3

起始工作 start activity

没有紧前工作（2.3.2.1）的工作。

2.3.2.4

结束工作 end activity

没有紧后工作（2.3.2.1）的工作。

2.3.2.5

关键工作 critical activity

网络计划（2.1.1.1）中总时差（2.4.25）最小的工作（2.3.2.1）。

2.3.2.6

线路 path

网络图（2.3.1.1）中从起点节点（2.3.4.10）开始，沿箭线（2.3.4.1）方向连续通过一系列箭线与节点（2.3.4.6），最后到达终点节点（2.3.4.11）所经过的通路。

2.3.2.7

关键线路 critical path

在双代号网络计划（2.1.2.1.2）中自始至终全由关键工作（2.3.2.5）组成或总持续时间最长的线路（2.3.2.6）。

在单代号网络计划（2.1.2.1.1）中自始至终全由关键工作组成，且关键工作之间的间隔时间（2.4.23）为零或总持续时间最长的线路。

2.3.2.8

线路段 part of path

网络图（2.3.1.1）中线路（2.3.2.6）的一部分。

2.3.2.9

回路　logical loop

从一个节点（2.3.4.6）出发沿箭线（2.3.4.1）方向又回到原出发点的线路（2.3.2.6）。

2.3.3　各种逻辑关系

2.3.3.1

逻辑关系　logical relation

工作（2.3.2.1）之间的相互制约或相互依赖的关系。

2.3.3.2

工艺关系　process relationship

生产性工作（2.3.2.1）之间由工艺技术决定的先后顺序关系；非生产性工作间由程序决定的先后顺序关系。

2.3.3.3

组织关系　organizational relationship

工作（2.3.2.1）之间由于组织安排需要或资源（2.5.3）调配需要而规定的先后顺序关系。

2.3.3.4

完成到开始关系　finish to start；FTS

某一工作（2.3.2.1）完成后或完成一定时间后，其紧后工作才开始的顺序关系。

2.3.3.5

开始到开始关系　start to start；STS

某一工作（2.3.2.1）开始一定时间后，其紧后工作才开始的顺序关系。

2.3.3.6

完成到完成关系　finish to finish；FTF

某一工作（2.3.2.1）完成一定时间后，其紧后工作才完成的顺序关系。

2.3.3.7

开始到完成关系　start to finish；STF

某一工作（2.3.2.1）开始一定时间后，其紧后工作才完成的顺序关系。

2.3.4　符号名称

2.3.4.1

箭线　arrow

网络图（2.3.1.1）中一端带箭头的实线。

注1：在双代号网络图（2.3.1.2）中，箭线表示一项工作（2.3.2.1）。

注2：在单代号网络图（2.3.1.4）中，箭线表示工作（2.3.2.1）之间的逻辑关系（2.3.3.1）。

2.3.4.2

虚箭线　dummy arrow

双代号网络图（2.3.1.2）中表示虚工作（2.3.2.2）的一端带箭头的虚线。

单代号搭接网络图（2.3.1.5）中因计算需要而设置的一端带箭头的虚线。

2.3.4.3

内向箭线　inward arrow

指向某个节点（2.3.4.6）的箭线（2.3.4.1）。

2.3.4.4

外向箭线　outer arrow

从某个节点（2.3.4.6）引出的箭线（2.3.4.1）。

2.3.4.5

波形线　wave arrow

弹簧线

双代号网络图（2.3.1.2）中，表示自由时差（2.4.26）或间隔时间（2.4.23）的波状线。

2.3.4.6

节点　node

网络图（2.3.1.1）中箭线（2.3.4.1）端部的圆圈或其他形状的封闭图形。

注：在双代号网络图（2.3.1.2）中，节点表示一个事件；在单代号网络图（2.3.1.4）中节点表示一项工作（2.3.2.1）。

2.3.4.7

节点编号　node number

代号

网络图（2.3.1.1）中对每个节点（2.3.4.6）所给定的号码。

注1：双代号网络图（2.3.1.2）中，可用箭线（2.3.4.1）或其两端节点的编号表示工作（2.3.2.1）。

注2：单代号网络图（2.3.1.4）中，可用节点或一个号码表示一项工作。

2.3.4.8

开始节点　preceding node

双代号网络图（2.3.1.2）中表示工作（2.3.2.1）开始的节点（2.3.4.6）。

2.3.4.9

完成节点　succeeding node

双代号网络图（2.3.1.2）中表示工作（2.3.2.1）完成的节点（2.3.4.6）。

2.3.4.10

起点节点　start node

网络图（2.3.1.1）的第一个节点（2.3.4.6）。

2.3.4.11

终点节点　end node

网络图（2.3.1.1）的最后一个节点（2.3.4.6）。

2.3.4.12

虚拟节点　dummy node

网络图（2.3.1.1）中虚拟起点节点（2.3.4.10）和虚拟终点节点（2.3.4.11）的统称。

注：在有多项起始工作（2.3.2.3）或多项结束工作（2.3.2.4）的单代号网络图（2.3.1.4）中，当绘图和计算需要时，在网络图（2.3.1.1）两端分别加设的，代表一项虚拟起始工作或一项虚拟结束工作的节点（2.3.4.6）。

2.3.4.13

关键节点　critical node

关键线路（2.3.2.7）上的节点（2.3.4.6）。

2.3.4.14

里程碑　milestone

关键线路（2.3.2.7）上表示某一重要阶段工作（2.3.2.1）的开始或完成时刻，通常用特定符号表示。

2.3.4.15

决策节点　decision node

紧后工作（2.3.2.1）如何进行须由其紧前工作的结果来决定的节点（2.3.4.6）。

2.3.4.16

与型节点　AND node

表达节点（2.3.4.6）后的工作（2.3.2.1）必须待诸项紧前工作完成后才能开始，或节点前工作完成后，节点后诸项工作皆可执行这种逻辑关系（2.3.3.1）的节点。

2.3.4.17

或型节点　inclusive OR node

表达节点（2.3.4.6）前的工作（2.3.2.1）中只要有一项完成，无论其他工作是否完成，该节点后工作均可开始或节点前的工作完成后，节点后诸项工作中的一项即可开始这种逻辑关系（2.3.3.1）的节点。

2.3.4.18

异或型节点　exclusive OR node

表达节点（2.3.4.6）前的工作（2.3.2.1）中，只要有且只能有一项完成，该节点后工作即可开始或节点前工作完成后，节点后诸项工作中的一项且只有一项工作可以执行这种逻辑关系（2.3.3.1）的节点。

2.3.5　特殊画法

2.3.5.1

母线法 generatrix method

网络图（2.3.1.1）中，经一条共用的线段将多条箭线（2.3.4.1）引入或引出同一个节点（2.3.4.6)，使图形简洁的绘图方法。

2.3.5.2

过桥法 pass-bridge method

用过桥符号表示箭线（2.3.4.1）交叉，避免引起混乱的绘图方法。

2.3.5.3

指向法 directional method

为避免箭线（2.3.4.1）过多交叉引起混乱，在箭线截断处添加虚线指向圈以指示箭线方向的绘图方法。

2.4 与时间参数相关的术语

2.4.1

工作持续时间 duration

D_{i-j}，D_i

对一项工作（2.3.2.1）规定的从开始到完成的时间。

2.4.2

三时估计法 three-time estimate

应用计划评审技术（2.2.2）时确定工作持续时间（2.4.1）的一种方法。

注：此法对一项工作（2.3.2.1）估计出最短、最长和最可能三种持续时间，再加权平均算出一个期望值作为持续时间，参见2.4.6。

2.4.3

最短估计时间 optimistic time estimate

乐观估计时间

a

按最顺利条件估计的、完成某项工作（2.3.2.1）所需的持续时间。

2.4.4

最长估计时间 pessimistic time estimate

悲观估计时间

b

按最不利条件估计的，完成某项工作（2.3.2.1）所需的持续时间。

2.4.5

最可能估计时间 most likely time estimate

m

按正常条件估计的、完成某项工作（2.3.2.1）最可能的持续时间。

2.4.6

期望工作持续时间 expected activity time

三时估计法（2.4.2）中按加权平均法算出的工作持续时间（2.4.1）期望值，按式（1）计算：

$$D_e = \frac{a + 4m + b}{6} \tag{1}$$

式中：D_e——期望工作持续时间；

a——最短估计时间；

b——最长估计时间；

m——最可能估计时间。

2.4.7

工作时间标准差　standard difference of an activity

σ

衡量工作（2.3.2.1）估计时间离散程度的指标，其值按式（2）计算：

$$\sigma = \frac{b - a}{6} \tag{2}$$

式中：σ——工作时间标准差；

a——最短估计时间；

b——最长估计时间。

2.4.8

最早开始时间　earliest start time

ES_{i-j}，ES_i

在紧前工作（2.3.2.1）和有关时限（2.4.27）约束下，工作有可能开始的最早时刻。

2.4.9

最早完成时间　earliest finish time

EF_{i-j}，EF_i

在紧前工作（2.3.2.1）和有关时限（2.4.27）约束下，工作有可能完成的最早时刻。

2.4.10

最迟完成时间　latest finish time

LF_{i-j}，LF_i

在不影响计划工期（2.4.33）和有关时限（2.4.27）的约束下，工作（2.3.2.1）最迟必须完成的时刻。

2.4.11

最迟开始时间　latest start time

LS_{i-j}，LS_i

在不影响计划工期（2.4.33）和有关时限（2.4.27）的约束下，工作（2.3.2.1）

最迟必须开始的时刻。

2. 4. 12

节点时间　event time

事件时间

双代号网络计划（2. 1. 2. 1. 2）中，表明事件开始或完成时刻的时间参数。

2. 4. 13

节点最早时间　earliest event time

ET_i

双代号网络计划（2. 1. 2. 1. 2）中，以该节点（2. 3. 4. 6）为开始节点（2. 3. 4. 8）的各项工作（2. 3. 2. 1）的最早开始时间（2. 4. 8）。

2. 4. 14

节点最迟时间　latest event time

LT_i

双代号网络计划（2. 1. 2. 1. 2）中，以该节点（2. 3. 4. 6）为完成节点（2. 3. 4. 9）的各项工作（2. 3. 2. 1）的最迟完成时间（2. 4. 10）。

2. 4. 15

节点最早时间标准差　standard difference of the earliest event time

$\sigma(ET_i)$

衡量节点（2. 3. 4. 6）最早时间离散程度的指标。其值由该节点前最长线路段（2. 3. 2. 8）上所有工作（2. 3. 2. 1）的工作时间标准差（2. 4. 7）决定，按式（3）计算：

$$\sigma(ET_i) = \sqrt{(\sigma_1)^2 + (\sigma_2)^2 + \cdots + (\sigma_{i-1})^2} \tag{3}$$

式中：σ_1，σ_2，…，σ_{i-1}——节点 i 前最长线路段上所有先行工作的工作时间标准差。

2. 4. 16

节点最迟时间标准差　standard difference of the latest event time

$\sigma(LT_i)$

衡量节点（2. 3. 4. 6）最迟时间离散程度的指标。其值由该节点后最长线路段（2. 3. 2. 8）上所有工作（2. 3. 2. 1）的工作时间标准差（2. 4. 7）决定，按式（4）计算：

$$\sigma(LT_i) = \sqrt{(\sigma_m)^2 + (\sigma_{m-1})^2 + \cdots + (\sigma_i)^2} \tag{4}$$

式中：σ_m，σ_{m-1}，…，σ_i——节点 i 后最长线路段上所有后续工作的工作时间标准差。

2. 4. 17

事件实现概率　attainable probability

P_i

某一事件在规定期限 PT_i 内完成的可能性，具体计算要先按公式（5）求出相应的概率因子 Z_i 值，再根据 Z_i 值查正态分布表决定 P_i 值。

$$Z_i = \frac{PT_i - ET_i}{\sigma(ET_i)} \tag{5}$$

式中：PT_i——规定期限；

ET_i——节点最早时间；

$\sigma(ET_i)$——节点最早时间标准差。

2. 4. 18

时距　time difference

搭接网络计划中，对各种搭接关系按照时限（2. 4. 27）要求预先规定的必要时间差值。

2. 4. 19

完成到开始时距　time difference of $FTS_{i,j}$

某一工作（2. 3. 2. 1）的完成与其紧后工作的开始之间的时间差值。

2. 4. 20

开始到开始时距　time difference of $STS_{i,j}$

某一工作（2. 3. 2. 1）的开始与其紧后工作的开始之间的时间差值。

2. 4. 21

完成到完成时距　time difference of $FTF_{i,j}$

某一工作（2. 3. 2. 1）的完成与其紧后工作的完成之间的时间差值。

2. 4. 22

开始到完成时距　time difference of $STF_{i,j}$

某一工作（2. 3. 2. 1）的开始与其紧后工作的完成之间的时间差值。

2. 4. 23

间隔时间　time lag

网络计划（2. 1. 1. 1）中一项工作（2. 3. 2. 1）的最早完成时间（2. 4. 9）与其紧后工作最早开始时间（2. 4. 8）之间可能存在的差值。

2. 4. 24

时差　float

工作（2. 3. 2. 1）或线路（2. 3. 2. 6）可以利用的机动时间。

2. 4. 25

总时差　total float

TF_{i-j}，TF_i

在不影响计划工期（2. 4. 33）和有关时限（2. 4. 27）的前提下，一项工作（2. 3. 2. 1）可以利用的机动时间。

2. 4. 26

自由时差　free float

FF_{i-j}，FF_i

在不影响其紧后工作最早开始和有关时限（2.4.27）的前提下，一项工作（2.3.2.1）可以利用的机动时间。

2.4.27

时限　time limitation

网络计划（2.1.1.1）或其中的工作（2.3.2.1）因外界因素影响而在时间安排上所受到的某种限制。

2.4.28

最早开始时限　inferior limitation on start time

对网络计划（2.1.1.1）或其中工作（2.3.2.1）的开始所限定的最早时刻。

2.4.29

最迟完成时限　superior limitation on finish time

对网络计划（2.1.1.1）的结束或其中工作（2.3.2.1）完成所限定的最迟时刻。

2.4.30

工期　project duration

T

泛指完成项目所需的时间。

2.4.31

计算工期　calculated project duration

根据网络计划（2.1.1.1）时间参数计算出来的工期（2.4.30）。

2.4.32

要求工期　specified project duration

指令工期

任务委托人所要求的工期（2.4.30）。

2.4.33

计划工期　planned project duration

综合要求工期（2.4.32）与计算工期（2.4.31）并考虑需要和可能而确定的工期（2.4.30）。

2.5　与网络计划优化和管理相关的术语

2.5.1

优化　optimization

在一定约束条件下，按既定目标对网络计划（2.1.1.1）进行不断检查、评价、调整和完善的过程。

2.5.2

工期优化　optimization of time

压缩计算工期（2.4.31），以达到要求工期（2.4.32）目标，或在一定约束条件下使工期（2.4.30）最短的过程。

2.5.3

资源 resource

为完成任务所需的人力、材料、机械设备和资金等的统称。

2.5.4

资源优化 resource optimization

网络计划（2.1.1.1）以资源（2.5.3）为目标所进行的优化（2.5.1）。

2.5.5

资源强度 strength of resource

r_{i-j}，r_i

一项工作（2.3.2.1）在单位时间内所需的某种资源（2.5.3）数量。

2.5.6

资源需要量 resource requirement

网络计划（2.1.1.1）中各项工作（2.3.2.1）在某一单位时间内所需要的某种资源（2.5.3）数量之和。

2.5.7

资源限量 resource availability

单位时间内可供使用的某种资源（2.5.3）的最大数量。

2.5.8

资源有限-工期最短 resource scheduling

调整计划安排，以实现资源（2.5.3）限制为目标，并使工期（2.4.30）最短的过程。

2.5.9

工期固定-资源均衡 resource leveling（resource smoothing）

调整计划安排，在工期（2.4.30）保持不变的条件下，使资源（2.5.3）需用量尽可能均衡的过程。

2.5.10

时间成本优化 time-cost optimization

寻求最低成本时的最佳工期（2.4.30）安排，或按要求工期（2.4.32）寻求最低成本的计划安排的过程。

2.5.11

最短持续时间 crash time（critical time）

临界时间

不可能进一步缩短的工作持续时间（2.4.1）。

2.5.12

正常费用 normal cost

按正常时间完成一项工作（2.3.2.1）所需的费用。

2.5.13

最短时间费用 crash cost（critical cost）

临界费用

按最短持续时间（2.5.11）完成一项工作（2.3.2.1）所需的费用。

2.5.14

费用增加率 cost slope

a_{i-j}，a_i

缩短每一单位工作持续时间（2.4.1）所需增加的费用。

2.5.15

工作分解结构 work breakdown structure；WBS

对实现项目目标所需完成的所有工作（2.3.2.1），按可交付成果、逻辑关系（2.3.3.1）等所做的层次分解。

2.5.16

实际进度前锋线 actual progress vanguard line

在时标网络计划图上，把每项工作（2.3.2.1）在计划检查时刻的实际进度所达到的时间点连接而成的折线。

2.5.17

切割线法 cross lne method

在无时间坐标的网络图（2.3.1.1）上用点划线标注计划在检查时间点的实际进度的方法。

2.5.18

挣值法 earned value management

赢值法

度量项目绩效的一种方法。它把已经完成累计预算费用（挣值）与累计计划预算费用、累计实际费用进行比较，测定进度和费用是否存在偏差，以便进行控制。

索 引

汉语拼音索引

B

D

F

G

H

J

K

L

M

N

Q

S

T

W

X

Y

Z

英文对应词索引

A

C

D

E

F

G

H

I

L

M

N

O

P

R

S

T

U

V

W

附录C　中华人民共和国国家标准
《网络计划技术　第2部分：网络图画法的一般规定》
GB／T 13400.2—2009

网络计划技术
第2部分：网络图画法的一般规定

Network planning techniques—

Part 2：General rules for representation of network diagram

GB/T 13400.2－2009

发布日期：2009年5月6日

施行日期：2009年11月1日

目　次

前　言

GB/T 13400《网络计划技术》分为三个部分：

——第1部分：常用术语；

——第2部分：网络图画法的一般规定；

——第3部分：在项目管理中应用的一般程序。

本部分为GB/T 13400的第2部分，代替GB/T 13400.2—1992《网络计划技术 网络图画法的一般规定》。

本部分与GB/T 13400.2—1992相比，主要变化如下：

——标准的总体编排和结构按GB/T 1.1—2000进行了修改：增加了目次、前言、引言；第1章“主题内容与适用范围”更名为“范围”，第2章“引用标准”更名为“规范性引用文件”。

——增加第3章“术语和定义”。

——在图形符号的基本形式中增加了“波形线”；在表2中增加了双代号的逻辑关系表达；原表3“时间坐标画法示例”改为图3，并在其中增加了具体示例图；对网络图的“母线法”画法示例进行了相应的修改。

——对原3.1和3.2进行了编辑性合并；对原标准文本中所有图示均添加了图名。

——在“4.2.1.2时间参数”中增加了“间隔时间$LAG_{i,j}$。”和“时距：$STS_{i,j}$、$STF_{i,j}$、$FTS_{i,j}$、$FTF_{i,j}$”等内容。

——增加了“4.4.12节点编号的基本规则”。

本部分由中国标准化研究院提出并归口。

本部分主要起草单位：中国标准化研究院、中国科学院研究生院、北京工程管理科学学会、辽宁省标准化研究院。

本部分主要起草人：洪岩、詹伟、张婀娜、甘绍熺、丛培经、李小林、王德海、赵克令、任冠华。

本部分于1992年首次发布，本次修订为第一次修订。

引　　言

网络图是网络计划技术的基础，它在实际应用中把某项任务的具体工作组成以及相互间的逻辑关系，即工艺性、组织性的相互联系和相互制约的关系，依流程的方向，按工作先后顺序，用图形进行直观的描述。对网络图画法做出规定，便于网络计划技术的统一推广应用。

网络计划技术
第2部分：网络图画法的一般规定

1 范围

GB/T 13400的本部分规定了网络计划技术中网络图的一般画法与标识。

本部分适用于计划管理工作中网络计划技术的网络图的编制。

2 规范性引用文件

下列文件中的条款通过GB/T 13400的本部分的引用而成为本部分的条款。凡是注日期的引用文件，其随后所有的修改单（不包括勘误的内容）或修订版均不适用于本部分，然而，鼓励根据本部分达成协议的各方研究是否可使用这些文件的最新版本。凡是不注日期的引用文件，其最新版本适用于本部分。

GB/T 13400.1 网络计划技术 常用术语

3 术语和定义

GB/T 13400.1确定的术语和定义适用于本部分。

4 图示画法

4.1 基本图形符号及应用形式

4.1.1 图形名称及图形符号的基本形式应符合表1的规定。

表1 图形符号的基本形式

图形名称	图形符号的基本形式	备　注
节点	○　□	
箭线	——→	优先选用水平走向
虚箭线	- - - - →	
波形线	∿∿∿——→	在双代号时标网络图中表示工作的时差

4.1.2 图形符号在网络图中应用的基本形式应符合表2的规定。

表2 图形符号在网络图中应用的基本形式

名称＼形式	双代号	单代号
事件	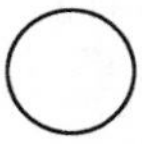 ○	
工作	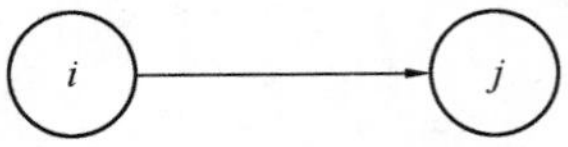 (i)→(j)	(i) [i]
虚工作	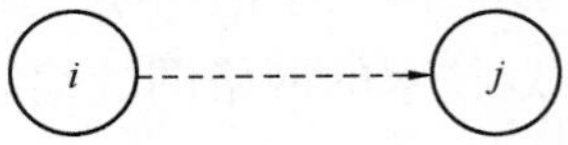 (i)- - -→(j)	
逻辑关系		 →

4.2 网络图的标识

4.2.1 概述

标识允许根据应用上的需要在标准中进行选择。下述4.2.1.2至4.2.1.3所列各项可供制图时选择。

4.2.1.1 图形结构和图形符号

a）工作及事件（可用文字说明或用字母、数字表示）；

b）紧前工作和（或）紧后工作或起点事件及完成事件；

c）逻辑关系。

4.2.1.2 时间参数标识

时间参数标识见表3。

表3 时间参数标识

时间参数名称	双代号	单代号
工作持续时间	D_{i-j}	D_i
工期	T	T
节点最早时间	ET_i	
节点最迟时间	LT_i	
工作最早开始时间	ES_{i-j}	ES_i
工作最早完成时间	EF_{i-j}	EF_i
工作最迟开始时间	LS_{i-j}	LS_i
工作最迟完成时间	LF_{i-j}	LF_i
工作总时差	TF_{i-j}	TF_i
工作自由时差	FF_{i-j}	FF_i
间隔时间		LAG_{i-j}
时距		$STS_{i,j}$、$STF_{i,j}$、$FTS_{i,j}$、$FTF_{i,j}$

4.2.1.3　资源标识

a）费用增加率 a；

b）资源强度 r_{i-j}，r_i。

4.2.2　文字的标注

文字的标注应优先选用水平方向书写。若箭线垂直向下画或垂直向上画，工作名称应书写在箭线左侧，工作持续时间书写在箭线右侧。

4.2.2.1　双代号网络图标识示例，如图1所示。

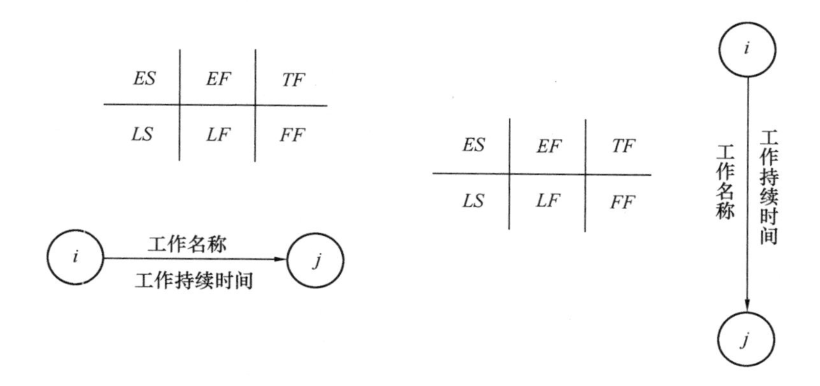

图1　双代号网络图标识示例

4.2.2.2　单代号网络图标识示例，如图2所示。

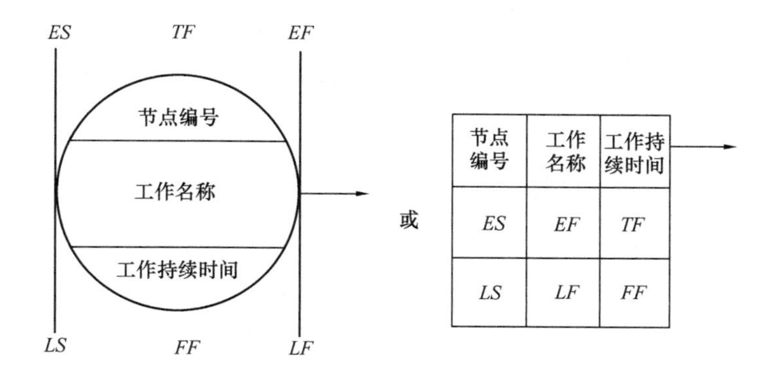

图2　单代号网络图标识示例

4.3　时间坐标网络计划图画法

4.3.1　时间坐标是时间长度标志。时间坐标中的时间单位根据需要在编制网络计划之前确定，可以是分、小时、天（工作天或日历天）、周、月、季、年等。同一网络图的时间单位也可以根据需要进行局部调整。

4.3.2　时间坐标宜标注在图的顶部和底部；图面较小时也可只在顶部标注。

4.3.3　工期较长的项目，在时间坐标网络图的工作箭线上，宜标识工作持续时间。

4.3.4　双代号时间坐标网络计划图画法示例，如图3所示。

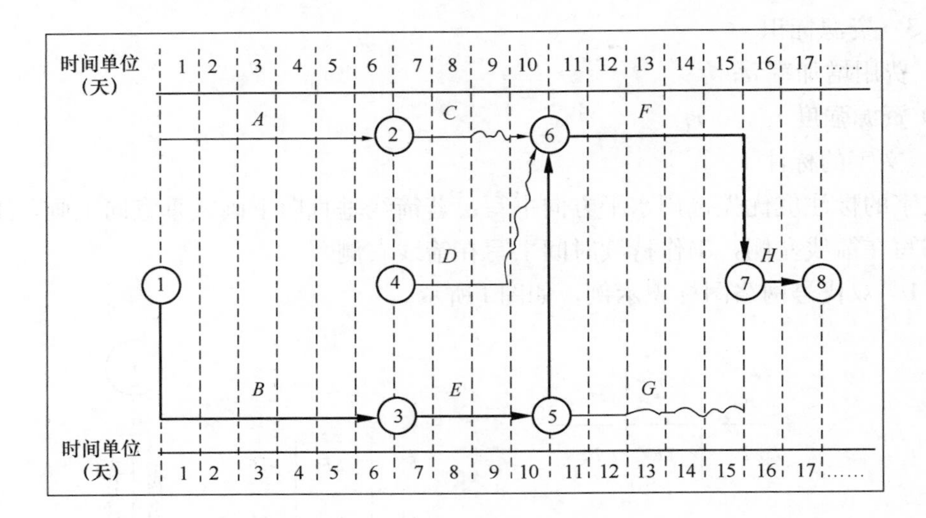

图3　双代号时间坐标网络计划图画法示例

4.4　网络图画法和节点编号的基本规则

4.4.1　应按工作的逻辑关系画图，使其简便、易读和易于处理。

4.4.2　网络图应含有能够表明基本信息的明确标识，包括文字、字母、数字（数字编号规则见4.4.12）的标注和重要特征的标识。对标识允许另表详尽说明。

4.4.3　工作或事件的字母代号或数字编号，在同一项任务的网络图中，不允许重复使用。

4.4.4　网络图一般只允许有一个起点节点和一个终点节点。单代号网络图中有多项开始和多项结束工作时，应在网络图的两端分别设置一项虚拟节点，作为网络图的起点节点和终点节点，如图4所示。

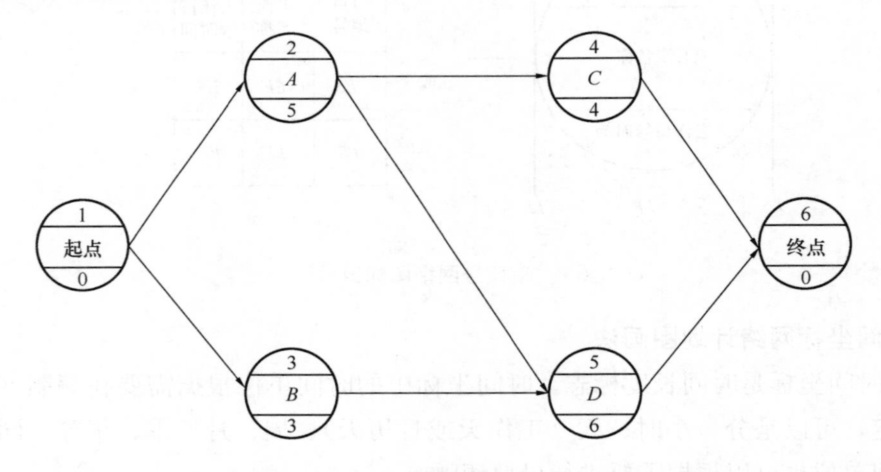

图4　单代号网络图的虚拟起点节点和终点节点示例

4.4.5　网络图是有向的。在肯定型网络计划的网络图中，不允许出现封闭循环回路。

4.4.6　网络图的主方向是从起点节点到终点节点的方向，在绘制网络图时应优先选择由左至右的水平走向。

4.4.7　箭线方向优先选择与主方向相应的走向，或者选择与主方向垂直的走向。

4.4.8　绘制网络图时，宜避免箭线的交叉。当箭线的交叉不可避免时，可选用“过桥”画法或“指向”画法，如图5所示。

4.4.9　除起点节点和终点节点外，其他所有节点的前后都应有箭线。

4.4.10　在双代号网络图中，代表工作的箭线两端应有节点，两个节点之间只能定义为一项工作。

4.4.11　同一网络图若需要用两张以上图纸表示，其断开部分的连接，应在连接点加以提示、标识或说明。

4.4.12　节点编号的基本规则

a）每个节点都应编号；

b）编号使用数字，但不使用数字0；

c）节点编号应自左向右、由小到大；

d）节点编号不应重复；

e）节点编号可不连续。

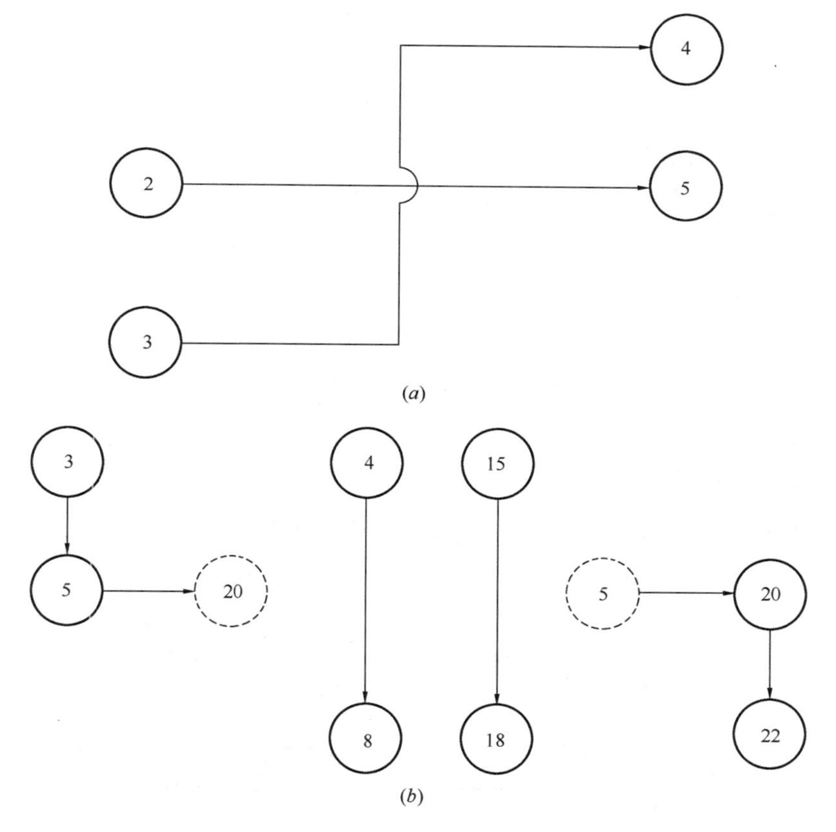

图5　箭线交叉画法示例

（a）“过桥”画法；（b）“指向”画法

4.5 简化绘图法

4.5.1 母线法

当节点有多条内向箭线或多条外向箭线时，可采用母线法，如图 6 所示。

母线与水平方向可垂直或呈锐角；子线宜首选水平方向；子线与母线相交处应为弧形。

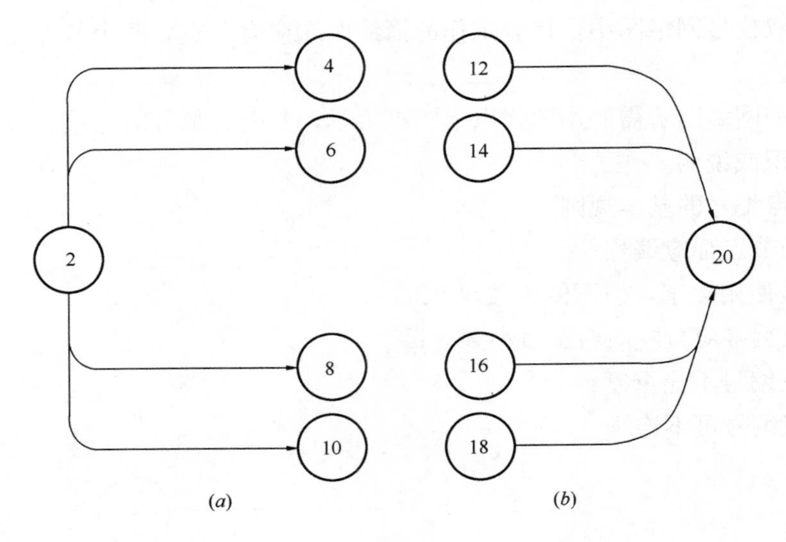

图 6 母线法示例

4.5.2 单代号搭接网络图的时距标识

单代号搭接网络图中的时距标识，示例如图 7 所示。

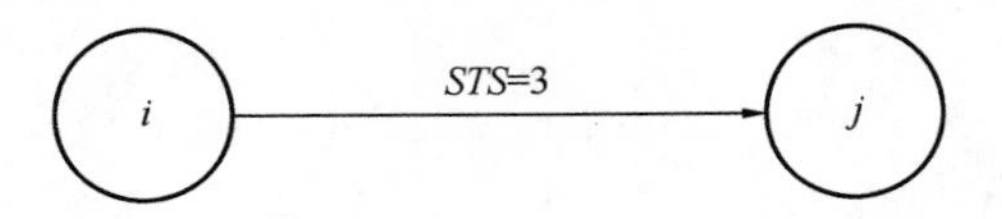

图 7 单代号搭接网络图的时距标识示例

4.6 特殊标识

4.6.1 关键线路的标识

关键线路应采用特殊线形或色彩标识，如图 8 所示。

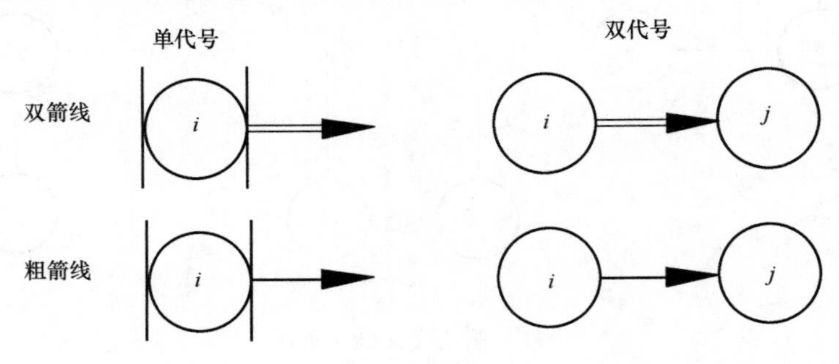

图 8 关键线路的标识

4.6.2　虚工作的标识

在双代号网络图中，当虚箭线很短时，可在箭线标识时间的位置标识0。

4.6.3　特殊要求的注明

当工作名称较长时，可在图中用字母标注，在图外对字母含义另行（或列表）注明。

4.6.4　实施状况的标识

对已实施的工作，可用明显标识说明。例如，对网络图上的节点或箭线涂以醒目的色彩。

4.7　逻辑关系的表示方法

网络图中逻辑关系应如表4所示。

表4　逻辑关系的表示方法

序号	逻辑关系	双代号表示方法	单代号表示方法
1	A完成后进行B，B完成后进行C	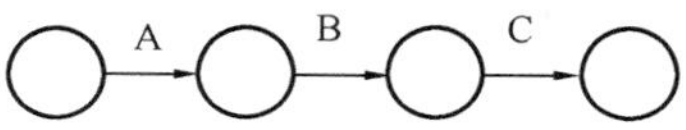 A B C	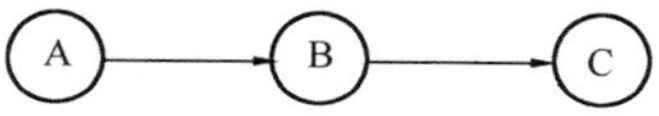 A B C
2	A完成后同时进行B和C	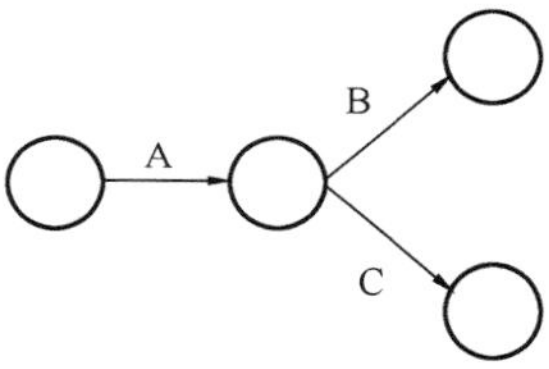 A B C	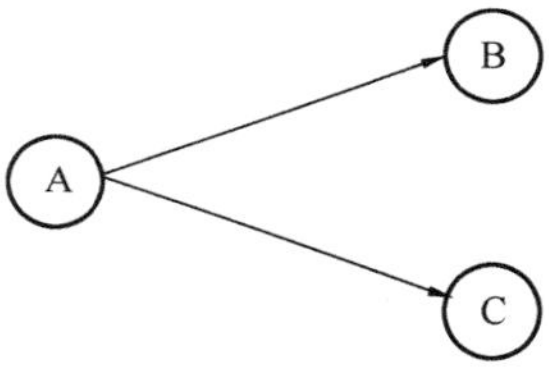 A B C
3	A和B都完成后进行C	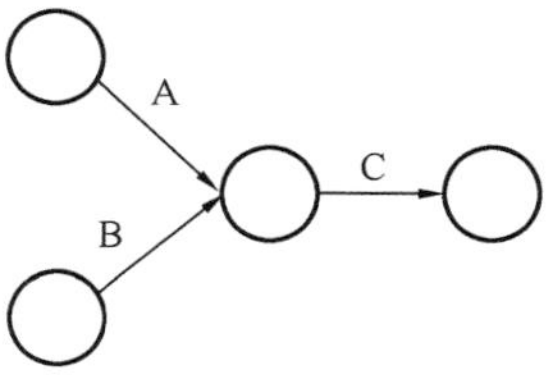 A B C	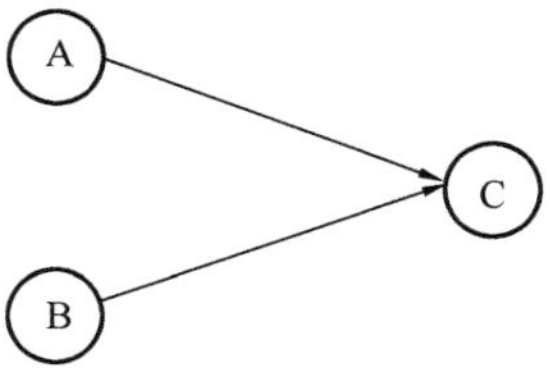 A C B
4	A完成后同时进行B、C。B和C完成后进行D	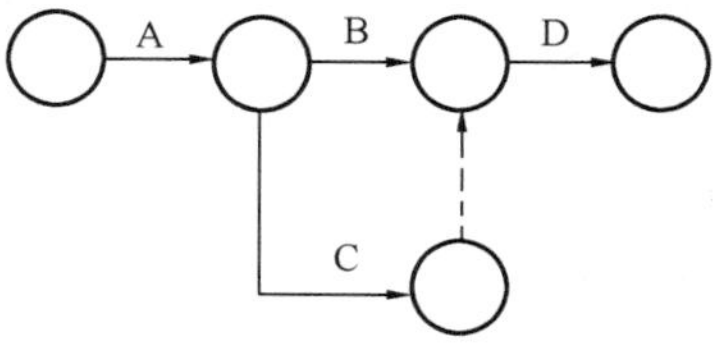 A B D C	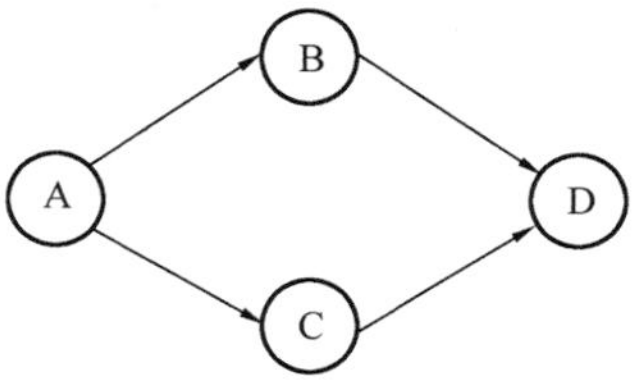 B A D C

续表4

序号	逻辑关系	双代号表示方法	单代号表示方法
5	A和B都完成后进行C、D	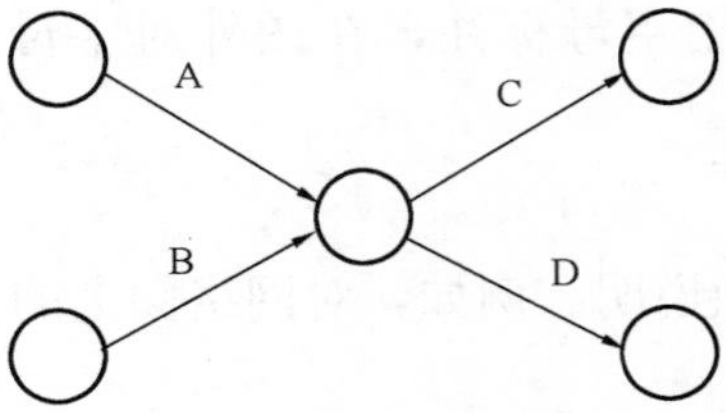 A B C D	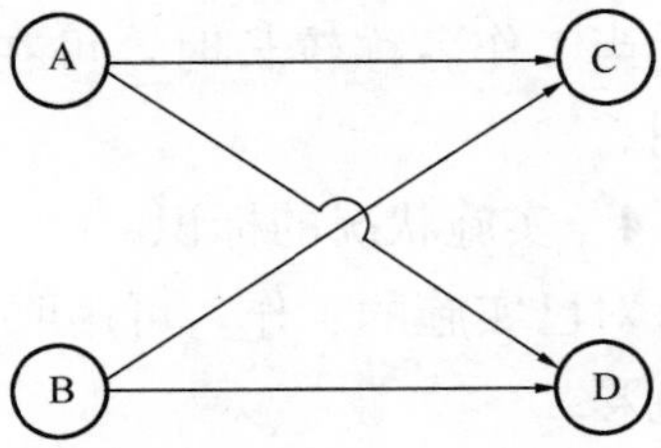 A B C D
6	A完成后进行C，A和B都完成后进行D	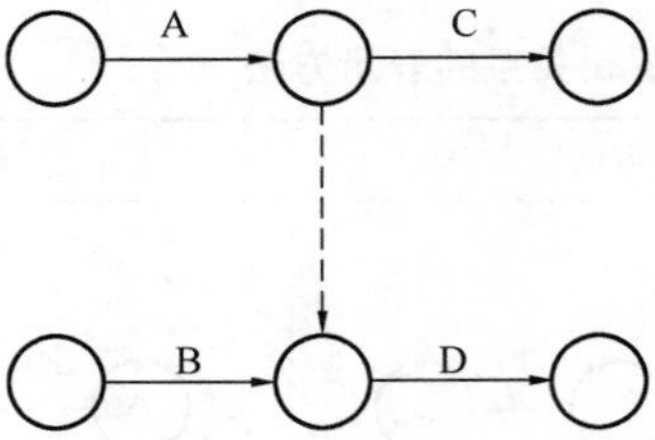 A C B D	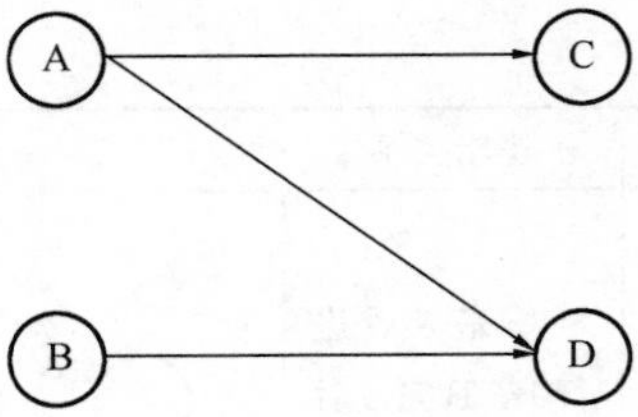 A B C D
7	A、B都完成后进行D，B、C都完成后进行E	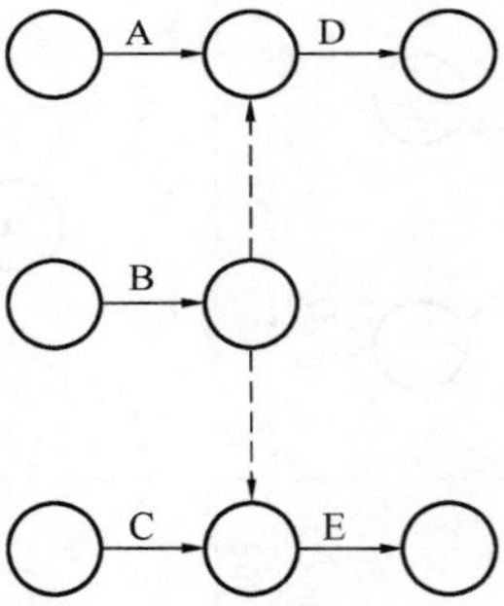 A D B C E	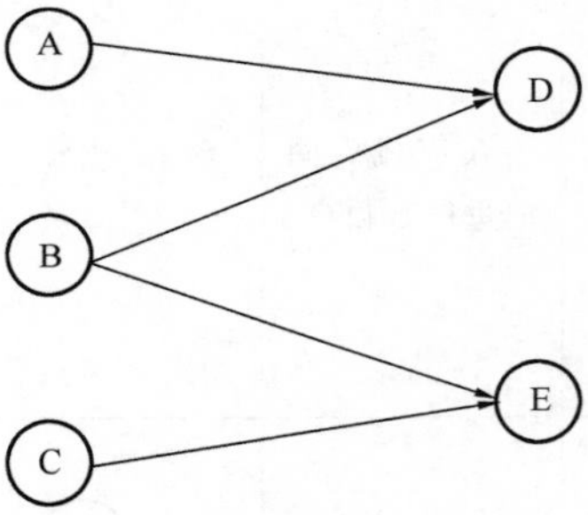 A B C D E
8	A完成后进行C、D，B完成后进行D、E	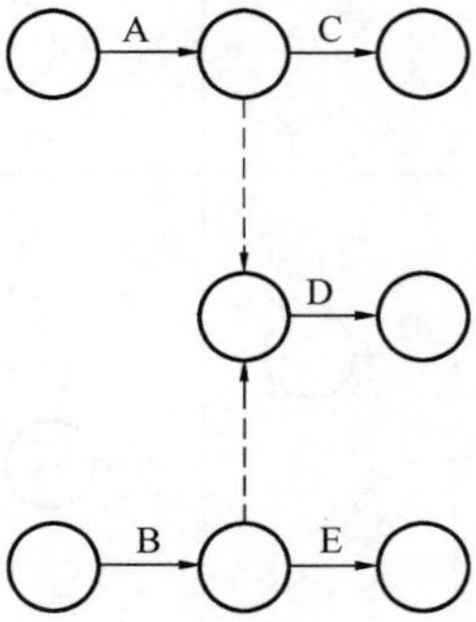 A C D B E	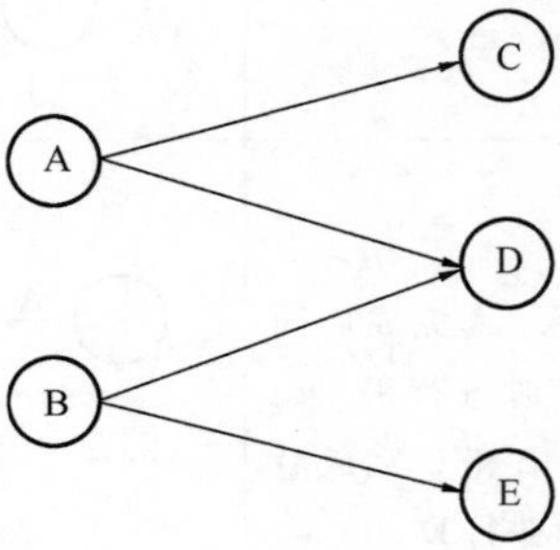 A B C D E

续表 4

序号	逻辑关系	双代号表示方法	单代号表示方法
9	A、B两项先后进行的工作，各分为三段进行。A_1完成后进行A_2、B_1。A_2完成后进行A_3、B_2。A_2、B_1完成后进行B_2。A_3、B_2完成后进行B_3		

4.8 非肯定逻辑关系节点的画法

4.8.1 “与”关系

如表5所示。

表5 “与”关系

工作关系		图示方法
输入关系	A_1与A_2与A_3皆完成后，B执行	
输出关系	A完成后，B_1与B_2与B_3皆执行	

4.8.2 “或”关系

如表6所示。

表6 “或”关系

工作关系		图示方法
输入关系	A_1或A_2或A_3只要有一个完成后，B执行	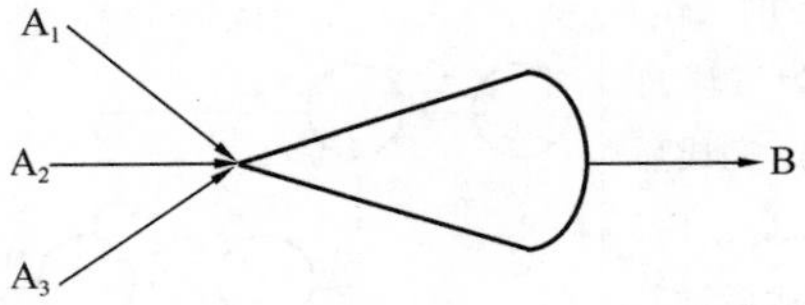
输出关系	A完成后，执行B_1或B_2或B_3中的一项	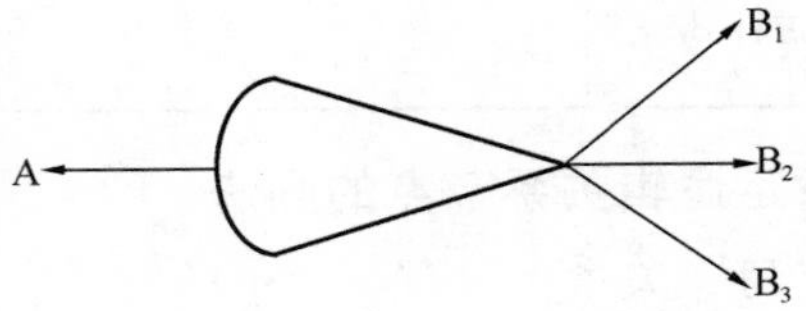

4.8.3 “异或”关系

如表7所示。

表7 “异或”关系

工作关系		图示方法
输入关系	A_1与A_2与A_3中只要有一个且只有一个完成后，B执行	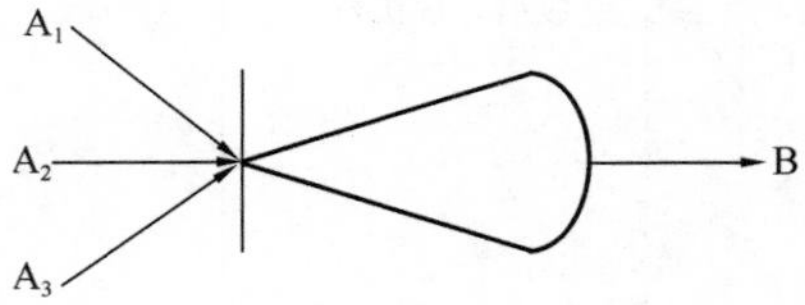
输出关系	A完成后，B_1与B_2与B_3中有一个且只有一个执行	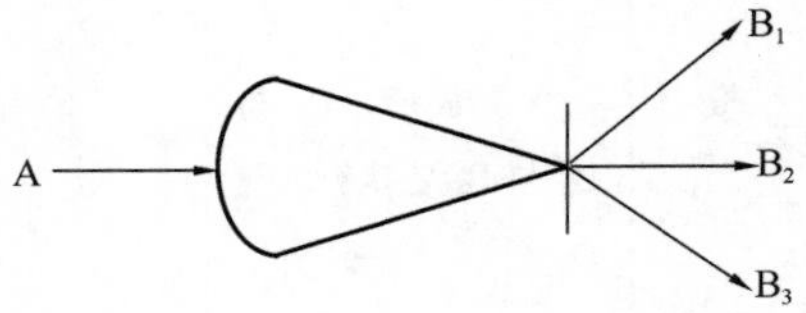

附录D　中华人民共和国国家标准《网络计划技术　第3部分：在项目管理中应用的一般程序》GB/T 13400.3—2009

网络计划技术

第3部分：在项目管理中应用的一般程序

Network planning techniques—

Part 3：General process used in project management

GB/T 13400.3－2009

发布日期：2009年5月6日

施行日期：2009年11月1日

目　次

前 言

GB/T 13400《网络计划技术》分为三个部分：

——第1部分：常用术语；

——第2部分：网络图画法的一般规定；

——第3部分：在项目管理中应用的一般程序。

本部分为GB/T 13400的第3部分，代替GB/T 13400.3—1992《网络计划技术 在项目计划管理中应用的一般程序》。

本部分与GB/T 13400.3—1992相比，主要变化如下：

——名称变更：从《网络计划技术 在项目计划管理中应用的一般程序》变更为《网络计划技术 第3部分：在项目管理中应用的一般程序》；

——标准的总体编排和结构按GB/T 1.1—2000进行了修改：增加了目次、前言、引言；第1章“主题内容与适用范围”更名为“范围”，第2章“引用标准”更名为“规范性引用文件”；

——增加了第3章“术语和定义”；

——在一般程序中，阶段“时间参数计算与确定关键线路”更名为“计算参数”，阶段“优化并确定正式网络计划”更名为“确定正式网络计划”，“结束阶段”更名为“收尾”；

——在一般程序中，“项目分解”这一步骤，从“绘制网络图”阶段调整至“准备”阶段，“总结分析”步骤分成“分析”和“总结”两个步骤；

——对一般程序中各个阶段和步骤的基本依据进行了明确的强调；

——对标准中出现的表添加了表题；

——对“工作分析表”和“计算时间参数结果”改用表格的形式给出；

——对标准的部分文字阐述进行了编辑性修改，力求达到更加精练、通俗、逻辑一致的目的。

本部分由中国标准化研究院提出并归口。

本部分主要起草单位：中国标准化研究院、北京工程管理科学学会、中国科学院研究生院、辽宁省标准化研究院。

本部分主要起草人：李小林、丛培经、詹伟、张婀娜、甘绍熺、洪岩、任冠华、王德海、赵克令。

本部分于1992年首次发布，本次修订为第一次修订。

引　言

知识经济时代是项目蓬勃发展的时代。实践表明，当今人类社会的大部分活动都可以按项目运作。项目管理正以一种新的思维方式和管理模式渗透到各个领域，成为人类生存和推动社会发展的一种必要手段。随着人们对项目和项目管理认识的不断深化，项目管理经历了从传统到现代的发展历程，逐渐发展成为具有科学理念、理论、知识、方法、技术和手段的系统学科。

项目管理是以项目为对象，依据项目的特点和规律，对项目运作进行高效率的计划、组织、领导、控制和协调，以实现项目目标的过程。项目管理的主要内容包括：项目范围管理、项目时间管理、项目费用管理、项目质量管理、项目人力资源管理、项目沟通管理、项目风险管理、项目采购管理、项目综合管理等。项目管理涉及的知识有一般管理知识、项目管理特有知识、与项目相关应用领域的知识，这些知识的总和构成项目管理知识体系，其中就包含了网络计划技术。网络计划技术是项目管理中最关键的方法，其应用程序的标准化对网络计划技术的应用效果起决定性作用。

网络计划技术是人们在管理实践中创造的专门用于对项目进行管理，以保证实现预定目标的科学管理技术，它既是一种科学的计划表达方式，又是一种有效的管理方法，被广泛应用于项目管理的规划、实施、控制诸阶段。其最大特点是能为项目管理提供多种信息，从而有助于管理人员合理地组织项目实施，做到统筹规划，明确重点，优化资源，实现项目目标。

在我国，网络计划技术于20世纪60年代得到推广和应用，至80年代开始与项目管理相结合，逐渐成为其核心技术及重要组成部分，并得到了很大的发展，积累了丰富的经验。为规范网络计划技术在项目管理中的应用，特制定GB/T 13400的本部分。

GB/T 13400的本部分为计算机辅助网络计划技术在项目管理中的应用提供指南，但不涉及计算机软件中的专业性操作。

网络计划技术
第 3 部分：在项目管理中应用的一般程序

1　范围

GB/T 13400 的本部分规定了网络计划技术在项目管理中应用的一般程序。

本部分适用于各领域项目的管理。

2　规范性引用文件

下列文件中的条款通过 GB/T 13400 的本部分的引用而成为本部分的条款。凡是注日期的引用文件，其随后所有的修改单（不包括勘误的内容）或修订版均不适用于本部分，然而，鼓励根据本部分达成协议的各方研究是否可使用这些文件的最新版本。凡是不注日期的引用文件，其最新版本适用于本部分。

GB/T 13400. 1　网络计划技术　常用术语

GB/T 13400. 2—2009　网络计划技术　第 2 部分：网络图画法的一般规定

3　术语和定义

GB/T 13400. 1 确定的术语和定义适用于本部分。

4　一般原则

4. 1　将项目管理及其相关要素作为一个系统来研究网络计划技术应用的一般程序。

4. 2　网络计划技术应用程序的阶段划分应有利于强化项目管理。

4. 3　程序制定有利于最大限度地调动组织的积极性，便于沟通协调，使工期、资源、费用、质量等目标综合最佳。

4. 4　网络计划的管理是一个完整的系统动态过程，其程序制定应立足于在实施中持续控制和调整。

5　网络计划技术在项目管理中应用的阶段和步骤

网络计划技术在项目管理中应用的阶段和步骤见表 1。

表1 网络计划技术在项目管理中应用的阶段和步骤

序号	阶 段	步 骤	方 法
1	准备	确定网络计划目标	见6.1
		调查研究	见6.2
		项目分解	见6.3
		工作方案设计	见6.4
2	绘制网络图	逻辑关系分析	见7.1
		网络图构图	见7.2
3	计算参数	计算工作持续时间和搭接时间	见8.1
		计算其他时间参数	见8.2
		确定关键线路	见8.3
4	编制可行网络计划	检查与修正	见9.1
		可行网络计划编制	见9.2
5	确定正式网络计划	网络计划优化	见10.1
		网络计划的确定	见10.2
6	网络计划的实施与控制	网络计划的贯彻	见11.1
		检查和数据采集	见11.2
		控制与调整	见11.3
7	收尾	分析	见12.1
		总结	见12.2

6 准备

6.1 确定网络计划目标

6.1.1 依据

确定网络计划目标依据下列内容：

a）项目范围说明书：详细说明项目的可交付成果、为提交这些可交付成果而必须开展的工作、项目的主要目标；

b）环境因素：组织文化、组织结构、资源、相关标准、规范、制度等。

6.1.2 目标的主要内容

a）时间目标；

b）时间-资源目标；

c）时间-费用目标。

6.2 调查研究

6.2.1 调查研究的主要内容

调查研究一般包括下列内容：

a）项目有关的工作任务、实施条件、设计数据等资料；

b）有关的标准、定额、规程、制度等；

c）资源需求和供应情况；

d）资金需求和供应情况；

e）有关的经验、统计资料及历史资料；

f）其他有关的技术经济资料等。

6.2.2 调查研究的方法

调查研究可使用下列方法：

a）实际观察、测量与询问；

b）会议调查；

c）查阅资料；

d）计算机检索；

e）预测与分析等。

6.3 项目分解

6.3.1 目的

根据项目管理和网络计划的要求，将项目分解为较小的、易于管理的基本单元。

6.3.2 原则

a）项目分解可面向对象、结构、团队、流程和交付成果等；

b）项目分解宜根据具体情况决定分解的层次和任务范围。

6.3.3 依据

a）项目范围；

b）项目目标；

c）调查信息和实施条件分析。

6.3.4 结果

a）项目的分解说明；

b）项目的工作分解结构（WBS）图或表。

6.4 工作方案设计

6.4.1 依据

项目的工作分解结果。

6.4.2 主要内容

工作方案设计应包括下列内容：

a）确定工作（生产）顺序；

b）确定工作（生产）方法；

c）选择需要的资源；

d）确定重要的工作管理组织；

e）确定重要的工作保证措施；

f）确定采用的网络图类型。

6.4.3 基本要求

工作方案设计基本要求应包括下列各项：

a）寻求最佳工作程序；

b）确保工作质量、安全、节约与环保；

c）采用先进理念、技术和经验；

d）分工合理，职责明确；

e）有利于提高效率、缩短工期、增加效益。

7 绘制网络图

7.1 逻辑关系分析

7.1.1 依据

逻辑关系分析依据下列各项：

a）已设计的工作方案；

b）项目已分解的工作；

c）收集到的有关信息；

d）编制计划人员的专业工作经验和管理工作经验等。

7.1.2 逻辑关系类型

逻辑关系类型包括工艺关系、组织关系，等等。

7.1.3 逻辑关系分析的程序

a）确定每项工作的紧前工作（或紧后工作）与搭接关系；

b）完成工作分析表（见表2）中逻辑关系分析部分（3～5列）。

表2 工作分析表

编码	工作名称	逻辑有关系			工作持续时间				
		紧前工作（或紧后工作）	搭接		确定时间 D	三时估计法			
			相关工作	时距		最短估计时间 a	最长估计时间 b	最可能估计时间 m	期望持续时间 D_e
1	2	3	4	5	6	7	8	9	10

7.2 网络图构图

7.2.1 依据

绘制网络图应遵守下列依据：

a）表2中第3～5列所示的工作逻辑关系；

b）已选定的网络图类型；

c）GB/T 13400.2—2009的各项规定。

7.2.2 要求

绘制网络图应满足下列要求：

a）按 GB/T 13400.2—2009 中 4.4 的规定绘图；

b）方便使用；

c）方便工作的组合、分图与并图。

7.2.3 绘制网络图的步骤

a）确定网络图的布局；

b）从起始工作开始，自左至右依次绘制；

c）检查工作和逻辑关系；

d）进行修正；

e）节点编号。

8 计算参数

8.1 计算工作持续时间和搭接时间

8.1.1 依据

计算工作持续时间应依据下列内容：

a）网络图；

b）工作的任务量；

c）资源供应能力；

d）工作组织方式；

e）工作能力与效率；

f）选择的计算方法。

8.1.2 计算方法

计算时间参数可选用下列方法：

a）参照以往实践经验估算；

b）经过试验推算；

c）按定额计算，计算见公式（1）：

$$D = \frac{Q}{R \cdot S} \tag{1}$$

式中：D——工作持续时间，月、旬、周、日、时等；

Q——工作任务量；

R——资源数量；

S——工效定额。

d）对于一般非肯定型网络，工作持续时间可采用“三时估计法”，计算见公式（2）：

$$D_{\mathrm{e}} = \frac{a + 4m + b}{6} \tag{2}$$

式中：D_e——期望持续时间计算值；

a——最短估计时间；

b——最长估计时间；

m——最可能估计时间。

e）其他方法。

8.1.3 计算结果

a）工作持续时间；

b）搭接时间：开始到开始（*STS*）、开始到完成（*STF*）、完成到开始（*FTS*）、完成到完成（*FTF*）四种关系中之一。

8.2 计算其他时间参数

8.2.1 其他时间参数的种类

其他时间参数包括下列各项：

a）工作时间参数：最早开始时间（*ES*）、最早完成时间（*EF*）、最迟开始时间（*LS*）、最迟完成时间（*LF*）、总时差（*TF*）、自由时差（*FF*）；

b）节点时间参数：节点最早时间（*ET*）、节点最迟时间（*LT*）；

c）节点时间间隔（$LAG_{i,j}$）；

d）工期（*T*）：计算工期（T_c）、要求工期（T_s）、计划工期（T_p）。

8.2.2 计算的结果

时间参数宜采用计算机软件计算。

时间参数的计算结果按表3的格式录入，也可直接标注在网络计划图上。

表3 计算时间参数结果

编码	工作名称	工作持续时间	时间参数						是否关键工作
			ES	*EF*	*LS*	*LF*	*TF*	*FF*	
1	2	3	4	5	6	7	8	9	10

8.3 确定关键线路

8.3.1 依据

确定关键线路应依据下列内容：

a）网络图；

b）时间参数的计算结果；

c）确定关键线路的规则、方法和标识。

8.3.2 方法

a）从网络计划图起点节点开始到终点节点为止，持续时间最长的线路即为关键线路；

b）在双代号网络计划中，从网络图起点节点开始到终点节点工作总时差为最小值的关键工作串联起来，即为关键线路；

c）在单代号网络计划中，总时差为最小值且时间间隔为零的节点串联起来，即为关键线路。

9 编制可行网络计划

9.1 检查与修正

9.1.1 检查的主要内容

检查的主要内容应包括下列各项：

a）工期是否符合要求；

b）资源需用量是否满足条件，资源配置是否符合资源供应条件；

c）费用是否符合要求。

9.1.2 修正的内容和方法

a）工期修正：当“计算工期”不能满足预定的时间目标要求时，应进行修正。修正的方法是：适当压缩关键工作的持续时间、改变工作方案或逻辑关系。

b）资源修正：当资源需用量超过供应条件时，应进行修正。修正的方法是：延长非关键工作持续时间，使资源需用量降低；在总时差允许范围内和其他条件允许的前提下，灵活安排非关键工作的起止时间，使资源需用量降低。

9.2 可行网络计划编制

9.2.1 依据

可行网络计划应依据9.1.2修正后的结果编制。

9.2.2 要求

编制可行网络计划应满足下列要求：

a）实施本部分7.2.2的规定；

b）执行网络计划修正结果；

c）当网络计划复杂或工期长时，可采用分级或分层等方法进行细化。

10 确定正式网络计划

10.1 网络计划优化

可行网络计划一般需进行优化，方可编制成正式网络计划。当没有优化要求时，可行网络计划即可作为正式网络计划。

10.1.1 优化目标的确定

网络计划优化目标一般有以下几种选择：

a）工期优化；

b）“时间固定、资源均衡”的优化；

c）“资源有限，工期最短”的优化；

d）时间-费用优化。

10.1.2 网络计划优化的程序

网络计划应按下列程序进行优化：

a）确定优化目标；

b）选择优化方法并进行优化；

c）对优化结果进行评审、决策。

10.2 网络计划的确定

10.2.1 编制网络计划说明书

网络计划说明一般包括下列内容：

a）编制说明；

b）主要计划指标一览表；

c）执行计划的关键说明；

d）需要解决的问题及主要措施；

e）其他需要说明的问题；

f）说明工作时差分配范围。

10.2.2 正式网络计划的确定

依据网络计划的优化结果制定拟付诸实施的正式网络计划，并应报请审批。

11 网络计划的实施与控制

11.1 网络计划的贯彻

网络计划的贯彻应进行下列工作：

a）根据批准的网络计划组织实施；

b）建立相应的组织保证体系；

c）组织宣贯，进行必要的培训；

d）将网络计划中的每一项工作落实到责任单位，作业性网络计划必须落实到责任人，并制定相应的保证计划实施的具体措施。

11.2 检查和数据采集

11.2.1 要求

网络计划执行中的检查和数据采集应满足下列要求：

a）建立健全相应的检查制度和执行数据采集报告制度；

b）建立有关数据库；

c）定期、不定期或应急地对网络计划的执行情况进行检查并收集有关数据；

d）对检查结果和收集反馈的有关数据进行分析，抓住关键，确定对策，采取相应的措施。

11.2.2 主要内容

网络计划的检查和数据采集包括以下主要内容：

a）关键工作进度；

b）非关键工作的进度及时差利用；

c）工作逻辑关系的变化情况；

d）资源状况；

e）费用状况；

f）存在的其他问题。

11.2.3　方法

检查时可采用下列方法记录实施进度：

a）当采用时标网络计划时，可用“实际进度前锋线法”或“切割线法”；

b）当不采用时标网络计划时，可直接在图上用文字或适当的符号表示，也可列表记录；

c）挣值法等。

11.3　控制与调整

11.3.1　依据

网络计划控制与调整应依据下列内容：

a）批准的正式网络计划；

b）绩效报告提供的有关信息；

c）变更请求。

11.3.2　内容

a）时间；

b）资源；

c）费用；

d）工作；

e）其他。

11.3.3　纠偏

网络计划在执行中发生偏差时，需及时进行纠偏。网络计划纠偏应按下列程序实施：

a）确定纠偏的对象和目标；

b）选择纠正措施；

c）对纠正措施进行评价和决策；

d）确定更新的网络计划，并付诸实施。

12　收尾

12.1　分析

网络计划任务完成后，应进行分析。分析应包括下列内容：

a）各项目标的完成情况；

b）计划与控制工作中的问题及其原因；

c）计划与控制工作中的经验；

d）提高计划与控制工作水平的措施。

12.2 总结

计划与控制工作的总结应满足下列要求：

a）总结应形成制度，完成总结报告，必要时纳入组织规范；

b）归档。

主 要 参 考 文 献

［1］ 丛培经．建设工程施工网络计划技术［M］．北京：中国电力出版社．2011

［2］ 姚玉玲 刘靖伯．网络计划技术与工程进度管理［M］．北京：人们交通出版社．2008

［3］ 刘伊生．工程项目进度计划与控制［M］．北京：中国建筑工业出版社．2008

［4］ 高福聚．工程网络计划技术［M］．北京：北京航空航天出版社．2008

［5］ 李和笙．工程网络技术应用手册［M］．北京：中国计划出版社．2007

［6］ ［美］Harold Kerzner 著．杨爱华等译．项目管理计划、进度和控制的系统方法（第 7 版）［M］．北京：电子工业出版社．2002

［7］ 中华人民共和国行业标准．工程网络计划技术规程 JGJ/T 121—2015［S］．北京：中国建筑工业出版社，2015

［8］ 中华人民共和国国家标准．网络计划技术 第 1 部分：常用术语 GB/T 13400.1—2012［S］．北京：中国标准出版社，2013

［9］ 中华人民共和国国家标准．网络计划技术 第 2 部分：网络图画法的一般规定 GB/T 13400．2—2009［S］．北京：中国标准出版社，2009

［10］ 中华人民共和国国家标准．网络计划技术 第 3 部分：在项目管理中应用的一般程序 GB/T 13400.3—2009［S］．北京：中国标准出版社，2009